National Research Progress Report on Addressing
Climate Change in "12th Five-Year" Plan

"十二五"应对气候变化
国家研究进展报告

中国21世纪议程管理中心　编著

科学出版社

北　京

内 容 简 介

　　基于中国"十二五"时期应对气候变化的最新研究成果,本书探讨了中国应对气候变化的指导思想、原则和目标,系统地梳理和介绍了目前国内在应对气候变化基础科学研究、减缓、影响与适应以及国际谈判与合作等领域的重要成果,提出中国参加国际气候谈判的方案与对策,构建了应对气候变化的国家中长期发展战略。本书将为中国应对气候变化战略和行动规划提供科技支撑,有助于推动中国应对气候变化研究、技术开发和推广应用,对中国加强应对气候变化的能力等方面具有非常重要的意义。

　　本书可供相关行业和地方管理部门的工作人员使用,也可供气象、气候、农业、林业、水资源、海洋、能源、人体健康等领域的科研和教学人员参考。

图书在版编目(CIP)数据

"十二五"应对气候变化国家研究进展报告／中国 21 世纪议程管理中心编著 . —北京:科学出版社,2016

ISBN 978-7-03-048446-8

Ⅰ.①十… Ⅱ.①中… Ⅲ.①气候变化–研究报告–中国–2011–2015
Ⅳ.①P467–012

中国版本图书馆 CIP 数据核字 (2016) 第 119704 号

责任编辑:王 倩／责任校对:彭 涛
责任印制:张 倩／封面设计:无极书装

科 学 出 版 社 出版

北京东黄城根北街 16 号
邮政编码:100717
http://www.sciencep.com

中国科学院印刷厂 印刷

科学出版社发行　各地新华书店经销

*

2016 年 6 月第 一 版　开本:787×1092　1/16
2016 年 6 月第一次印刷　印张:15　插页:2
字数:350 000

定价:98.00 元
(如有印装质量问题,我社负责调换)

报告编写组

（按姓氏笔画排序）

王　灿　　王文涛　　王国庆　　朱松丽　　刘　滨

刘九夫　　刘荣霞　　许吟隆　　孙　洪　　杜俊慧

李小春　　吴绍洪　　何霄嘉　　沈学顺　　张　贤

张　璐　　张九天　　张希良　　张彦通　　张海滨

陈文颖　　周波涛　　赵成义　　段茂盛　　徐华清

巢清尘　　揭晓蒙　　彭斯震　　雷晓玲　　管成功

魏　凤　　魏　伟

序

　　气候变化问题不仅是 21 世纪人类生存和发展面临的严峻挑战，也是当前国际政治、经济、外交博弈中的重大全球性问题。积极应对气候变化、推进绿色低碳发展已成为全球共识和大势所趋。气候变化事关我国经济社会发展全局，事关我国经济安全、能源安全、生态安全和粮食安全，在经济社会发展转型关键期，积极应对气候变化是我国发展阶段的内在需求。

　　科技进步与创新是应对气候变化的重要支撑。我国政府高度重视应对气候变化工作，积极履行与发展程度相适应的国际责任和义务，展现了负责任大国的良好形象，重视发挥科技对应对气候变化的支撑作用，特别是对决策的重要支撑作用，出台了一系列重大政策、行动和措施。2006 年我国政府制定并发布了《国家中长期科学和技术发展规划纲要（2006–2020 年）》把气候变化相关内容确定为科技发展的优先领域和优先主题。2012 年科学技术部联合国家发展和改革委员会等十六个部门联合发布了《"十二五"国家应对气候变化科技发展专项规划》（以下简称《专项规划》）。《专项规划》明确提出了"十二五"期间我国应对气候变化科技发展的指导思想与目标、重点方向和重点任务，对我国进一步依靠科技应对气候变化起到了重要的指导作用。2006 年、2011 年和 2015 年，科学技术部联合中国气象局、中国科学院和中国工程院等部门联合发布第一次、第二次和第三次《气候变化国家评估报告》，为依靠科技创新应对气候变化提供了依据，对中国社会凝聚应对气候变化共识，支撑中国政府出台各种措施，起到了重要的积极推动作用，并产生了积极的国际影响。

　　根据《专项规划》提出的重点任务，为加强我国在应对气候变化领域的产学研多部门的协同发展，"十二五"期间，在国家科技支撑计划支持下，针对我国应对气候变化的关键技术需求组织实施了气候变化影响与适应、二氧化碳捕集封存与利用、国际谈判与国内减排、气象预报及人工影响天气等一系列技术研发与示范项目，形成"十二五"国家科技支撑计划应对气候变化科技项目群。经过近五年的系统研究，应对气候变化科技项目群在气候变化的科学基础研究、减缓、适应与国际合作与谈判等方面取得了一批国际公认的研究成果。本书是对"十二五"应对气候变化科技项目群研究成果的系统梳理、凝练与集成，以期全面反映中国应对气候变化研究的阶段性进展，成果可以为我国制定"十三五"及中长期国民经济发展规划、促进经济社会可持续发展和参与气候变化国际事务方面起到更为积极的作用，为应对气候变化科技工作提供更多参考与支撑。

"十三五"期间，我们需要继续深化科技创新，充分发挥科学技术在应对气候变化方面的基础和支撑作用，加强气候变化领域科技工作的宏观管理和政策引导，推动整个社会走上绿色发展、生态文明之路。

刘燕华

国务院参事 科学技术部原副部长
"十二五"国家科技支撑计划应对气候变化科技项目群专家组组长

前　言

20 世纪以来，全球气候正经历着以变暖为主要特征的显著变化。气候变化事关国家经济安全和社会可持续发展。为应对气候变化的挑战，世界主要发达国家和部分发展中国家纷纷制定气候变化综合研究计划并出台相关政策，加强基础研究，推动低碳技术研发。

作为国际全球变化研究的发起国和世界上较早开展气候变化研究的国家之一，中国努力实现气候变化领域的科技进步和创新，积极推进相关国际科技合作。为加强中国在应对气候变化领域的产学研等多部门的协同攻关，促进该领域关键技术的研发和推广，科学技术部在"十二五"国家科技支撑计划中部署了国家应对气候变化科技发展项目，通过四年多的研究，在气候变化的认知、减缓与适应、应对气候变化政策与战略等方面取得了一批国内公认的研究成果，提升了我国在应对气候变化领域的科技实力，支撑了我国可持续发展战略实施，并为"十三五"期间的应对气候变化工作奠定了坚实的基础。

本书是对"十二五"期间部署的气候变化领域的国家科技支撑项目研究成果的系统梳理、凝练与集成。本书编写主要目标是：集成应对气候变化技术发展成果，利用评估技术对我国应对气候变化技术的效果进行综合评估，识别应对气候变化技术的主要障碍和问题；比较与国外相应技术的差距，评估应对气候变化对节能减碳目标和低碳发展目标实现的贡献；明确应对气候变化科学研究、技术政策管理、政策监督以及未来的政策导向等需要改进和加强的方向；提出"十三五"期间的气候变化领域工作重点和工作建议。

全书分为 6 章。第 1 章梳理国家应对气候变化政策与规划部署；第 2 章介绍应对气候变化基础研究进展；第 3、4 章分别阐述减缓气候变化研究和二氧化碳捕集、利用与封存技术；第 5 章介绍影响与适应气候变化；第 6 章介绍气候变化谈判、政策与发展战略。

本书是国内众多学者集体智慧的结晶，编著工作由中国 21 世纪议程管理中心牵头，二十余位国内气候变化领域的知名专家和项目管理人员组成编写委员会。报告编写期间，编写委员会多次召开会议，就书稿结构、章节内容、修改与统筹等进行专门研讨。同时，本书依托于"十二五"国家科技支撑计划应对气候变化科技项目群研究成果，在此对项目群全体人员在研究过程中的辛勤劳动和本书成稿过程中给予的大力支持表示衷心的感谢！

　　本书的编写得到"十二五"国家科技支撑计划"我国中长期低碳发展战略研究课题（课题编号：2012BAC20B07）"研究资助。

　　由于编著者水平有限，错误与疏漏在所难免，恳请广大读者批评指正。

编　者

2016 年 3 月

目　　录

第1章　国家应对气候变化政策与项目部署

全球气候正经历以变暖为主要特征的显著变化。1880~2012 年，全球地表温度上升了 0.85℃，预计到 21 世纪末地表温度可能再上升 0.3~4.8℃。气候变化引发地球表层大气、水文、土壤和生物过程的变化，并对自然和社会系统产生影响，给人类社会可持续发展带来巨大挑战。我国是气候变化影响最为显著的国家之一，近百年来我国陆地气温增加了 0.9℃，高于全球平均水平。气候变暖导致的频发极端天气气候事件对我国粮食安全、水安全、生态安全和城市安全等造成严重威胁。应对气候变化归根到底要依靠科学技术进步与创新。我国政府非常重视气候变化领域的科技发展，"十一五"和"十二五"期间，我国制定了系统应对气候变化的科技战略和政策、部署了科技项目和技术示范。经过多年的研究，取得了重要进展、突破了一批核心和关键技术，有力支撑了应对气候变化科技领域的决策、工程和国际谈判。

1.1　"十一五"气候变化研究概述

1.1.1　政策部署

中国科学技术部（以下简称科技部）于 2006 年 10 月发布了《国家"十一五"科学和技术发展规划》，立足于当前国民经济和社会发展的紧迫需求，将"加强能源、资源、环境领域关键技术创新，提升解决瓶颈制约的突破能力"作为"十一五"期间科技自主创新能力提升的首要内容。同年，又发布了《国家中长期科学和技术发展规划纲要（2006—2020 年）》，明确提出把解决能源、水资源和环境保护技术放在科学技术发展的优先位置，把能源和环境确定为中国科学技术发展的重点领域，把全球环境变化监测与对策明确列为环境领域的优先主题之一。随后，为有效落实《国家中长期科学和技术发展规划纲要（2006—2020 年）》确定的重点任务，统筹协调我国气候变化科学研究与技术开发，全面提高国家应对气候变化的科技能力，2007 年 6 月，科技部再次联合国家发展和改革委员会（以下简称国家发改委）等有关部门启动了《中国应对气候变化科技专项行动》，提出了中国应对气候变化科技工作在"十一五"期间的阶段性目标，对气候变化的科学问题、控制温室气体排放和减缓气候变化的技术开发、适应气候变化的技术和措施、应对气候变化的重大战略与政策等几个方面进行了重点部署。

1.1.2　战略目标

《中国应对气候变化科技专项行动》对"十一五"期间气候变化的研究提出了阶段性

目标，其中对气候变化基础研究也提出了要求，具体如下：

（1）若干气候变化关键科学问题的研究取得有国际影响的成果。

（2）开发完善若干气候变化领域具有自主知识产权的预测、分析、评价和决策模型工具。

（3）减缓气候变化的若干关键技术研究取得重要进展，并开展地方和行业减缓气候变化的试点示范。

（4）有关气候变化对农业、水资源、海岸带、林业、渔业、生物多样性、荒漠化及人类健康等方面的影响研究取得重要成果。

（5）编制形成中国适应气候变化发展国家战略。

（6）形成若干具有较高水平的气候变化重点研究开发队伍和基地。

1.1.3　重点任务

1. 气候变化的科学问题

（1）开发新一代具有自主知识产权的气候系统模式。

（2）重建气候变化序列，确定不同历史时期气候变化的主要影响因子。

（3）开发气候变化监测预测预警技术。

（4）研究亚洲季风系统与气候变化。

（5）研究全球变暖背景下中国极端天气/气候事件与灾害的形成机理。

（6）研究冰冻圈变化过程与趋势，研究南北两极、欧亚大陆积雪对中国气候变化的影响。

（7）研究气候变化背景下生态系统能量转化、物质循环对气候变化的响应。

2. 控制温室气体排放和减缓气候变化的技术开发

（1）节能和提高能效技术。重点研究开发电力、冶金、石化、化工、建材、交通运输、建筑等各主要高耗能领域节能和提高能效技术。

（2）再生能源和新能源技术。重点研究低成本规模化可再生能源开发利用技术，开发大型风力发电设备，高性价比太阳光伏电池及利用技术、太阳能发电技术等新能源技术。

（3）煤的清洁高效开发利用技术。重点研究开发煤炭高效开采技术及配套设备、重型燃气轮机、整体煤气化联合循环、高参数超（超）临界机组、超临界大型循环流化床等高效发电技术与装备，开发和应用液化及多联产技术，开发煤液化以及煤气化、煤化工等转化技术、以煤气化为基础的多联产系统技术等。

（4）油气资源和煤层气勘探和清洁高效开发利用技术。

（5）先进核能技术。研究并掌握快堆设计及核心技术，相关核燃料和结构材料技术，突破钠循环等关键技术，积极参与国际热核聚变实验反应堆的建设与研究。

（6）CO_2捕集、利用与封存技术。

（7）生物固碳技术和固碳工程技术。研究林业等生物固碳技术和各类固碳工程技术。

（8）农业和土地利用方式控制温室气体排放技术。

3. 适应气候变化的技术和措施

（1）气候变化影响评估模型。在现有气候变化影响评估模型的基础上，根据中国区域影响评估的特点和需求，开发具有自主知识产权的影响评估工具和综合评估模型。

（2）气候变化对中国主要脆弱领域的影响及适应技术和措施。极端天气/气候事件与灾害的影响及适应技术和措施。

（3）气候变化影响的敏感脆弱区及风险管理体系的建立。

（4）气候变化对重大工程的影响及应对措施。评估气候变化对中国重大工程建设和运行的影响及相互作用，提出应对措施。

（5）气候变化与其他全球环境问题的交互作用及应对措施。

（6）气候变化影响的危险水平及适应能力。研究气候变化影响的危险水平，科学地评估不同部门和地区的适应气候变化危险水平的能力。

（7）适应气候变化案例研究。选择典型部门/区域进行适应气候变化案例研究，提出具可操作性的适应政策和措施，分析适应措施的成本有效性。

4. 应对气候变化的重大战略与政策

（1）应对气候变化与中国能源安全战略。分析中国中长期能源需求趋势，研究控制温室气体排放与中国能源供给和需求的关系，科学评估能源供给多元化和节能减排政策的经济技术潜力。

（2）未来气候变化国际制度。研究不同时期国际气候变化制度的发展态势，分析其各种可能方案对中国的潜在影响，研究提出中国自己的未来气候变化国际制度方案。

（3）中国未来能源发展与温室气体排放情景。研究中国未来能源需求情景和温室气体排放情景，研究中国各行业、各地方节能减排潜力及其宏观经济成本。

（4）清洁发展机制与碳交易制度。研究气候变化国际制度对全球碳市场的影响，研究与清洁发展机制相适应的国内政策与机制，研究以清洁发展机制为核心的中国碳交易制度的发展方向及其内容。

（5）应对气候变化与低碳经济发展。研究发达国家发展低碳经济的政策和制度体系，研究促进中国低碳经济发展的体制、机制和管理模式。

（6）国际产品贸易与温室气体排放。研究隐含能源进出口与温室气体排放的关系，综合评价全球应对气候变化行动对制造业国际转移和分工的影响。

（7）应对气候变化的科学技术战略。研究气候变化科技发展态势，形成中国自主创新与国际合作相结合的气候变化科技发展战略。

1.1.4 研究成果

"十一五"期间，我国气候变化研究及相关的科技取得了重要进展：建立了一批与气候变化研究相关的研究机构和基地，形成了一支颇具规模的研究队伍，初步构建气候变化观测和监测网络框架；在气候变化的规律、机制、区域响应及与人类活动的相互关系等方面开展了一系列研究，取得了一批国际公认的研究成果；发展了一系列可再生能源和新能源技术，形成了一批高效的减缓与适应实用技术。但与国际领先水平相比尚存在差距：应对气候变化科技战略顶层设计不足，科学研究、技术研发与应用之间的协调不够，长期稳定支持的机制建设有待加强；科学研究的国际视野欠缺，自主创新研究不足，前瞻性不强；减缓与适应技术研发滞后，尚不能充分满足国家需求；缺乏有国际影响力的机构，研究队伍有待优化；信息共享机制亟待建立，资源整合有待加强。

1.2 "十二五"气候变化研究概述

1.2.1 政策部署

作为国际全球变化研究的发起国和世界上较早开展气候变化研究的国家之一，我国努力实现气候变化领域的科技进步和创新，积极推进相关国际科技合作。中国政府于2006年制定并发布了《国家中长期科学和技术发展规划纲要（2006—2020年)》（以下简称《纲要》）。《纲要》又提出把气候变化相关科技研发确定为科技发展的优先领域和优先主题的重要内容。2007年，中国政府颁布了《中国应对气候变化国家方案》（以下简称《国家方案》）。《国家方案》中明确提出要依靠科技进步和创新应对气候变化，为了在"十二五"时期进一步加强我国应对气候变化的科技工作，服务国家应对气候变化的战略需求，2010年科技部联合国家发改委等部门制订《"十二五"国家应对气候变化科技发展专项规划》，设计了包括科学基础、影响与适应、减缓、经济社会发展等四个方面的"十二五"应对气候变化科技重点发展方向，从基础研究、影响与适应技术、经济社会可持续发展、能力建设、国际科技合作五个方面设置了"十二五"应对气候变化的重点科技任务，并分别给出了保障措施，以更好地发挥科技在应对气候变化中的支撑和引领作用，促进经济发展方式的转变和经济社会可持续发展。

1.2.2 战略目标

《"十二五"国家应对气候变化科技发展专项规划》设定了"十二五"期间的总体目标，即提升我国在应对气候变化领域的科技实力，缩小与国际领先水平的差距；推动我国减缓和适应气候变化技术创新和推广应用，支撑我国可持续发展战略实施，支撑"十二五"时期和2020年单位GDP碳排放、非化石能源占一次能源消费比重、森林覆盖率和蓄积量等目标的实现；健全应对气候变化科技的政策法规，完善应对气候变化科技的国家管理体系。在基础科学研究方面，具体目标包括：

（1）气候变化的科学研究水平得到显著提高。具有国际先进水平的气候变化观测、监测平台和地球系统模式初步建立，温室气体浓度监测卫星研发成功并应用，气候变化相关观测系统、高性能计算软件和配套硬件设备的研发水平得到提高；在气候变化事实、机制、归因、模拟、预测，以及影响评估和适应模式等方面的研究水平进入国际先进行列。

（2）应对气候变化的技术创新和科学决策能力得到显著增强。应对气候变化科技创新体系建立并不断完善，低碳技术与适应气候变化技术得到大力发展，碳排放核算、核查与监督的科技支撑体系初步建立，科技与政治、经济、社会、外交、法律、政策的综合研究得到加强，有力支撑我国减缓和适应气候变化以及绿色发展战略思路和对策的提出。

（3）气候变化研究的人才队伍、基地建设与国际科技合作水平得到提升。跨学科、跨领域、国际化的高水平科研队伍基本形成，建成应对气候变化科研基地，科研资源服务和共享能力明显提升，开放型国际科研平台建设得到加强，为提高我国应对气候变化科技研发水平提供有力保障。

（4）应对全球气候变化科技的宏观协调和管理服务能力得到明显加强。对应对气候变化科技工作的支持力度不断加强，对基础研究、技术开发、能力建设和决策支持的统筹得到加强，各领域、各部门应对气候变化科技工作协调配合得到加强，应对气候变化科技的管理效能不断提高。

1.2.3　重点方向

1. 科学基础

研究气候变化观测的理论、方法与技术；发展长序列、高精度过去气候变化重建的新理论、新方法和新技术；研究全球气候变化的规律与机理；研究全球气候变化数据的综合集成；地球系统模式的发展和气候变化的模拟与预估。

2. 影响与适应

围绕水资源、农业、林业、海洋、人体健康、生态系统、重大工程、防灾减灾等重点领域，着力提升气候变化影响的机理与评估方法研究水平，增强适应理论与技术研发能力，开展典型脆弱区域和领域适应示范，积极推进应对气候变化与区域可持续发展综合示范。

3. 减缓

着力提高减缓温室气体排放和促进低碳经济的科技支撑能力，推动非化石能源和洁净煤技术的创新和市场化推广，加强工业、建筑、交通等重点领域节能和提高能效新技术开发，推进林业碳汇、工业固碳的关键技术研发，着力解决碳捕集、利用和封存等关键技术的成本降低和市场化应用问题，建立 CO_2 排放统计监测技术体系，为完成国家 CO_2 排放强度和能源强度约束性指标提供支撑。

4. 经济社会发展

重点加强应对气候变化的重大战略与政策研究，推动我国低碳和可持续发展科技支撑体系建设与综合示范，提高公众参与应对气候变化的意识。

1.2.4 研究成果

我国政府十分重视气候变化领域的科技发展。经过"十一五"和"十二五"期间的努力，特别是《"十二五"应对气候变化科技发展专项规划》的实施，我国已经建立了一批与气候变化研究相关的研究机构和基地，形成了一支颇具规模的研究队伍，初步构建了气候变化观测和监测网络框架，在气候变化的规律、机制、区域响应及与人类活动的相互关系等方面取得了一批国际公认的研究成果，包括：发展了一系列减缓和适应气候变化技术，形成了百万吨碳捕集利用与封存技术示范能力；开发了 BCC_CSM2、FGOALS-g2.0 数值预报系统，使我国自主研发的气候模式系统进入世界先进水平。

1.3 "十二五"气候变化项目部署

1.3.1 各部委的项目部署

据统计，截至 2013 年年底科技部、外交部、国家发改委、教育部、工业和信息化部、财政部、环境保护部、住房和城乡建设部、水利部、农业部、国家林业局、中国科学院、中国气象局、国家自然科学基金委员会、国家海洋局、中国科学技术协会 16 个部委在应对气候变化基础科学研究部署，减缓技术的研发与示范部署，气候变化监测、影响评估与适应技术研发与示范部署，应对气候变化政策与战略研究部署，以及应对气候变化教育培训与科普工作这 5 个领域部署了 245 个项目，它们分别有 81 个、49 个、71 个、18 个和 26 个项目。此外，各领域的投入情况分别为 162 087.69 万元、442 780 万元、103 833 万元、6507 万元和 23 457 万元。前三个方面的投入占总投入的 95.9%，由此不难发现应对气候变化的技术研发、基础研究以及影响与适应领域受到特别关注（图 1-1）。

1.3.2 国家科技支撑计划应对气候变化科技项目群

根据《"十二五"国家应对气候变化科技发展专项规划》提出的重点任务，国家科技支撑计划针对国家应对气候变化的关键技术需求组织实施了 CO_2 捕集封存与利用、气候变化影响与适应、国际谈判与国内减排、气象预报及人工影响天气等一系列技术研发与示范项目，形成"十二五"国家科技支撑计划应对气候变化科技项目群（表 1-1）。

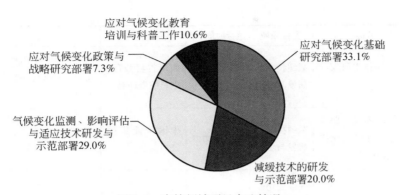

图 1-1　支持领域项目占比情况

表 1-1　"十二五"国家科技支撑计划应对气候变化科技项目群

序号	项目名称	支持领域	执行时间/年	项目组织单位	主要参与单位
1	全球中期数值预报技术开发与应用	气候变化基础科学研究	2012～2015	中国气象局	国家气象中心、南京信息工程大学、中国科学院大气物理研究所
2	气候变化国家谈判与国内减排关键技术研究与应用	减缓技术的研发与示范	2012～2015	科技部	清华大学、国家气候中心、北京大学
3	30 万吨煤制油工程高浓度 CO_2 捕集与地质封存技术开发与示范	减缓技术的研发与示范	2011～2014	神华集团	神华集团、北京低碳清洁能源研究所、中科院武汉岩土力学所等
4	35MWth 富氧燃烧碳捕获关键技术、装备研发及工程示范	减缓技术的研发与示范	2011～2014	湖北省科学技术厅	华中科技大学、东方电气集团、四川空分设备集团等
5	高炉炼铁 CO_2 减排与利用关键技术开发	减缓技术的研发与示范	2011～2014	工业和信息化部	中国金属学会、钢铁研究总院等
6	大规模燃煤电厂烟气 CO_2 捕集、驱油及封存技术开发及应用示范	减缓技术的研发与示范	2012～2015	中石化集团公司	中国石化、北京大学、清华大学、中科院武汉岩土力学所等
7	冶金过程 CO_2 资源化利用产业化技术示范	减缓技术的研发与示范	2012～2015	中国钢铁工业协会	北京科技大学、中科院过程工程研究所等
8	陕北煤化工 CO_2 捕集、埋存与提高采收率技术示范	减缓技术的研发与示范	2012～2015	陕西省科学技术厅	中国石油大学、湖南大学、陕西延长石油有限责任公司
9	CO_2 化工利用关键技术研发与示范	减缓技术的研发与示范	2013～2016	中国科学院	上海中科高等研究院、中国科学院山西煤炭化学研究所等

续表

序号	项目名称	支持领域	执行时间/年	项目组织单位	主要参与单位
10	CO_2 矿化利用技术研发与工程示范	减缓技术的研发与示范	2013~2016	四川省科技厅、中科院资环局	四川大学、中国科学院过程工程研究所、北京首科兴业工程技术有限公司
11	燃煤电厂 CO_2 捕集、驱替煤层气利用与封存技术研究与试验示范	减缓技术的研发与示范	2014~2017	中国华能集团公司	
12	重点领域气候变化影响与风险评估技术研发与应用	气候变化监测、影响评估与适应技术研发与示范	2012~2015	中国科学院	中科院地理科学与资源研究所、中国水利水电科学院水资源所、中国 21 世纪议程管理中心
13	沿海地区适应气候变化技术开发与应用	气候变化监测、影响评估与适应技术研发与示范	2012~2015	江苏科技厅	水利部交通运输部国家能源局南京水利科学研究院、中国水利科学研究院
14	北方重点地区适应气候变化技术开发与应用	气候变化监测、影响评估与适应技术研发与示范	2013~2016	吉林科技厅	吉林农业大学、中国林业科学研究院、内蒙古大学、中国农业科学院
15	干旱、半干旱区域旱情监测与水资源调配技术开发与应用	气候变化监测、影响评估与适应技术研发与示范	2013~2016	河南科技厅	湖南大学、中国石油大学（北京）、陕西延长石油（集团）有限责任公司
16	天山山区人工增雨雪关键技术研发与应用	气候变化监测、影响评估与适应技术研发与示	2012~2015	新疆维吾尔自治区科技厅	中国气象局乌鲁木齐沙漠气象研究所、中国兵器科学研究院、中国科学院物理研究所

第2章 应对气候变化基础研究

2.1 应对气候变化基础研究概况

气候变化事关国家经济安全和社会可持续发展。近百年来我国气候也经历了变暖过程，气候变化已经给我国地表环境和自然生态系统带来深刻的影响，并影响到社会经济系统。应对气候变化是一个跨学科的极其复杂的科学问题，归根到底要依靠科学技术进步与创新。认识气候变化规律、识别气候变化的影响、开发适应和减缓气候变化的技术、制定妥善应对气候变化的政策措施、参加应对气候变化国际规则的制定等，无不需要气候变化科技工作的有力支撑。基础科学研究是应对气候变化的重要技术支撑，加强气候变化基础科学研究，准确认识气候变化的内涵与规律，能够有效减缓和适应全球变化，保障社会经济可持续发展。中国作为一个负责任的发展中国家，对气候变化问题一直给予高度重视，成立了国家气候变化对策协调机构，并根据国家可持续发展战略的要求，采取了一系列与应对气候变化相关的政策和措施，部署了重点攻坚技术，为减缓和适应气候变化做出了积极的贡献。

2.1.1 "十一五"期间气候变化基础研究概况

"十一五"期间，通过组织开展国家科技支撑计划、国家重大基础研究计划等项目，我国在气候变化监测、预估、评估，构建气候变化观测和监测网络框架，气候变化的规律、机制、区域响应及与人类活动的相互关系等方面进行了一系列研究，取得了一批国际公认的研究成果，如建立了中国第一代短期气候预测模式系统，研发出新一代全球气候系统模式，探究了气候变化对国家粮食安全、水安全、生态安全、人体健康安全等多方面的影响评估工作。整体来看，"十一五"期间的气候变化基础研究取得了重要进展，突破了一批核心和关键技术，有力支撑了应对气候变化科学领域的决策、工程和国际谈判。中国应对气候变化的科技整体水平大幅度提升，自主创新能力显著提高，与世界先进水平的差距不断缩小，创新动力和创新活力明显增强；科技资源配置和布局不断改善，对国际科技资源进行了优化整合，逐步形成了多元化、多层次、多渠道的科技投融资体系；科技支撑引领经济社会发展能力显著增强。

2.1.2 "十二五"期间气候变化基础研究概况

"十二五"期间，我国在基础研究、减缓与适应技术、经济社会可持续发展等领域均有项目支持，落实情况较好。特别是基础研究中的全球气候变化的事实过程和机理研究、气候变化的影响与适应研究，是实现《"十二五"国家应对气候变化科技发展专项规划》"提升我国应对气候变化科学研究水平，增强减缓与适应气候变化技术研发的创新能力"目标的重要保证。其中，在科技部、中国科学院、国家自然科学基金委员会和中国气象局的资助下，我国4个研究机构开发了5个气候模式，并且在IPCC《第五次评估报告》第一工作组自然科学基础部分做出重要贡献，自主发展的5个气候模式参与到IPCC《第五次评估报告》第一工作组报告，是发展中国家唯一有模式开发能力的国家。此外，在大气观测、古气候、云和气溶胶、气候模式和区域气候研究等领域也取得了重要突破，对推动国际整体研究水平起到了重要作用。在"全球环境变化监测与对策"主题研究中，大尺度环境变化准确监测技术，主要行业 CO_2、CH_4 等温室气体的排放控制与处置利用技术的研发方面取得了较大进展，温室气体化学利用等部分技术达到国际先进水平；气候变化、生物多样性保护、臭氧层保护、持久性有机污染物控制等相关对策及支持技术研究也取得进展。

另外，尽管IPCC《第五次评估报告》引用论文数量较《第四次评估报告》提高了一倍，但引用的相关文章主要集中在气候变化事实等方面研究，在事关我国发展战略空间的国际应对气候变化制度构建的核心问题却很少有研究成果被引用，无法与我国的大国地位相匹配；《"十二五"国家应对气候变化科技发展专项规划》重点任务国际合作关于参与主要国际组织及国际研究计划、开展具有中国特色的区域气候变化合作研究和与南南应对气候变化科技合作，以及能力建设中关于基础平台建设、优化和完善综合观测监测系统、推动国家应对气候变化科学研究基地建设内容落实的相对薄弱；五个气候模式技术未实现综合集成，在IPCC的模式对比计划中均处于中等水平。因此，我国在基础研究方面还有很大提升空间。

2.2　气候变化基础研究的重点任务

2.2.1　气候系统模式研究

气候系统模式是基于地球系统中的动力、物理、化学和生物过程建立的数学方程组来确定大气圈、水圈、冰雪圈、岩石圈和生物圈的性状，由此构成地球系统的数学物理模型，然后用数值的方法进行求解，并在大型计算机上付诸实现的一种气候预测手段。气候系统模式的模拟应用在全球和区域气候变化的认识和理解、未来气候变化的预估、各个国家和地区长远社会经济发展计划制定发挥了非常重要的作用。2007年IPCC《第四次科学评估报告》的气候模式中国只有中国科学院大气物理研究所和国家气候中心两个参与；在2014年发布的IPCC《第五次评估报告》中，有40多个耦合模式参与CMIP5耦合模式比较计划（Taylor et al.，2012），其中我国有4个单位共6个模式参与，为气候变化研究提供了大量的数值模拟试验数据。参与AR5的模式绝大多数仍然是大气-海洋耦合的全球环流模式（AOGCM），大多采用大气环流模式、海洋环流模式、陆面过程模式、海冰动力热力学模式相互耦合，因此人们通常称这类模式为气候系统模式。相比于AR4的耦合模式，增加了少数"地球系统模式（ESM）"。所谓 ESM 是在 AOGCM 基础上增加了全球碳循环和地球生物化学过程，有的还增加了大气化学和气溶胶过程等。因此，相比于 AOGCM，ESM 增加了能够模拟和预估人类活动碳排放对气候变化的影响。

我国近几年在气候系统模式研发方面开展了大量的工作，这次 IPCC AR5 报告中有国家气候中心 BCC_ CSM1.1 和 BCCC_ CSM1.1m 两个模式，中国科学院院大气物理研究所的 FGOALS-s2 和 FGOALS-g2 两个模式，北京师范大学的 BNU-ESM 和国家海洋局海洋第一研究所 FIO-ESM 模式参与了 CMIP5 模式比较计划（Taylor，2009）。这 6 个气候系统模式都完成了自 1850 年以来 150 多年的长气候和气候变化的模拟以及对未来 100 ~ 300 年不同典型浓度情景（包括 RCP2.6、RCP4.5 和 RCP8.5 试验）的气候变化预估，而且还开展了对季节到年代际尺度的气候预测等主要的数值试验，并提供数据下载。表 2-1 给出这六个模式的基本设置。可以看出，除了 FGOALS- g2 模式是纯粹的物理气候系统模式，其他模式都能模拟碳循环过程，可以看成地球系统模式。地球系统模式的研发是未来模式发展的一个重要趋势，除生物地球化学过程之外，未来的地球系统模式还应该包含双向的大气化学耦合过程。此外，高分辨率物理气候系统模式的研发则是未来气候模式发展的另一重要方向。

从 IPCC《第五次评估报告》报告中可以看出，从《第四次评估报告》到《第五次评估报告》，参与 CMIP5 的气候模式对模拟历史气候的能力在多个方面得到改进，比如：模式对大陆尺度及全球尺度地面气温的模拟可信度很高，对近 50 年的全球尺度地面温度的增加趋势的模拟可信度非常高，对降水的大尺度空间分布的模拟自 AR4 以来得到了提高，但明显不如对温度的模拟。模式正确模拟了在全球增暖条件下在湿润地区降水增加而在干旱地区降水的现象。很明显，对区域尺度的温度和降水的模拟能力明显要低于全球尺度的模拟。尽管如此，对区域尺度地面气温的模拟相对于 AR4 仍有一些改进。

2.2.2 数值天气预报系统研究

数值天气预报技术是决定天气预报业务能力的根本因素，是一个国家气象现代化的重要标志。在科技部和中国气象局的共同支撑下，中国气象局的数值预报系统在"十五"和"十一五"得到了长足的发展，形成了以全球数值天气预报模式（Global and Regional Assimilation and Prediction System，GRAPES）为主的业务研究一体的数值天气预报系统。但与国际先进水平和快速发展的数值预报新技术相比，我国数值预报在技术指标、研究水平和预报性能等方面差距依然较大，需要在坚持自主发展战略的基础上，突破并掌握核心技术，在提升我国数值预报科技实力的同时，促进数值预报对国计民生、国家安全的高质量服务能力。

1. 数值天气预报系统研究规划

《国家中长期科学和技术发展规划纲要（2006—2020 年）》明确指出了科技工作的指导方针：自主创新、重点跨越、支撑发展、引领未来。并指出支撑发展就是从现实的紧迫需求出发，着力突破重大关键、共性技术；并把重大自然灾害监测与防御作为公共安全的

表 2-1　中国参与 CMIP5 的气候系统模式

模式名称	研发单位	气候系统模式中各分量模式				有无碳循环
		大气环流模式	陆面过程模式	海洋环流模式	海冰模式	
BCC-CSM1.1 （Wu et al.，2013）	中国气象局国家气候中心	BCC_AGCM2.1 模式分辨率：垂直 26 层 T42（2.8125×2.8125） 模式顶：2.19hPa	BCC_AVIM1.0	MOM4-L40v1 模式分辨率：40 层 1/3°~1°纬度×1°经度，三极网格	SIS	有
BCC-CSM1.1（m） （Wu et al.，2013）	中国气象局国家气候中心	BCC_AGCM2.2 模式分辨率：垂直 26 层 T106（1.125×1.125） 模式顶：2.19hPa	BCC_AVIM1.0	MOM4-L40v2 模式分辨率：40 层 1/3°~1°纬度×1°经度，三极网格	SIS	有
BNU-ESM	北京师范大学	CAM3.5 模式分辨率：垂直 26 层 T42（2.8125×2.8125） 模式顶：2.19hPa	CoLM+BNUDGVM（C/N）	MOM4p1 模式分辨率：50 层 全球 300×200 格点，三极网格	CICE4.1	有
FGOALS-g2 （Li et al.，2013）	中科院大气物理研究所 LASG	GAMIL2 模式分辨率：垂直 26 层 T42（2.8125×2.8125） 模式顶：2.19hPa	CLM3	LICOM2 模式分辨率：30 层 0.5°~1°纬度×1°经度	CICE4-LASG	无
FGOALS-s2 （Bao et al.，2013）	中科院大气物理研究所 LASG	SAMIL2.4.7 模式分辨率：垂直 26 层 R42（2.8125×1.66） 模式顶：2.19hPa	CLM3	LICOM2+IAP-OBM 模式分辨率：30 层 0.5°~1°纬度×1°经度	CSIM5	有
FIO-ESM v1.0 （Qiao et al.，2013）	国家海洋局海洋第一研究所	CAM3.0 模式分辨率：垂直 26 层 T42（2.8125×2.8125） 模式顶：2.19hPa	CLM3.5	POP2.0+MASNUM 模式分辨率：40 层 384×320 格点，三极网格	CICE4.0	有

优先主题。《国家"十二五"科学和技术发展规划》第五项战略部署"推进重点领域核心关键技术突破"中强调建立支撑可持续发展的能源资源环境技术体系，明确了开发多源、多尺度观测数据同化、融合与集成技术，加强对气候变化科学研究和技术的支撑。同时，在第六项战略部署"前瞻部署基础研究和前沿技术研究"中强调继续加强基础研究，并在资源环境科学领域明确了重点支持影响我国的高影响天气发生发展的规律、机制和预测。

"十二五"期间科技部署了"全球中值数值预报技术开发及应用"项目，该项目紧密结合《国家中长期科学和技术发展规划纲要（2006—2020年）》以及《国家"十二五"科学和技术发展规划》的部署，以自主创新、突破天气预报的核心技术–数值天气预报为主线，着力解决气象业务现实的紧迫需求和未来发展的数值模式和气象资料的关键技术，为提高天气预报预测能力提供强有力的科技支撑；并通过开发多源、多尺度观测数据同化、融合与集成技术，提高对气候变化科学研究的基础支撑，以及对国家减灾防灾所需基础资料的科技支撑。数值天气预报是天气预报的核心支撑技术，而全球中期数值预报又是数值预报的中枢，全球中期预报水平不高制约了我国对重大气象灾害的早期预测和预防能力，并影响了我国在世界上气象强国的地位。同时，气象资料是一切气象工作的基础，提高天气预报和气候预测准确率和服务水平、发展数值预报模式和评估其性能都严重依赖所使用的资料，另外对有效防御和减轻气象灾害、保障人民生命财产安全对气象资料也提出了新的需求。例如，综合利用地面自动站、卫星、雷达等观测手段，客观和及时地监测暴雨、强对流天气和揭示其发生发展规律，在防御和应对山洪泥石流地质灾害决策中起着重要作用。

近十多年来，我国气象观测现代化水平获得了空前提高，初步建立了地基、空基和天基相结合，门类比较齐全，布局基本合理的综合气象观测系统。然而，与观测系统本身的高速发展形成对比的是，我国观测资料的应用水平和数据产品应用能力并没有随着观测系统的发展而得到快速提高，其主要原因是观测资料本身的质量和数据处理系统不能满足应用的需求，也就无法为数值模式的发展和诊断评估提供有力的支持，同时也导致缺乏基于观测资料制作出可供用户直接使用的高质量的加工产品，这严重制约了我国气象资料在现代天气气候业务、数值天气预报及科研工作中的应用水平。因此如何通过研究和集成气象资料的质量控制、时间均一性检验订正、不均匀分布台站资料的空间网格化、多源数据融合等技术，对我国基础气象观测资料进行系统的质量分析和处理，研发一批我国气象业务和科研工作急需的基础数据和产品，提高数据的质量和信息量，对提高气象资料在全球中期数值预报研究发展中的应用水平，推动我国全球中期数值模式发展、气象服务及其他环境领域相关行业的应用水平，提高我国气象工作在全球的核心竞争力具有十分重要的意义。

2. 全球中值数值预报技术研究成果

"全球中值数值预报技术开发及应用"项目经过四年多的研究取得了如下重要成果：

（1）GRAPES半隐式半拉格朗日格点全球模式在全球大气质量守恒、高精度守恒的水汽等水物质平流计算、非插值半拉格朗日温度平流计算、准均匀网格应用、模式稳定性技术等方面取得突破，形成了适合高分辨率、长时效积分的新 GRAPES 动力框架。

（2）在东亚季风区模式降水过程参数化-双参数云物理方案及云量预报方案研发方面取得突破，逐步开始了模式物理过程的自主发展。项目发展的云微物理方案、云量预报方案具备自主知识产权，缩短了与国外先进全球中期模式在云降水方案方面的差距。

（3）发展了适应于未来异构众核高性能计算的求解大气运动方程的多矩约束有限体积法这一数值模式计算新技术，并得到国际数值预报界的关注和采用。为未来进一步发展高分辨率、高精度、守恒、高可扩展性的天气气候一体化全球大气模式奠定了坚实的基础。这也是"十三五"期间我国实现数值天气预报科技跨越的重要储备。

（4）在我国首次发展了模式物理过程诊断分析交互式平台以及数值预报天气学诊断分析算法和平台，虽然在平台的智能性、诊断方法的丰富程度和深度上需要完善的地方还很多，但这为我国数值预报高水平发展和提高预报员对数值预报结果的应用能力奠定了重要基础。

（5）系统地发展了基础气象资料质量控制技术、均一性检验和订正技术、气象卫星资料的标准化处理技术、雷达质量控制和反演降水技术及多源气象资料融合技术，为标准化、高质量的基础气象资料业务服务和统一处理平台的发展奠定了基础，并为我国气候变化研究提供高质量的基础数据。

这些成果的取得，解决了：①通过 GRAPES 模式动力框架的精细化改进，解决了制约 GRAPES 全球预报系统较长时期不能业务应用的瓶颈问题；②通过"多矩约束有限体积法"这一数值模式计算新技术的发展，解决了我国数值预报向更高水平发展的基础理论和算法问题；③基本解决了我国基础气象资料长期存在的质控、均一性检验订正、标准化处理等方面存在的方法、标准不统一，缺乏统一处理平台的问题。

3. 全球中期数值预报技术研究内容

（1）全球中期数值预报模式技术开发

a. 全球模式动力框架研究开发。

①GRAPES 全球模式动力框架改进。以"十五"、"十一五"期间研究开发的 GRAPES 模式动力框架为基础，完成了 9 个方面的改进研究，包括上下边界条件的适定性改进、垂直方向拉格朗日上游点处变量插值精度改进、非插值位温拉格朗日平流算法开发、极区滤波方案的优化、引入地形滤波考虑有效地形减小了气压梯度力的计算误差、地形追随-高度混合坐标的改造、研发了高精度守恒的水汽平流方案、开发了抑制虚假计算模的技术以及发展了全球大气质量守恒的新订正算法。这些工作显著提高了模式的稳定性、质量守恒性和计算精度，为 GRAPES 全球模式实现业务应用奠定了坚实基础。

②阴阳网格 GRAPES 全球模式动力框架开发。在保持原有 GRAPES 动力框架基本结构不变的情况下，通过增加全柯氏力、改进垂直差分以及发展局地质量守恒型阴阳网格重叠区变量交换算法，完成了 GRAPES 全球模式向球面准均匀网格-阴阳网格的改造。同时，通过平衡流、地形激发 Rossby 波、斜压不稳定等的理想试验，验证了阴阳网格 GRAPES 全球模式框架的正确性；在此基础上，开发了正定、保形的 CSLR 半拉格朗日标量平流算法，使阴阳网格 GRAPES 全球模式对水汽等水物质的预报模拟有较高的精度。阴阳网格

GRAPES 全球模式动力框架的成功开发为 GRAPES 全球模式在未来分辨率提高至 10km 奠定了重要基础。

③下一代高精度、守恒、高可扩展性全球模式动力框架研究。以"多矩约束"思想和"通量重构"方法为基础发展了多矩有限体积数值模式动力框架的基础算法,据此发展了满足下一代数值天气预报模式需求(高仿真度、高分辨率、守恒、异构众核高性能计算平台上的高可扩展性)的多矩约束有限体积动力框架,并进一步研发了高性能限制器函数,使解在光滑区域保证高阶精度的基础上,在间断处可完全避免非物理振荡。在几种代表性球面准均匀网格(正二十面体六边形网格、阴阳网格、立方球网格)上,完成了该框架在多种理想大气运动情况下的收敛性、精度和守恒性测试。在此基础上,初步实现了在立方球网格上的全显式三维可压缩、非静力模式框架;采用斜压不稳定理想试验对所发展的三维模式进行了测试,初步结果证明了数值框架的可用性和所开发程序代码的正确性,为发展实用性的动力框架打下了坚实的基础。

b. 全球模式关键物理过程研究和改进。

模式物理过程优劣决定了模式对降水、气温高低变化等日常气象要素以及暴雨、台风、冰雹等灾害天气预报的准确程度。本项目从物理机制上改进了 GRAPES 模式积云对流、浅积云对流、边界层及垂直扩散以及云物理等关键的过程,显著改进了模式在亚洲季风区的降水、云量预报偏差,以及在东太平洋沿岸无层积云的预报偏差。这些改进已经在国家气象中心的业务试运行系统中得到应用。

在自主发展的双参数云物理方案的基础上,研发了宏观云及云量预报方案,考虑了对流云卷出对云量、水汽等水物质的反馈作用,显著改进了模式对高、中、低云的预报。这也是我国在研发模式物理过程这一弱项上的重大突破。

通过考虑层积云与边界层的耦合过程,引入了边界层顶层积云存在时由于辐射冷却所引起的不稳定而造成的湍流混合增强效应。同时,针对夜间稳定边界层,将原基于相似性理论的扩散系数廓线改为局地扩散方案,改进以后的边界层高度全球模拟更为合理。

(2)物理过程诊断程序包的开发。初步研制了数值模式物理过程交互式诊断平台,以及完成了模式天气学分析和诊断的部分算法开发和交互平台的架构及软件设计。这两个交互式平台的研制,不仅能够促进模式研发人员研发水平的提高,而且对于预报员在深入理解、运用数值预报结果并进一步提升天气预报水平未来将发挥重要作用、是一项前瞻性的开发工作。通过开发各类与模式物理过程有关的诊断变量,在 Linux/Unix 环境下采用 Perl/Python /JAVA 等语言封装的技术,研发了软件系统的基础支撑、数据预处理、图形绘制、界面系统、图形展示等多模块,初步形成了人机交互的诊断平台和图形显示系统。完成了软件系统的整体结构设计,实现多窗口图片浏览、播放,图片缩放,单点取值,任意剖面绘制等基本诊断交互功能。

(3)基础气象资料质量控制技术、均一性检验和订正技术、气象卫星资料的标准化处理技术、雷达质量控制和反演降水技术及多源气象资料融合技术等方面取得显著进展,促进了气象基础资料业务处理的高质量、系统化和标准化,为气候变化研究提供了更为可靠的基础数据。

①确定了地面资料及高空无线电探空资料的质量控制方法，建立了可业务化及实时应用的技术方案和流程，包括《地面实时新长 Z 数据文件全要素质量控制方案》、《无线电探空资料质量控制（QX/T 123–2011）》和《高空探测规定层位势高度、温度和湿度资料质量控制方案》三套技术标准。在此基础上，建成中国区域高空探测站，建站以来开发了《中国高空规定等压面定时值数据集（V2.0）》、《中国高空温湿特性层定时值数据集（V1.0）》和《中国高空规定高度层风定时值数据集（V1.0）》等高质量数据集，并于 2013 年 12 月正式发布。

②初步完成了新 30 年地面气候资料整编方案"地面气候资料统计整编方法（1981—2010）"和相应的"地面气候标准值统计方法"气象国家标准的编制。

③针对不同的数据类型（地面、探空）、要素类型（气压、温度、高度），在系统研究了多种均一性检验和订正方法的基础上，确定了适合中国观测系统历史和现实状况的均一性检验和订正技术。在此基础上，建立了高质量的中国近 60 年 2400 站地面气温均一化数据集；并完成 194 个国际交换站气压质量控制与系统误差检验与订正，形成气压资料均一化检验与订正思路技术方案，为进一步开展 2400 站地面气压资料均一化奠定了基础。完成了我国 123 个探空台站各标准等压面月平均探空位势高度资料的非均一性检验和订正。首次利用中国区域所有探空台站逐站详细的原数据信息为主要断点判断依据，结合 PMTred 非均一性检验方法，并以 ERA–interim 资料作为参考序列，对 1979～2012 年我国 125 个探空台站 7 个标准等压面月平均探空温度资料进行了非均一性检验、订正并形成了数据集产品。

④发展了一种基于小波分析的逐日气温资料均一化方法。通过与其他应用较为广泛的均一化方法（MASH、HOM、TPR 和 QM 方法）的对比研究表明，基于小波分析的均一化方法能够检验和订正原始和"均一化"逐日气温序列中隐藏在不同尺度天气波动中的非均一性或断点。4 种现行应用较广的均一化方法对于逐日气温序列平均值和气候极值趋势的估计相互之间存在较大的差异，原因在于传统方法在不同程度上扭曲了逐日气温序列的变率谱结构。

⑤改进了现有新一代天气雷达的质量控制算法。改进后的算法，电磁干扰识别的准确率提高明显，杂点剔除的准确度提高，增强了地物识别对不同雷达的适用性。

⑥改进了雷达降水估测技术，基本形成了雷达和自动雨量站定量估测降水的优化算法。通过对雷达回波亮带进行订正、在识别降水类型的基础上根据降水类型采用相应的 Z–R 关系估算降水，以及利用地面雨计实测结果进行再次订正等方法，提高了雷达回波的可靠性和降水估算效果。

⑦完成了卫星遥感一级数据的再处理方法的研制。在此基础上，完成了 1989～2008 年 NOAA/AVHRR 卫星上下午星数据再定位处理。完成 1989～2008 年 GMS4、GMS5 和 FY-2 的总体一级数据处理。

⑧完成了卫星反演产品（积雪、总云量、OLR、地面入射太阳辐射等）的反演算法开发及在我国的适应性研究。算法利用卫星探测通道的光谱响应函数，基于辐射传输模式，模拟计算不同观测角度、大气环境、下垫面条件下相关探测通道的卫星接收辐射，以理论

计算值为依据，用动态阈值方法调整反演计算中的相关参数，以得到稳定合理的结果。

⑨搭建了可批量处理卫星反演产品的应用软件平台，软件包括数据处理和数据处理监控两大部分。在此基础上，完成 1989～2008 年 NOAA 卫星长时间序列一级数据处理，生成总云量、OLR、积雪覆盖三种产品；完成 1989～2003 年 GMS4、GMS5 一级数据处理，生成 OLR 和云检测产品。

4. 全球中值数值预报技术成果应用

1）GRAPES_GFS 准业务实时全球中期预报系统

GRAPES_GFS 准业务实时全球中期预报系统于 2013 年 10 月中旬完成了全面升级。改进了质量守恒的 GRAPES 全球模式动力框架、全面优化的模式物理过程包括积云对流参数化、边界层、浅积云对流和次网格尺度地形动力作用参数化已经进入升级的 GRAPES_GFS 全球中期预报系统。图 2-1 是连续运行的 GRAPES_GFS 第 3 天预报的 500hPa 高度场距平相关系数的演变图（蓝线）及其与从国外引进的全球中期预报系统（红线、T_L639）、世界最高水平欧洲中期天气预报中心（黑线、ECMWF T_L1279）的比较。可以看出，本项目针对 GRAPES 全球模式的改进成果集成入 GRAPES_GFS 之后，其预报性能明显提升，基本接近从国外引进系统的预报水平，但与世界最高水平比较差距还是非常明显的（注意：GRAPES_GFS 的水平分辨率为 50km、ECMWF T_L1279 的水平分辨率相当于 16km）。

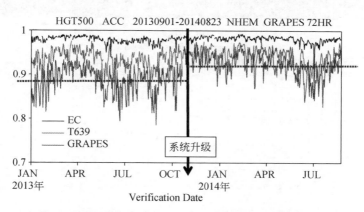

图 2-1　GRAPES_ GFS 第 3 天预报的 500hPa 高度场距平相关系数的演变图（蓝线）及其与从国外引进的全球中期预报系统（红线、T_L639）、世界最高水平欧洲中期天气预报中心（黑线、ECMWF T_L1279）的比较

2）长时间序列卫星遥感一级数据

本研究研制的长时间序列卫星遥感一级数据的再处理方法和反演算法及在此基础上开发的可批量处理卫星反演产品的应用软件平台实现了业务应用。表 2-2 给出该批量处理软件平台所处理的数据类型及总数据量。

表 2-2　批量处理卫星反演产品的应用软件平台所处理数据类型及总量统计

序号	卫星	时间	数据量/文件数	处理状态	产品
1	NOAA/AVHRR	1989~2008 年	7.4TB/约 12 万个文件	完成 L1 处理，完成 L2 处理	总云量、积雪覆盖、OLR
2	GMS	1988~2003 年	2.5TB/约 8 万文件	完成 L1 处理	总云量
3	FY-2	2005~2008 年	7.5TB/约 4 万个文件	L1 处理进行中	总云量、OLR、地面入射太阳辐射
4	FY-1D	2002~2012 年	2.38TB/约 5 万个文件	L1 处理进行中	总云量

3）地面自动站全要素质量控制方法

项目开发的地面自动站全要素质量控制方法集成进入中国气象局综合气象数据集成显示系统，并于 2014 年 6 月，实现地面自动站小时、日资料和日照资料的质量控制和评估、存储、实时反馈更新和服务。图 2-2 给出综合气象数据显示系统中对地面自动站数据的监控截图。

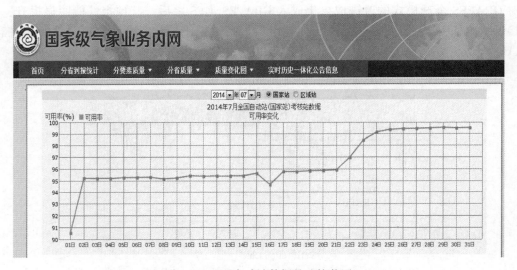

图 2-2　地面自动站数据的监控截图

5. 全球中值数值预报技术成果分析

1）GRAPES 全球模式

GRAPES 全球模式可用预报时效（高度场距平相关系数超过 0.6）在南北半球平均为 7 天，与立项时的 6 天相比，延长了 1 天。

图 2-3 给出新版 GRAPES 全球模式与立项时的模式对 500hPa 高度场预报能力的比较。可以看出，集成了项目动力和物理改进成果的新版 GRAPES 全球模式，在北半球夏季（7 月平均）可用预报时效延长了 1 天（夏季与冬季相比更难预报）。

图 2-4 是新版 GRAPES 全球模式与立项时的模式所预报的 500hPa 高度场的均方根误差随预报时间的变化。可以看出，新版 GRAPES 全球模式与原来相比均方根误差平均减小 10%。

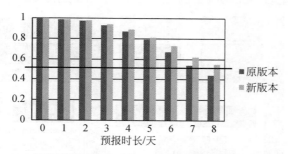

图 2-3　北半球 500hPa 高度场距平相关系数（7 月平均）随预报时间的演变（2009 年 7 月一个月回算结果的平均）

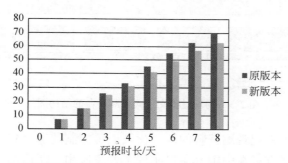

图 2-4　新版 GRAPES 全球模式预报的 500hPa 高度场均方根误差（7 月平均）与立项时模式的比较

2）人机交互的模式物理过程诊断平台

形成人机交互的模式物理过程诊断平台，为未来模式核心技术的发展提供诊断评估工具。完成了部分诊断变量的开发、初步实现了多窗口图片浏览、播放，图片缩放，单点取值，任意剖面的绘制等基本诊断交互功能。①在诊断方法开发方面，在深入分析 GRAPES 全球模式动力框架和不同物理过程参数化的细节基础上，确立了诊断分析所用的不同级别（四级）的模式变量，完成了 1～3 级变量的程序开发，并实现了在模式版本库中的管理；②完成了物理过程交互式诊断平台软件系统的体系结构设计（图 2-5），以及基础支撑模块接口程序开发、数据标准化处理程序的研发、图形绘制模块的结构设计和技术研发、几种基本类型图片绘制引擎的开发。在此基础上，完成了从数据接入、数据选择、绘图参数配置、并发绘图、绘图结果展示、可定制的多窗口浏览开发到诊断交互操作等完整流程的界面开发，初步实现了多窗口图片浏览、播放，图片缩放，单点取值，任意剖面的绘制等基本诊断交互功能。

3）气象观测数据实时质量控制系统

形成常规观测资料的均一化及质量控制的综合集成技术，生成中国区域常规气象观测要素均一化历史数据集，开发气象观测数据实时质量控制系统，并在中国气象局实现

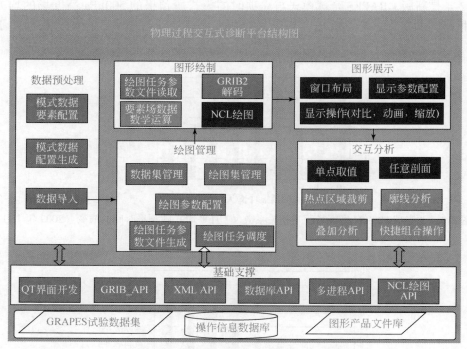

图 2-5　物理过程交互式诊断平台的结构图

业务试用。初步形成了常规观测资料的均一化及质量控制的综合集成技术。开发的地面自动站全要素质量控制方案在中国气象局实现了业务应用。①研制完成了地面资料及高空无线电探空资料的质量控制方法,《地面实时新长 Z 数据文件全要素质量控制方案》、《高空数字化基础气象资料质量检测方案》和《高空测风和特性层数字化资料质量控制方案》通过专家论证,建立了可业务化及实时应用的技术方案和流程。②开发了《中国高空规定等压面定时值数据集(V2.0)》、《中国高空温湿特性层定时值数据集(V1.0)》和《中国高空规定高度层风定时值数据集(V1.0)》、《中国近 60 年 2400 站地面气温均一化数据集》、《1979 年-2012 年我国 125 个探空台站 7 个标准等压面月平均探空温度均一化数据集》。③对不同的数据类型(地面、探空)及要素类型(气压、温度、高度),确定了适合中国观测系统历史和现实状况的均一性检验和订正技术。④完成了地面自动站全要素质量控制方案。2014 年 6 月,实现地面自动站小时、日资料和日照资料的质量控制和评估、存储、实时反馈更新和服务,并初步建立了常规资料质量控制和信息反馈业务系统。

4)气象要素格点分析产品

形成实时(或准实时)中国和东亚不同时空分辨率的气象要素格点分析产品,空间分辨率在中国和东亚地区达到 0.5°×0.5°。基于中国区域 700 多个台站气象观测资料,初步建立了 1951～2008 年空间分辨率为 0.5°×0.5°经纬度的近地面气象要素格点分析产品,时间分辨率为 3h;在该格点分析场的基础上,驱动陆面模式 CLM3.5 完成了中国区域近

58 年土壤湿度（0～3.4m 10 层）日变化的模拟，为建立以陆面模式模拟、试验观测多源数据相结合的土壤湿度融合方法，获得中国区域高分辨率的土壤水分网格数据奠定了基础。

5）新一代天气雷达基数据、三维格点拼图历史及实时数据

形成经过严格质量控制后的新一代天气雷达基数据、三维格点拼图历史及实时数据。目前仅完成了新一代天气雷达质量控制算法的改进、雷达自动站联合降水误差分析和效果检验、高原复杂地形下的降水估算方法开发、区域雷达网估算降水的有效覆盖能力评估等基础技术开发，正在开发雷达组网及降水估算应用软件。尚未形成质量控制算法改进后的雷达基数据、三维格点拼图历史及实时数据。

6）降水产品、雷达和自动站联合估测降水产品

形成台站观测与卫星遥感相结合的融合降水产品、雷达和自动站联合估测降水产品（5km 分辨率，1h 一次）以及卫星反演的多时空尺度降水产品。完成了基础算法的开发、算法误差评估及多种卫星反演降水产品在中国的精度分析，初步形成产品。①利用中国 2400 多台站从 2005 年到 2007 年的逐小时雨量观测资料，采用构建气候背景值的两步 OI 最优插值法，生成了 2005 年到 2007 年、空间分辨率为 0.25° 的逐小时降水量分析场。该资料在我国东部台站密集区的质量较高。②利用 3 年的逐小时分析场资料，检验了高分辨率卫星反演降水产品评估计划（Program to Evaluation High Resolution Precipitation Products，PEHRPP）计划中涉及的 6 种卫星反演降水量产品在中国区域的精度。这 6 种卫星反演产品分别是：NOAA/CPC 研制的 CMORPH 和 COMB 产品，NASA 研制的 TRMM 3B42RT 产品和 TRMM 3B42，美国海军试验室研制的 NRL 融合产品以及美国亚利桑那州立大学研制的 PERSIANN 产品。③系统分析了 CMORPH 卫星反演降水产品的系统性误差，并利用概率密度函数匹配（probability density function，PDF）误差订正法对 CMORPH 反演降水产品进行了系统误差订正（图 2-6）。为后期制作台站观测与卫星遥感相结合的融合降水产品及卫星反演的多时空尺度降水产品奠定了基础。

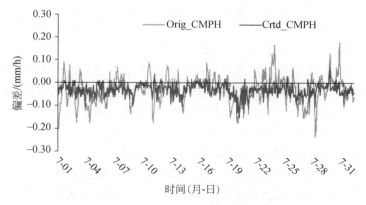

图 2-6 PDF 订正前后 CMORPH 卫星反演降水产品误差的时间变化曲线

Orig_ CMPH：PDF 订正前；Crtd_ CMPH：PDF 订正后

7）标准化卫星气象数据集

我国风云系列业务卫星重新定标、定位及标准化处理后的各通道原始分辨率辐射值以及相关观测角度、观测时间等标准化数据集；卫星反演的多时空尺度降水量、云量、地面入射太阳辐射、积雪和 OLR 等产品。完成了长时间序列卫星遥感一级数据的再处理方法研制、反演算法在我国的适用性研究，并开发了可批量处理的卫星反演产品应用软件平台（图 2-7），目前已完成 NOAA/AVHRR、GMS、FY-2 和 FY-1D 卫星遥感产品的再处理，数据总量达到 17.38TB，产品包括总云量、积雪覆盖、OLR 和地面入射太阳辐射。

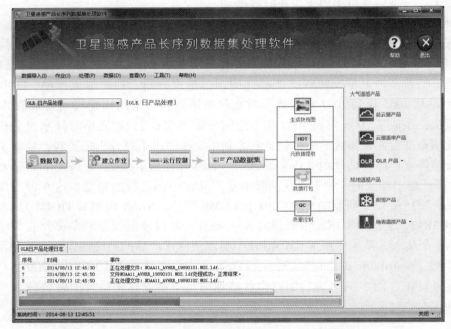

图 2-7　卫星遥感产品长序列数据集处理软件界面

8）气象资料综合质量控制系统及格点化数据产品

常规气象资料综合质量控制系统及格点化数据产品生成系统在中国气象局实现业务运行或试运行。地面自动站全要素质量控制系统已经在中国气象局试验业务运行。正在开发高空气象资料质量控制系统，格点化数据产品生成系统正在研制。该项考核指标是项目在接近完成时的集成工作，大量的集成工作将在后两年完成。

9）项目成果在气象资料综合处理业务系统中的应用

建立包括雷达、卫星等基础数据产品生成系统的业务流程，在气象资料综合处理业务系统中得到应用。已经完成雷达质量控制算法的改进、部分完成了雷达三维组网拼图技术的开发，尚未建立业务流程。卫星一级数据再处理方法的开发已经完成，并建立了卫星遥感产品长序列数据集处理软件平台，这部分成果已经在气象资料综合处理业务系统中得到应用。

2.2.3　气候变化评估数据和方法

数据和方法是科学研究和政策制定的基础工具和有力支撑。随着对气候变化研究的不断深化，其涉及的数据和方法体系也日益丰富。自 20 世纪初以来，世界各国已经积累了大量气候变化的相关数据，通过对已有数据的深入分析和研究，人们对气候变化的规律、成因、发展等认识日渐清晰。通过对我国现有的数据进行综合集成，分析评估其来源、质量、适用范围、应用情况等，可进一步改善现有的数据质量，优化配置数据资源，提高其使用效率。在评估方法方面，气候变化的研究方法还处于发展完善阶段。建设生态文明，需要不断在方法和理论上进行创新。加强气候变化领域研究方法体系的梳理和创新，进一步深入研究更好与经济社会发展融合的重要基础性工作。

1. 气候变化数据研究

地球气候的观测数据是揭示气候变化事实的基础。IPCC 历次评估报告有关气候变化事实的结论主要是基于全球气候观测数据序列得到的结果，但是其气候变化事实评估结果具有不确定性，主要是由观测资料的不确定性造成的，包括观测资料的空间代表性问题、时间非均一性问题、数据选择及其处理方法问题等。因此，收集和采用全面的、高质量的、获得全球科学家广泛认可的地球气候系统观测数据对我国气候变化事实的评估具有极其重要的意义。

气候变化研究的数据主要分为气候变化事实数据、地球观测遥感数据、气候变化影响数据、气候变化适应数据、气候变化减缓数据和国际合作类数据等六大类。气候系统包括大气圈、水圈、冰雪圈、岩石圈和生物圈，气候和环境变化是气候系统五大圈层之间相互作用的结果，因此，地球气候系统各圈层在中国区域的历史数据主要包括大气圈层的气象观测数据、大气成分观测数据、大气再分析资料、气候模式模拟和预估数据；描述海洋状况的海洋环境数据、海洋再分析数据；有关地球冰雪圈层的冰冻圈资料；描述陆地表面水文水资源特征的资料；记录地球生态系统变化的生态要素资料；以及通过树木年轮、冰芯、石笋、孢粉等分析得到的反映地球气候状况的代用资料。这些数据有些是通过仪器直接观测获得的，有些是通过遥感等手段间接观测获得的，有些是通过代用资料分析获得的，有些是通过天气气候模式模拟分析得到的，有些则来自公开出版的文献。具体来说，气候变化事实数据包括气象、大气成分、气候代用记录、海洋环境、冰冻圈、水文与水资源、生态系统、大气和海洋再分析资料、气候模式模拟和预估数据，并且包含气候系统各圈层与气候变化直接相关的多种数据资料；地球观测遥感数据则从卫星遥感资料的角度，评估了土地利用/土地覆盖、植被参数、水域与水参数、农业、陆地冰冻圈、辐射平衡、大气、海洋等范围的卫星观测数据，因其具有覆盖立体空间范围广、分辨率较高等优点，可以作为地面观测资料的有益补充；气候变化影响数据主要集成了国内外有关气候变化对中国区域影响的研究成果数据，从气候变化对海洋的影响、气候变化对冰冻圈的影响、水文与水资源、生态系统、气候变化对经济社会的影响等五个方面进行收集和整理；气候变化适应数据包括适应技术、适应对策、适应能力、适应成本效益分析等四个方面，并且汇总了中国在适应气候变化领域的基本数据情况；气候变化减缓数据主要包括中国区域温室气体排放源、温室气体排放数据、清洁能源开发利用数据、减排技术与潜力数据、森林碳汇数据、影响温室气体排放的关键因素、未来温室气体排放预测数据；气候变化领域中国与各国合作的相关数据，主要包括国际谈判数据、资金数据、国际碳市场数据、国际合作的项目和经费数据等。

2. 气候变化方法研究

在应对全球气候变化面临的一系列核心科学问题中，理解气候变化的机制是趋利避害、采取措施的科学基础。由于气候器测记录历史有限，可靠的连续器测资料不过一百多年，因此难以反映气候系统的各种变率。对气候变化因素和机制的全面理解，必须研究更长时间尺度的气候变化历史。因此，从历史气候演化方面，研究海洋、湖泊、黄土、冰芯、石笋、树轮、珊瑚沉积记录和历史文献中不同古气候代用指标的原理、方法和适用范围，探究近年来古气候定量化重建的新进展和观测资料的分析方法，对气候变化的模拟评估具有重要意义。

1）过去 2000 年气候模拟评估

过去千年气候模拟试验是利用大气–海洋–陆面–海冰耦合的气候系统或者地球系统模式，通过给定过去千年的太阳辐照度变化和火山气溶胶变化来强迫模式，模拟过去千年（AD850～1850 年）的气候演变，重点关注中世纪暖期和小冰期气候。理解 20 世纪全球变暖需要放在至少过去千年气候演变的大背景之下（周天军等，2009）。过去千年气候演变过程是自然变化和人类活动影响共同作用的结果。自然变化既包括气候系统各组成部分相互作用而产生的内部振荡，又包括由太阳辐射、火山气溶胶等外强迫因子变化引起的自然变率。人类活动影响包括人为温室气体和气溶胶排放，以及土地利用变化等的影响。在过去千年的时段内，由太阳入射和火山气溶胶外强迫变化引起的有效太阳辐射的变化幅度，远比地球运转轨道的周期性引起的变化要弱，因此，千年气候模拟比轨道尺度古气候模拟难度大。气候模式有简单模式和复杂模式之分，只有"大气–陆面–海洋–海冰"耦合的三维气候系统模式才具备模拟复杂的动力过程的能力。因此，世界气候研究计划（WCRP）《气候变率与可预报性研究》（CLIVAR）与国际地圈生物圈计划（IGBP）的《过去全球变化》（PAGES）联合工作组致力于促进利用复杂的气候系统模式模拟过去千年气候的工作，加强模式结果与气候重建资料的比较。此外，为减少单一模式结果的不确定性，国际耦合模式比较计划 CMIP5 设计了"过去千年气候模拟试验"，并推荐了相应的外强迫因子序列（包括太阳辐射和火山气溶胶等自然因子强迫序列，以及温室气体和土地利用等人为因子强迫序列），目前国际上有近 10 个气候模拟中心提交了千年气候模拟结果（http：//pmip3. lsce. ipsl. fr），包括 bcc－csm1－1、CCSM4、CSIRO－Mk－3L－1－2、FGOALS－s2、FGOALS-gl、GISS－E2－R、HadCM3、IPSL－CM5A－LR、MIROC－ESM 和 MPI－ESM－P，实现了千年气候模拟瞬变试验的国际多模式比较。这些模式均采用 PMIP3 推荐的最新的太阳辐射和火山气溶胶等强迫数据，积分时段为 AD 850～1850 年。相对于此前的千年模拟积分将火山气溶胶直接处理成太阳短波辐射减少的简化处理方案，CMIP5 千年模拟积分将火山气溶胶强迫采用气溶胶光学厚度表示，并考虑了气溶胶随纬度和季节的变化及平流层火山气溶胶的影响，这在物理上更为合理。

2）地球气候系统与年代际气候预测和百年气候预估

年代际气候预测和百年气候预估的基本工具包括气候系统模式、地球系统模式和区域气候模式，基本方法或原理包括初始化、典型浓度路径、动力学与统计学预估和降尺度方法。利用气候系统模式和地球系统模式进行预估的原理主要是：CMIP5 中未来气候变化的预估试验将利用 RCP 情景提供的一系列人为强迫因子（包括温室气体的浓度或排放、臭氧和大气气溶胶及其化学前体和土地利用变化）驱动气候系统模式或地球系统模式。其中温室气体包括 CO_2、N_2O、CH_4、O_3、CFC11 和 CFC12，气溶胶包括 SO_4、黑炭、有机碳、硝酸盐、沙尘、火山气溶胶及海盐。有些模式考虑了气溶胶的间接效应。但实际试验中，没有一个模式完整地考虑了这些过程。太阳常数多只考虑 11 年重复周期，有些模式还考虑了地球轨道参数对太阳常数的影响。其中部分试验将采用包含碳循环交互模块的地球系统模式进行。在这类试验中，驱动模式的是"碳排放"而不是"CO_2 浓度"，这意味着模式中的 CO_2 浓度将通过碳循环模块模拟得到。需要注意的是，预估不等于预测，实际的气候变化是由气候系统内部变率和外强迫引起的气候变化二者共同组成的。类似针对 RCP 不同情景的气候预估试验，实际上只考虑了后者即外强迫引起的变化部分。因此，在分析未来气候变化的预估结果的时候，必须讲清楚是针对特定的温室气体排放情景的，不能混同于气候预测。

在年代际尺度上，可能的预报技巧主要来自如下三个方面：外强迫的变化、气候系统的惯性和气候系统内部变率导致的年代际振荡。因此，年代际预测本质上是初值问题和强迫响应问题的结合，即模式初值和温室气体等外强迫因子均对预测结果有影响。从技术上来说，首先需要对模式进行初始化，即令模式状态趋近于真实。然后以初始化结果为初始场，1960～2005 年，每隔 5 年（1960 年、1965 年，依此类推）开始一组预测试验。除了1960 年、1990 年和 2005 年开始的试验积分 30 年外，其余试验均积分 10 年。预测试验采用的辐射强迫场在模式积分到 2005 年之前与历史强迫试验（historical run）一致，之后与 RCP4.5 情景试验一致。关于如何对模式进行初始化，目前尚未有统一的方案。各个模式中心根据各自情况采用了多种不同的初始化方案。

20 世纪的气候演变受到自然外强迫（太阳辐照度变化、火山气溶胶）和人为外强迫（温室气体、人为气溶胶、土地利用等）的共同作用。为区分上述各种因子对历史气候变化的贡献，国际耦合模式比较计划（CMIP5）设计了 20 世纪气候变化归因模拟试验，就是对气候系统模式分别给定不同的强迫因子，通过模拟结果与观测数据的比较，来理解不同强迫因子的贡献和作用。表 2-3 中的试验名称中，"historical"表示同时考虑自然强迫因子和人为强迫因子的变化。

表 2-3 参加 CMIP5 的 20 世纪气候模拟试验的模式名称和数据

模式数	模式名称	试验名称	输出变量	时间段/年
1	ACCESS1-0	historical		1850~2005
2	ACCESS1-3	historical		1850~2005
3	BCC-CSM1.1	historical		1850~2012
4	BCC-CSM1.1（m）	historical		1850~2012
5	BCSD	historical		1850~2005
6	BNU-ESM	historical		1850~2005
7	CanCM4	historical		1850~2005
8	CanESM2	historical		1850~2005
9	CCSM4	historical		1850~2005
10	CESM1（BGC）	historical	大气变量：ccb, cct, ci, cl,	1850~2005
11	CESM1（CAM5）	historical	cli, clivi, clt, clw, clwvi,	1850~2005
12	CESM1（CAM5.1, FV）	historical	evspsbl, hfls, hfss, hur, hurs,	1850~2005
13	CESM1（FASTCHEM）	historical	hus, huss, mc, pr, prc, prsn,	1850~2005
14	CESM1（WACCM）	historical	prw, ps, psl, rlds, rldscs, rlus, rlut, rlutcs, rsds, rsdscs,	1850~2005
15	CMCC-CESM	historical	rsdt, rsus, rsuscs, rsut, rsutcs,	1850~2005
16	CMCC-CM	historical	rtmt, sbl, sci, sfcWind, ta,	1850~2005
17	CMCC-CMS	historical	tas, tasmax, tasmin, tauu,	1850~2005
18	CNRM-CM5	historical	tauv, ts, ua, uas, va, vas,	1850~2005
19	CNRM-CM5-2	historical	wap, zg	1850~2005
20	CSIRO-Mk3-6-0	historical	海洋变量：so, sos, thetao, tos, uo, vo	1850~2005
21	CanCM4	historical	陆地变量：baresoilFrac, cSoil,	1850~2005
22	CanESM2	historical	evspsblsoi, evspsblveg, mrfso, mrlsl, mrro, mrros, mrso, mrsos,	1850~2005
23	EC-Earth	historical	prveg, tran, tsl	1850~2005
24	FGOALS-g2	historical	陆冰变量：snc, snd, snm, snw	1850~2009
25	FIO-ESM	historical	海冰变量：evap, sic, sit,	1850~2005
26	GFDL-CM2.1	historical	transix, transiy	1861~2005
27	GFDL-CM3	historical		1861~2005
28	GFDL-ESM2G	historical		1861~2005
29	GFDL-ESM2M	historical		1861~2005
30	GISS-E2-H	historical		1850~2005
31	GISS-E2-H-CC	historical		1850~2005
32	GISS-E2-R	historical		1850~2005
33	GISS-E2-R-CC	historical		1850~2005
34	HadGEM2-AO	historical		1860~2005

续表

模式数	模式名称	试验名称	输出变量	时间段/年
35	HadGEM2-CC	historical		1860~2005
36	HadGEM2-ES	historical	大气变量: ccb, cct, ci, cl,	1860~2005
37	HadCM3	historical	cli, clivi, clt, clw, clwvi,	1860~2005
38	inmcm4	historical	evspsbl, hfls, hfss, hur, hurs,	1850~2005
39	IPSL-CM5A-LR	historical	hus, huss, mc, pr, prc, prsn,	1850~2005
40	IPSL-CM5A-MR	historical	prw, ps, psl, rlds, rldscs,	1850~2005
41	IPSL-CM5B-LR	historical	rlus, rlut, rlutcs, rsds, rsdscs,	1850~2005
42	MIROC5	historical	rsdt, rsus, rsuscs, rsut, rsutcs,	1850~2005
43	MIROC4h	historical	rtmt, sbl, sci, sfcWind, ta,	1850~2005
44	MIROC-ESM	historical	tas, tasmax, tasmin, tauu,	1850~2005
45	MIROC-ESM-CHEM	historical	tauv, ts, ua, uas, va, vas, wap, zg	1850~2005
46	MPI-ESM-LR	historical	海洋变量: so, sos, thetao, tos, uo, vo	1850~2005
47	MPI-ESM-MR	historical	陆地变量: baresoilFrac, cSoil,	1850~2005
48	MPI-ESM-P	historical	evspsblsoi, evspsblveg, mrfso,	1850~2005
49	MRI-CGCM3	historical	mrlsl, mrro, mrros, mrso, mrsos,	1850~2005
50	MRI-ESM1	historical	prveg, tran, tsl	1850~2005
51	NEX-quartile	historical	陆冰变量: snc, snd, snm, snw	1850~2005
52	NorESM1-M	historical	海冰变量: evap, sic, sit,	1850~2005
53	NorESM1-ME	historical	transix, transiy	1850~2005

注: 所有的大气、海洋、陆面、海冰等数据的要素名称简写,采用气候模拟界的通用简写方式。

　　预估未来气候变化需要对模式提供未来温室气体和硫酸盐气溶胶的排放情况。温室气体和气溶胶等排放情景是对未来气候变化进行预估的基础。新情景的设计摒弃了过去基于详尽的社会经济情景后产生排放情景的方法,而是先确定情景中气候模拟辐射强迫的重要特性——其中最显著的便是 2100 年辐射强迫的量值。CMIP5 的未来气候变化预估试验采用了 4 种新的情景,并称之为“典型浓度路径”(representative concentration pathway, RCP)。其中,“representative”意味着只是可以达到特定辐射强迫特征的众多可能情景中的一种,而“pathway”强调了不仅仅关注长期浓度水平,还包含了达到这个量的过程。4种情景分别称为 RCP8.5、RCP6、RCP4.5、RCP2.6,表 2-4 给出 4 种情景的基本情况,王绍武等(2012)综合评述了这 4 种情景。

表 2-4　CMIP5 未来气候变化预估试验的 4 种典型浓度路径类型

试验名称	辐射强迫	浓度	路径形态
RCP8.5	2100 年>8.5 W/m²	在 2100 年>1370 CO_2 e	逐渐上升
RCP6.0	2100 年后稳定在 6.0 W/m² 左右	约 850CO_2 e(2100 年后的稳定水平)	稳定,非超限

试验名称	辐射强迫	浓度	路径形态
RCP4.5	2100 年后稳定在约 4.5W/m² 左右	约 650CO₂e（2100 年后的稳定水平）	稳定，非超限
RCP2.6	21 世纪中期达到 3.1W/m²，后到 2100 年降至 2.6W/m² 左右，并继续下降	2100 年前达到峰值约 490CO₂e，随后继续下降	达到峰值后下降

根据人口增长、经济发展、技术进步、环境条件、全球化、公平原则等一系列因子，IPCC 先后设计了三套针对未来可能出现的不同社会经济发展状况的排放情景：IS92（1992 年）、SRES（2000 年）排放情景，以及最新的"典型浓度路径"（RCP）。包括 4 种RCP 情景：

（1）RCP8.5 情景：假定人口最多、技术革新率不高、能源改善缓慢、收入增长慢。这导致长时间高能源需求以及很高的温室气体排放，同时缺少应对气候变化的政策。2100年辐射强迫超过 8.5W/m²。

（2）RCP6.0 情景：反映了生存期长的全球温室气体和生存期短的物质的排放，以及土地利用和陆面的变化，导致到 2100 年辐射强迫稳定在 3.0W/m²。

（3）RCP4.5 情景：中间情景，到 2100 年辐射强迫稳定在 4.5W/m²。

（4）RCP2.6 情景：把全球平均温度上升限制在 2.0℃之内，其中 21 世纪后半叶能源应用为负排放。辐射强迫在 2100 年之前达到峰值，到 2100 年下降至 2.6W/m²。

2.3 小　　结

2.3.1 气候变化基础研究的成果应用与不足

"十一五"期间，通过国家科技支撑计划、国家高技术研究发展计划（863 计划）、国家重点基础研究发展计划（973 计划）等先后组织开展了一系列与气候变化有关的科技项目，在应对气候变化基础研究方法方面，重点研究了全球气候变化预测与影响、全球环境变化对策与支撑技术、中国重大气候和天气灾害形成机理与预测理论等，涉及气候变化数据分析处理、气候系统模式、气候变化影响评估、气候观测系统建设、气候资源开发利用、气溶胶及大气成分等。973 计划围绕气候变化的规律和机制研究，还重点部署了"我国大陆季风干旱环境系统发展过程的科学钻探研究"、"白垩纪地球表层系统重大地质事件与温室气候变化"等项目；围绕人类活动和自然因素的影响研究，重点部署了"中国陆地生态系统碳循环及其驱动机制研究"等项目；围绕气候变化的影响和适应，部署了"干旱区绿洲化、荒漠化过程及其对人类活动、气候变化的响应与调控"等项目。

这些研究都取得了重要的突破，如构建了气候情景统计降尺度方法和全球气候模式评价指标体系，可根据需要提出研究区域高分辨率的气候情景。目前尚无完全可以信服的途径和方法来精确预估未来气候变化，相比而言，全球气候模式是 IPCC 预估气候变化的重要途径。我国基于极值、均值、概率分布、空间分布等基本特征，提出了遴选适合研究区域的全球气候模式指标体系；基于双线性插值方法，提出了全球气候模式情景的统计降尺度方法，可以根据需要结合建立的数据库将低分辨率气候情景降尺度到与研究流域相匹配的尺度，进而为开展未来区域水资源评价快速地提供气候情景数据。某些研究成果已经应用到实践中，如全球中期数值预报技术开发和应用成果已部分应用于数值预报业务和天气预报服务中，为气象防灾减灾发挥了应有的作用；多个全球气候模式预测结果计算了未来气候变化对我国荒漠化的可能影响，预测了未来气候影响下我国荒漠化的敏感区域，为荒漠化防治宏观布局提供决策依据。

"十二五"期间，重点研究了全球气候变化的事实、过程和机理研究；人类活动对气候变化的影响研究；气候变化的影响及适应研究；气候系统综合观测和数据集成研究；地球系统模式发展与数值模拟研究。部分演绎成果也得到了应用，如采用气候变化影响评估技术研究制定和调整工程应对气候变化标准，对现有和新增水库库容、供水能力进行调整，新建和加固堤防 17 080km，完成 6240 座大中型及重点小型病险水库除险加固任务；采用新适应标准和新型技术加强农田水利基本建设适应能力建设，净增农田有效灌溉面积5000 万亩①。

虽然"十一五"和"十二五"期间，我国在气候变化的基础研究上成果显著，但是从各部门落实情况看，一些科研项目的设计、布局未很好地聚焦国家低碳发展和适应气候变化的核心需求，在气候变化的事实、过程和机理研究，气候变化影响评估、新能源和节能技术，应对气候变化的战略研究与碳源碳汇的统计体系等方面的研发项目与资源配置分散重复。一些技术研发项目部署没有系统性，同时没有科技成果有效综合集成的措施，成果碎片化明显，难以组织形成具有战略优势和推广价值的重大应用技术体系。如在科技部、中国科学院、国家自然科学基金委员会和中国气象局的资助下，我国 4 个研究机构开发了 5 个气候模式，模式技术未实现综合集成，在 IPCC 的模式对比计划中均处于中等水平；英国集全国之力仅开发了 1 个气候模式，但在国际科学界的影响力很大。在基础研究方面，尽管 IPCC《第五次评估报告》引用论文数量比《第四次评估报告》提高了一倍，但引用的相关文章主要集中在气候变化事实等方面研究，在事关我国发展战略空间的国际应对气候变化制度构建的核心问题却很少有研究成果被引用，无法与我国的大国地位相匹配。形成该问题的主要原因是科研项目立项缺乏部门间的统筹协调机制，各部门类似任务重复立项，分散部署的研发成果没有综合集成的管理措施。

2.3.2 小结

应对和解决气候变化问题归根到底要依靠科学技术进步。国际组织和欧美一些发达国家的政府十分重视科学技术在应对气候变化中的支撑作用。我国政府也十分重视气候变化领域的科技进步与创新。经过"十一五"和"十二五"期间的努力，我国气候变化研究

---

① 1 亩 ≈ 666.7m²。

及相关科技取得了重要进展，但仍不足以支撑应对气候变化的国家需求，主要原因在于科技创新不足。因此，在应对气候变化国家战略需求和国际竞争需求引导下，迫切需要强化原始创新。因此，"十三五"期间，我国气候变化基础研究水平和创新能力应该进一步得到显著提高，具体包括以下几个方面：

1. 全球变化关键过程、趋势精确刻画和动力学模拟

改进全球变化观测和重建数据质量，揭示全球变化的新事实、发展新的新理论，深化认识全球碳循环、水和能循环中的关键反馈与临界突变过程，降低对全球变化过程、幅度、影响、风险认识的不确定性；辨识日益加剧的人类活动使地球系统突破阈值的可能性、潜在临界因素和转折时间点，建立和完善全球气候变化早期预警的基础理论和方法体系。

2. 研发自主知识产权的地球系统模式和高分辨率气候模式研制

研制新一代具有自主知识产权、国际先进水平的地球系统模式，减少关键物理过程参数化方案和海–陆–气–冰耦合机制中的不确定性，在数值模式中更客观地描述陆地和海洋生物化学循环、云–气溶胶–辐射相互作用等过程；建立适合地球系统模式的高性能集成环境，灵活高效地实现生态系统模式与气候系统模式的耦合，结合观测资料和多模式结果对地球系统模式进行科学的评估；建立开放、共享的地球系统综合模拟平台，促进我国全球变化基础研究能力的提升，保持我国气候系统模式模拟亚洲季风的国际领先水平，保障我国有效参与国际气候变化治理。

3. 开发国际水平全球变化数据产品及大数据集成分析技术体系

面向陆地、海洋和极地等不同类型的区域，开展与全球变化密切相关的关键地表过程与参数的综合监测及相关数据产品研发，研制生成陆表、海表、大气成分等数据产品，研发可用于气候变化监测、研究和科学评估的全球陆地和亚洲地区气温、降水及其极端气候指数时间序列。然后，逐步完善我国全球变化观测体系，填补关键空白观测区，建设全球变化大数据平台，开展大数据集成分析方法体系研究。

4. 探究全球生物地球化学循环及其对气候变化的敏感性

深入探究不同陆地（水域）生态系统碳、氮、水等关键要素迁移、循环对气候变化的响应、正负反馈效应，不同生态–地质类型生物地球化学循环过程、规律，对气候变化的响应及碳源、碳汇效应机制，不同要素生物地球化学循环的耦合及交互作用；深入认识气溶胶与云、气溶胶与辐射相互作用在高气溶胶污染、组成多样区域的机制，提升中尺度大气污染数值模式和区域及全球气候模式中数值模拟能力，缩小气溶胶气候效应的不确定性；海洋生态系统碳、氮、铁等元素生物地球化学循环过程、规律，对气候变化的响应及

碳源、碳汇效应机制；人类活动、温室气体排放量化和计量，辨识碳减排、人为增加碳汇的生态–地质调控机制和重点区域；认识人为温室气体排放和人工碳汇调控对全球变化的影响，辨识通过碳减排、增汇遏制全球变暖的重点区域，研究陆地、大洋与近海碳循环过程对全球变化的响应，量化温室气体的气候敏感性与主要国家对人为温室气体增加和全球气候变化的贡献。

第 3 章　减缓气候变化研究

我国作为世界上最大的发展中国家，仍然处于工业化和城市化的快速发展进程中，温室气体排放总量快速增长，应对气候变化面临严峻挑战。从"十一五"开始，国家把应对气候变化、减缓温室气体排放目标纳入了五年发展规划，明确减排目标、统筹部署相关工作。2006 年《国民经济和社会发展第十一个五年规划纲要》首次把单位 GDP 能源消耗下降 20% 左右作为约束性指标，促进经济结构调整和发展方式转变。2007 年，我国制定并实施应对气候变化国家方案，把积极应对气候变化纳入国家可持续发展战略。2009 年，国家确定了到 2020 年单位 GDP 温室气体排放比 2005 年下降 40%～45%、非化石能源占一次能源消费的比重达到 15% 左右、森林面积增加 4000 万 hm^2 等自主行动目标，进一步加大应对气候变化工作力度。

2014 年 11 月 12 日，中美两国在北京发布应对气候变化的联合声明，宣布了两国2020 年后各自应对气候变化行动。在声明中，中国首次正式提出 2030 年左右碳排放达到峰值，并于 2030 年将非化石能源在一次能源中的比重提升到 20%。2015 年 6 月 30 日，中国向《联合国气候变化框架公约》秘书处提交了应对气候变化国家自主贡献文件：《强化应对气候变化行动——中国国家自主贡献》。中国国家自主贡献文件主要包括四个方面的内容：一是所取得的成效；二是行动目标；三是实现目标的政策和措施；四是关于 2015年协议谈判的立场。该文件在中美应对气候变化联合声明的基础上，进一步明确了中国到2030 年的行动目标，即 CO_2 排放 2030 年左右达到峰值并争取尽早达峰；单位 GDP CO_2 排放比 2005 年下降 60%～65%，非化石能源占一次能源消费比重达到 20% 左右，森林蓄积量比 2005 年增加 45 亿 m^3 左右。

为减缓气候变化，我国在调整经济结构、转变发展方式、节约能源、提高能源利用效率、优化能源结构、植树造林等方面制定了一系列政策措施；在国家和省市等地方层面出台了多个重要的专项规划；在能源领域，工业领域，交通领域，建筑与人居领域，农业、林业与其他土地利用，海洋与海岸带，水资源，生态与环境，CO_2 捕集、利用与封存技术开发与示范等领域部署了一批科研项目和科技示范工程。努力探索中国减缓气候变化的有效路径，积极研发和创新领域关键技术，在减缓气候变化科学研究和技术发展方面取得重要进展，为中国应对气候变化提供有力支撑。

3.1　"十二五"减缓气候变化主要研究进展

"十二五"时期，中国更加重视应对气候变化。2011 年，明确把积极应对气候变化作为重要内容纳入《国民经济和社会发展第十二个五年规划纲要》，要求大幅度降低能源强

度和 CO_2 排放强度, 有效控制温室气体排放, 并把单位 GDP 能耗消耗降低 16%、单位 GDP CO_2 排放降低 17%、非化石能源占一次能源消费比重达到 12.4% 作为约束性目标, 推动经济和社会加快向绿色、低碳发展转变。

为落实 "十二五" 时期应对气候目标任务, 中国发布了《"十二五" 控制温室气体排放工作方案》、《"十二五" 节能减排综合性工作方案》等政策文件, 加强对应对气候变化工作的宏观指导。科技部通过国家主体科技计划部署安排了 "气候变化国际谈判与国内减排关键支撑技术研究与应用" 等重点科技项目, 加强了对峰值、行业减排清单、MRV、碳市场等减缓气候变化关键问题的研究, 取得了以下几个方面的重要研究进展。

(1) 气候变化综合评价模型模拟研究。研究了全球长期减排目标, 分析了中国工业部门高耗能产品产量峰值与工业部门排放峰值, 构建了全球气候变化综合评价模型、中国碳减排综合评价模型, 并应用模型对全球长期减排目标与峰值等关键问题进行模拟, 为制定国家低碳发展战略和国际气候变化谈判对策提供技术支撑。

(2) 重点行业减排支撑技术体系和清单研究。针对燃煤发电、钢铁、水泥、化工、建筑、交通 6 个主要排放行业特点, 研究行业减排支撑技术分类体系, 构建减排支撑技术筛选评估指标体系; 调研了收集行业减排支撑技术的关键参数, 筛选出了行业低成本减排技术, 提出中长期我国行业减排支撑技术清单; 确定了减排支撑技术发展路线图的理论基础和制定方案。

(3) 重点领域温室气体排放监测、报告和核算技术体系与方法学研究。根据能源消费、钢铁、化工、水泥、建筑和交通等领域的特点, 开发各个领域的针对企业和设施的温室气体排放监测、报告和核查技术体系, 提出相应的方法学; 在技术和方法学指南成果基础上, 制定我国企业温室气体核算的基本流程, 规范监测手段, 统一核算原则和核算方法; 制定企业的温室气体管理方针、目标、指标, 编制企业的温室气体管理体系文件; 最终形成我国企业温室气体监测、核算、报告总体技术规范建议。

(4) 碳市场研究。碳排放交易中碳排放交易的配套管理制度与市场规则、初始排放权分配方案评价模型、碳排放交易平台、碳市场政策模拟工具、碳排放交易体系的中长期战略等问题进行了理论研究, 并在国内相关试点省、市进行碳排放交易支撑技术运用的实证分析, 为碳排放交易平台试点建设与示范提供了重要参考。

3.2　气候变化综合评价模型模拟研究

气候变化综合评价模型模拟研究首先在 IPCC《第五次评估报告》相关成果的基础上, 分析了不同稳定浓度目标下的全球排放空间与路径, 探讨了中国高耗能行业产量峰值、工业碳排放峰值。在模型开发与应用方面: 一是构建了全球气候变化综合评价模型, 对世界主要区域和国家的未来排放路径进行了模拟, 并对各种情景下的排放路径影响, 特别是对中国的影响进行详细分析; 二是研究建立了中国碳减排综合评价模型, 开展对各种减排路径及其技术构成的模拟; 三是采用了中国可计算一般均衡模型选取包含钢铁、非金属、化工、有色金属、煤炭开采和电力等高耗能/高排放强度部门作为模拟对象, 考查取消出口退税带来的影响。

3.2.1　全球长期减排目标与中国工业碳排放峰值

自哥本哈根大会以来，各国已就未来全球升温水平控制在 2℃ 作为全球长期目标达成了基本共识，在全球长期目标既定的情况下，排放路径是决定未来峰值的主要因素。未来全球要实现 2℃ 目标，不同的排放路径对 2020 年的减排要求不一样，一般认为存在较为可能的三类路径：①较早达到峰值，随后缓慢下降；②较晚达到峰值，随后较快下降，长期实现近零排放；③更晚达到峰值，随后大幅下降，长期实现负排放。全球目标下排放路径主要由气候模式和综合评估模型模拟得到，较长时间尺度的研究仍然存在较大的不确定性，目前科学界较为普遍的方法是 2/3 的概率能实现 2℃ 目标的排放路径作为典型的排放路径。大部分的模型组研究结果认为，全球应该在 2015～2025 年时达到峰值，且峰值应该控制在 390 亿～570 亿 t。这将严重限制未来全球的碳排放空间，世界各国特别是发展中国家将面临排放空间不足的挑战。

全球峰值时间框架的设定，核心在于发展中国家与发达国家间的近期和长远的利益博弈。工业化国家进入经济和能源消费缓慢增长期，排放只有小幅增长或趋于平缓；发展中国家大多仍处于工业化和城市化进程中，未来新增排放量主要来自发展中国家。中国每年新增碳排放量占全球的一半左右，中国碳排放达峰对全球达峰将起重要作用。

统筹国内与国际两个大局，选择 2030 年前后 CO_2 排放达峰的战略目标，需要中国提前进行战略部署：一是建立总量控制目标的倒逼机制，确立具体的中长期战略目标；二是在技术战略上，除可再生能源和核能技术之外，2020 年后还需要逐步采取额外高成本减排措施；三是研究区域碳排放峰值，试行差异性低碳发展指导政策。"十一五"期间，国家重点对全球长期目标、排放路径与减排措施与成本的主要影响因素和综合方案等问题展开研究。在此基础上，"十二五"期间，又加强了对全球长期减排目标以及中国碳减排对策等进行研究，提出了不同稳定浓度目标下的排放空间与路径；研究高耗能工业产量峰值和工业部门碳排放达峰。

1. 全球长期减排目标研究

1）基于 IPCC 研究的不同稳定浓度目标下的排放空间与路径

长期以来，如何制定气候变化控制目标以及根据目标在国家间分摊温室气体减排义务一直是国际政府间气候变化谈判的焦点问题。围绕这一问题，IPCC《第五次评估报告》进行了相关研究，提出了 4 种稳定情景（表 3-1），称之为典型浓度路径（RCP）。RCP2.6为严格限制的排放情景，在 RCP2.6 情景下为排放在 2020 年达到峰值 10.26pgC/a，然后开始减排，2070 年减至 0.654 pgC/a，2100 年减至负排放 –0.268pgC/a；RCP4.5 为缓和的排放情景，在 RCP4.5 情景下为排放在 2040 年达到峰值 11.537pgC/a，然后开始减排，到2090 年减至 4.249 pgC/a；RCP8.5 为不受限制的排放情景，在 RCP8.5 情景下为排放在2020 年达到 12.444pgC/a，没有减排限制，到 2100 年排放为 28.817pgC/a。

表 3-1　CMIP5 中不同情景的年排放量　　　　（单位：pgC/a）

情景	2020 年	2030 年	2040 年	2050 年	2060 年	2070 年	2080 年	2090 年	2100 年
RCP2.6	10.26	7.946	5.024	3.387	2.034	0.654	0.117	-0.268	-0.42
RCP4.5	10.212	11.17	11.537	11.28	9.585	7.222	4.19	4.22	4.249
RCP6.0	9.357	9.438	10.84	12.58	14.566	16.477	17.525	14.556	13.935
RCP8.5	12.444	14.554	17.432	20.781	24.097	26.374	27.715	28.531	28.817

资料来源：IPCC《第五次评估报告》，2013

　　根据地球系统模式的结果，2012～2100 年期间与 RCP 情景下大气 CO_2 浓度相对应的累积 CO_2 排放量如图 3-1 所示。针对历史估值和 RCP 情景模拟的历史时期（1860～2005 年）和 21 世纪（在 CMIP5 中定义为 2006～2100 年）的累计排放量。左侧直方表示各 IAM 模式给出的累计排放量，右侧直方表示各 CMIP5 ESM 给出的多模式平均估值，而点线表示各单个 ESM 结果。

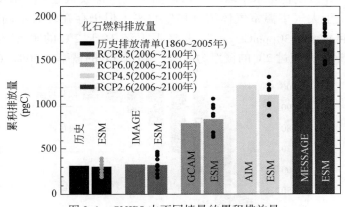

图 3-1　CMIP5 中不同情景的累积排放量

资料来源：IPCC《第五次评估报告》，2013

　　在 RCP2.6 情景下，ESM 结果显示兼容的累计化石燃料排放量为 270 ［140～410］pgC，在 RCP4.5 情景下为 780 ［595～1005］pgC，在 RCP6.0 情景下为 1060 ［840～1250］pgC，以及在 RCP8.5 情景下为 1685 ［1415～1910］pgC。在 RCP2.6 情景下，各模式预估相对于 1990 年水平，到 2050 年将出现平均 50% 的减排。到 21 世纪末，大约一半模式推测排放量将略大于零，而另一半模式推测大气中将出现 CO_2 的净清除。当在 RCP8.5 情景下受到 CO_2 排放强迫时，与 RCP8.5 情景中的 CO_2 浓度正相反，具有交互碳循环的 CMIP5 ESM 的模拟结果是，到 2100 年将出现平均高出 50 （-140～210）ppm[①] 的大气 CO_2 浓度和平均高出 0.2 （-0.4～0.9）℃ 的全球表面温度升幅 （表 3-2）。

---

① 1ppm = 10^{-6}。

表 3-2　CMIP5 地球系统模式模拟的 RCP 情景下 CO₂ 排放量

情景	2012~2100 年累积 CO₂ 排放量			
	GtC		GtCO₂	
	平均	区间	平均	区间
RCP2.6	270	140~410	990	510~1505
RCP4.5	780	595~1005	2860	2180~3690
RCP6.0	1060	840~1250	3885	3080~4585
RCP8.5	1685	1415~1910	6180	5185~7005

注：$1GtC = 10^{15} gC$，相当于 $3.667GtCO_2$

资料来源：IPCC 第五次评估报告，2013

2）不确定性分析

由于地球系统模式的复杂性，各模式的预估结果缺乏一致性，因此温升目标与累积排放之间的关系仍然具有较大的不确定性。

大气中温室气体浓度稳定水平取决于未来温室气体排放轨迹 CO_2 浓度与碳排放关系，未来全球温升取决于大气中温室气体浓度稳定水平，但仍存在较大不确定性。如稳定在 450ppm CO_2e（目前约 430ppmCO_2e），未来温升不高于 2℃ 的概率为 50%。稳定在 550ppmCO_2e，未来温升超过 2℃ 的概率为 80%，超过 3℃ 的概率为 30%（图 3-2）。

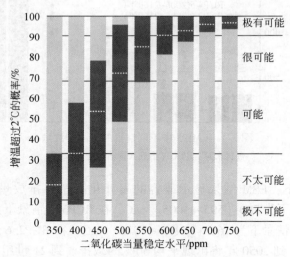

图 3-2　不同 CO₂ 浓度下温升不高于 2℃ 的概率

数据是指通过若干不同气候模型所得出的最高、最低和中位估计值。详情见 Meinshausen 2007 年

稳定 450ppmCO_2e，2010 年左右全球 CO_2 排放需达到峰值，2050 年比 1990 年至少减少 50%。稳定 550ppmCO_2e，2020 年左右全球 CO_2 排放需达到峰值，2050 年 CO_2 排放与 2000 年大体相当。由于海、气和陆地生态系统碳循环的影响，未来温室气体排放轨迹与大气中温室气体浓度水平之间仍有较大不确定性范围。

目前文献中各排放路径间的差异较大，主要体现了各模型在上述模型结构、减排技术及政策设定上的差异。但在比较这些不同排放路径的基础上，仍然可以对减排目标的大体范围给出判断。Joeri（2011）参考了 193 个排放路径，利用 IAMs 模型讨论了排放路径及其对应的温升关系，如果要将温升不超过 2℃ 的概率控制在"可能"（>66%）的水平上，则目前各排放路径给出的范围为：2030 年的排放在 26 ~ 41 Gt CO_2 e 之间，中值为 35 $GtCO_2$ e；2050 年的排放为 18 ~ 24 Gt CO_2 e，中值为 21 Gt CO_2 e。同 2010 年排放相比，这相当于全球排放 2030 年要下降 18% ~ 48%，2050 年排放要下降 52% ~ 64%。相对于 2030 年的减排范围比较宽泛，其原因是因为不同模型对中近期的减排技术和政策假设不同，但中近期减排幅度较低的路径均要求在未来进行深度减排。不同减排路径在 2050 年左右彼此交汇，因此 2050 年减排幅度的估计范围较收敛。

保证 2100 年温升低于 2℃ 的条件，需要在 2010 年达到排放峰值。2100 年温升低于 2℃ 的大于 90% 的概率需要 2020 年保持 41 ~ 44GtC（中间值 43 Gt）的 CO_2 当量，随后需要保持相当于 2000 年排放量的 3.2% ~ 3.3%（中间值 3.3%）递减率，2100 年 CO_2 浓度为 386 ~ 420ppm（中间值 418ppm）；2100 年温升低于 2℃ 的大于 66% 的概率需要 2020 年保持 21 ~ 48GtC（中间值 43 Gt）的 CO_2 当量，随后需要保持相当于 2000 年排放量的 0 ~ 3.8%（中间值 3.3%）递减率，2100 年 CO_2 浓度为 375 ~ 468ppm（中间值 423ppm）；2100 年温升低于 2℃ 的 50% 的概率需要 2020 年保持 21 ~ 50GtC（中间值 44 Gt）的 CO_2 当量，随后需要保持相当于 2000 年排放量的 0 ~ 5.9%（中间值 3.3%）递减率，2100 年 CO_2 浓度为 401 ~ 516ppm（中间值 472ppm）。

2. 中国工业碳排放峰值分析

1）高耗能工业产量峰值与碳排放峰值分析

结果显示：多数高耗能行业集中在 2020 年前后达峰。

我国是世界第一工业大国，工业占国内生产总值的 40% 左右，是能源消耗及温室气体排放的主要领域，工业能耗占全社会总能耗的 70% 以上。因此，工业企业也成为减缓和应对气候变化的主力。在工业领域中，钢铁、有色金属、建材、石化、化工和电力等六大高耗能行业能耗占工业的比重常年占到 70% 以上，因此，研究这些高耗能行业产量峰值、能耗峰值、碳排放峰值出现和维持时间区间等，对于理解中国碳排放峰值及参加国际气候变化谈判具有重大现实意义。

通过对主要发达国家相关数据分析研究发现，主要发达国家多数高耗能产品在 20 世纪 70 年代和 80 年代达到了产量峰值。比如，钢铁工业，英国于 1970 年，美国、日本于 1973 年，德国、法国于 1974 年达到了产量峰值；水泥工业，美国、德国和法国于 1972 年，日本于 1973 年达到了产量峰值；化工产品，以合成氨为例，日本于 1974 年，英国和德国于 1979 年，美国于 1980 年，甚至韩国也于 1988 年达到了产量峰值。在其他条件不变的情况，产量峰值即意味着能源消耗峰值和碳排放峰值。考虑到技术进步和能源消费结构的变化，一般还会出现这样的现象：碳排放峰值出现时间略早于能源消耗峰值，能源消耗峰值出现时间略早于产品产量峰值。发达国家的经历表明，工业领域碳排放达峰是一国总量达峰的前提，而个别高耗能行业达峰一般早于工业部门（作为一个整体）达峰。一般情况存在如下现象，从高耗能产品碳排放达峰到一个国家的碳排放达峰，至少需要经过 10 年或 20 多年的时间。

以国际比较和历史比较为主，结合关键变量对比、生产技术替代、企业标杆法、综合集成运用等方法，对我国高能耗行业工业产量峰值出现的时间，以及峰值维持时间进行模拟预测。

钢铁工业：中国粗钢产量峰值将于 2016 年开始进入峰值弧顶区，2021 年出现峰值，此后峰值仍将维持 10 ~ 15 年的时间。届时中国钢铁峰值产量为 9.5 亿 t，人均粗钢产量 656kg。考虑到技术进步、节能减排和新能源开发和使用等因素，中国钢铁工业碳排放达峰时间要略早于产量峰值达峰时间，且持续时间比产量峰值持续时间短。

有色金属工业：以铝工业为例，中国铝产量的峰值有可能于 2017 年达峰，但峰值维持时间很长，有可能持续到 2030 年前后。届时中国原铝峰值产量为 2820 万 t，人均原铝产量为 20kg。

建材工业：对于水泥行业而言，中国水泥产量达峰最早将于 2021 年出现，峰值持续时间 9 年，于 2030 年产量出现明显下降趋势。达峰时人均水泥产量为 25t。对于平板玻璃来说，根据我国近些年来对于环保的要求和对平板玻璃产业的种种限制规范，我国的平板玻璃产量或许已经达峰。目前这个高位态将保持数年，2020 年后将出现逐步下降的态势。

化学工业：以合成氨为例，从短期时间段看，中国合成氨局部峰值已经形成，但从长期来看，这种峰值的时间真实性尚需观察。根据与发达国家比对，若以单一因素（人均 GDP、城市化率、人均生产量、与粮食生产的关系）为基准来预测看，我国合成氨产量最早峰值很可能出现在 2020 年左右，该峰值可能会延续到 2030 年。考虑到目前的节能减排、淘汰落后产能等对合成氨行业增长产生的抑制等情况看，我国合成氨的产量峰值将提前至 2017 年或 2018 年达峰，峰值延续时间缩短至 7 ~ 8 年的时间，即在 2025 年后呈现明显的产量下降态势。

造纸工业：我国纸产品产量峰值很可能较早于 2024 年达到，较晚将于 2031 年达到。目前距离我国纸产品峰值产量时间为 10 ~ 15 年。

总之，研究测算结果表明：我国多数高耗能行业集中在 2020 年后达峰。参照发达国家经历，在工业达峰后一般要经历一个较长的时间才能出现总量达峰的情况，即使中国工业化呈现"压缩型"特征，可以大大缩短这个进程，我国至少也需要 5 ~ 10 年的时间才能达到总体峰值，并且需要在峰值阶段维持一段时间。可见，中国要实现《中美气候变化联合声明》所确定的"中国计划 2030 年左右 CO_2 排放达到峰值且将努力早日达峰"，工业尤其是高耗能行业要尽早达峰。而这对于目前仍在快速推进工业化进程中的中国，是一种挑战。

2）工业部门碳排放达峰分析

结果显示：峰值将出现在 2025 年前后。

工业是大多数国家碳排放最重要的领域，也是减排潜力最大、持续时间最长的领域。在估算中国工业碳减排潜力之前，考察了发达国家工业碳排放变化路径，发现工业可通过结构减排和强度减排"两个轮子"来为全国减排做出贡献，即使发达国家工业碳排放已越过峰值也是如此。

假设在单纯的结构减排和强度减排作用下，采用经济核算的方法对 2010 ~ 2050 年我国工业碳减排潜力进行了估算。结果显示：在 2030 年工业碳排放达峰前，2010 ~ 2030 年工业累积减排潜力为 83.8 亿 t，其中，结构减排 31.2 亿 t，强度减排 52.6 亿 t；在 2030 年达峰之后，工业将继续为碳减排发挥积极贡献，2030~2050 年累积减排潜力 65.92 亿 t，其中，结构减排 24.77 亿 t，强度减排 41.15 亿 t。

事实上，还存在一些有利因素可促进中国工业碳排放峰值的早日到来，峰值水平也有所降低，从而为中国整体碳排放峰值的早日到来创造条件。

一是工业内部的结构优化有可能产生进一步的结构变动效应，其中，钢铁、有色、化工、建材等高耗能工业比重下降具有更加重要的意义。如果中国"调结构"、"转方式"（包括外贸发展方式转变）进展顺利，则可使中国工业碳排放峰值提前 2~3 年到来。近年来，中国高耗能行业仅占工业比重的 1/3 左右，却消耗工业总能耗的 70% 以上。如果在工业碳排放达峰时，高耗能工业占工业比重相应下降 5~10 个百分点，则意味着工业碳排放将少排放 3~5 个百分点。

二是新能源和可再生能源的发展为能源工业碳减排发挥重要作用。因能源结构问题，中国能源碳排放系数几乎是全世界最高的，2012 年达到 3.367tCO₂/toe，是澳大利亚的 1.08 倍，美国、英国、德国的 1.3 倍，加拿大的 1.8 倍，法国的 2.16 倍。如果中国未来能因新能源和可再生能源的发展使能源结构低碳化，则可使工业碳排放峰值再提前 2~3 年到来，并使工业碳排放峰值进一步降低。如果在工业碳排放达峰时，中国因新能源和可再生能源发展使能源碳排放系数在现有基础上下降 5%，则达峰时工业碳排放相应降低 5%。

上述两项合计，中国工业碳排放峰值有望提前 5 年左右到来，即中国工业排放峰值将出现在 2025 年前后。

3.2.2 气候变化综合评价模型与模拟研究

气候变化综合评价模型是评价气候变化政策影响的主要决策支持技术。"十一五"期间，中国研究和建立了中国减缓碳排放模型、全球温室气体排放模型、全球分区域静态可计算一般均衡 CGE 模型、全球综合评价模型 4 个气候变化评估模型，为我国减缓碳排放潜力和成本评估提供了决策支持依据。在此基础上，"十二五"进一步对综合评价模型进行了优化和改进，研究开发了三种综合评价模型，包括：

（1）全球气候变化综合评价模型：即在现有全球变化评估模型（global change assessment model，GCAM）基础上，结合中国实际情况，细分了工业、交通与建筑部门，并考虑了区域污染物的排放，构建了 GCAM 模型中国版本即 GCAM-China。

（2）中国碳减排综合评价模型：以能源系统动态优化模型框架 TIMES 为框架，考虑了能源系统从能源开采、加工转换、输配到终端利用的整个环节，对能源供应端和 50 个左右终端子部门都考虑了已有和未来可能出现的先进技术。模型以 2010 年为基年，每 5 年为一周期规划到 2050 年。

（3）中国可计算一般均衡模型：在模型对中国宏观经济系统中各行为主体之间的相互作用关系进行了描述，考虑了生产者、政府、居民、世界其他地区等不同经济主体，以体现它们在政策干扰中扮演的不同角色；也详细刻画了各种主要能源（包括煤炭、原油、天然气、成品油、电力）的生产、需求、对外贸易等活动；并对能源相关的 CO_2 排放进行了专门描述，从而使模型能针对不同的能源环境政策进行灵活的扩展。

1. 全球气候变化综合评价模型构建与模拟

典型的全球气候变化综合评价模型（IAM）通常包括能源系统、农业和土地利用、气候变化模拟三部分并系统集成。目前，主要在现有 GCAM 模型基础上，结合中国实际情况，构建了 GCAM 模型中国版本即 GCAM-China。GCAM 模型是 IPCC 报告中的全球模型之一，由美国西北太平洋国家实验室（PNNL）开发。该模型全球分为 14 个地区，中国是其中一个地区，其中附件 I、非附件 I 各 7 个地区。该模型为部分均衡模型，5 年一个周期，时间跨度直到 21 世纪末。所涵盖的温室气体包括 CO_2、CH_4、N_2O、HFCs、PFCs、SF_2、气溶胶等 16 种温室气体。GCAM 综合模型包括三大模块：①能源供应和需求（ERB）。包括一次能源生产、转换环节、终端能源消费和社会经济需求等。②农业和土地利用（AgLU）。包括农作物生产、森林、草地、能源作物等。③气候变化模拟（MAGICC）温室气体对气候变化影响：大气中温室气体浓度、温度上升、辐射强迫、海平面上升等。

GCAM-China 在已有 GCAM 基础上的改进主要包括：①数据更新，特别是对 2010 年数据进行更新和重新校准；②修改或者重新设置未来各地区社会经济发展情景；③针对中国自己的关注点，通过碳税、排放约束、全球温升目标等情景设置，模拟全球主要国家和地区未来排放路径；④对 AR5 的情景进行详细评估，特别是对中国的政策含义；⑤根据实际需要，在大框架不变的基础上，开发二级模型，对一些关键参数或者关键问题进行深入研究；⑥模型改进，工业部门进一步细分为 11 个子部门，涵盖主要的高耗能行业，每个部门分为 6 类终端利用技术。与能源系统成本最小化的建模思路不一样，GCAM 模型采用离散选择模型。该模型基本原理如下：在竞争市场中，为提供相同的能源服务，往往存在多种能源技术，为了同时考虑能源技术选择中的经济成本和社会偏好因素，GCAM 模型采用离散选择模型（logit 模型）。其中经济成本采用平准化成本，包括初始投资、运行成本、燃料价格、技术寿命、贴现率、税收等因素；社会偏好因素体现为某种能源技术的权重系数，能够反映公众或者政策者对该技术的偏好和认可程度，愿意以多大的意愿来购买该能源技术产出。

应用 GCAM-China 模型，对世界主要区域和国家的未来排放路径进行了模拟，并对各种情景下的排放路径影响，特别是对中国的影响进行详细分析。减排方式情景包括三类，即参考情景、全球统一减排情景和发展中国家推迟减排情景。在此基础上，结合 AR5 中的 4 种 RCP 辐射强迫目标，并考虑到 RCP8.5 情景一般作为参考情景，其他 3 个 RCP 目标通过以上两种减排方式达到，因此共有 7 种情景（REF、G60、G45、G26、R60、R45 和 R26）（图 3-3）。

模型模拟结果如下：

1）全球 CO_2 排放路径取决于辐射强迫目标

不同的辐射强迫目标，未来的温室气体排放路径显然不一样。但给定了辐射强迫目标，从全球范围角度来看，全球温升路径和大气中 CO_2 浓度变化路径，基本上是一致的。

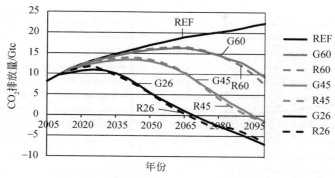

图 3-3　不同减排情景下全球 CO_2 排放路径

在 RCP2.6 辐射强迫目标下，G26 和 R26 两种情景中，2070 年全球 CO_2 排放整体为负。而在 RC4.5 辐射强迫目标下，全球 CO_2 排放整体为负推迟 30 年左右。与参考情景相比，在 RCP2.6 目标下，2030 年和 2050 年全球减排比例分别为 20% 和 65% 左右。而在 RCP4.5 目标下，该比例分别为 8% 和 20% 左右。

2）主要国家和地区 CO_2 排放路径

到 21 世纪末，发达国家 CO_2 排放占全球比例不到 20%，这意味着，如果仅仅依靠发达国家减排，不可能真正实现 2℃温控目标。即使实现 3℃温控目标，发展中国家也必须参与减排。主要国家和地区 21 世纪 CO_2 排放量见图 3-4。

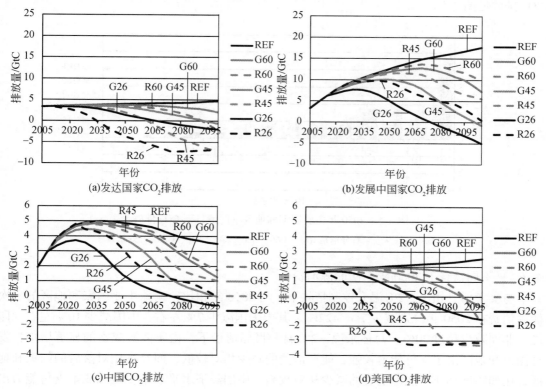

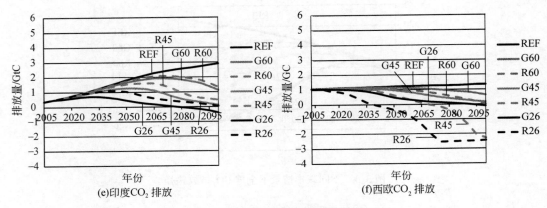

(e)印度CO$_2$排放   (f)西欧CO$_2$排放

图 3-4 主要国家和地区排放路径

3）不同情景下 2050 年 CO$_2$ 排放

以全球普遍关注的时间点 2050 年为例，在 RCP2.6 辐射强迫目标下（1.8℃），与参考情景相比，在 G26 情景下，发达国家减排都要超过 60%，发展中国家减排比例更大。在 R26 情景下，发达国家在 2050 年整体排放负，发展中国家仍需减排 30%。但如果温升控制目标为 RCP4.5 目标来看（2.7℃），在两种减排方式下，与参考情景相比，发达国家减排 20% 或 50%，发展中国家减排为 23% 或 11%。2050 年主要国家和地区不同情景下 CO$_2$ 排放见图 3-5。

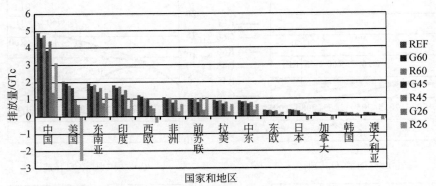

图 3-5 2050 年主要国家和地区不同情景下 CO$_2$ 排放

图中色块从左至右分别是 REF、G60、R60、G45、R45、G26、R26 情景

4）不同情景下 2050 年一次能源消费

与参考情景相比，2℃温升控制情景下，与 2010 年相比，全球主要国家和地区的一次能源消费在 2050 年分别减少 7%~22%。其中美国减少 7% 左右，中国减少 10% 左右，印度、非洲减少超过 20%。总体来说，2℃温升目标情景下，由于能源成本的显著增加，发达国家和地区由于支付能力较强，能源消费的减少相对较低，而经济相对落后的国家和地区，比如印度和非洲能源消费的减少相对较高。中国经济水平居中，能源成本支付能力出

于中间位置，能源消费的减少也出于中间位置（图3-6）。

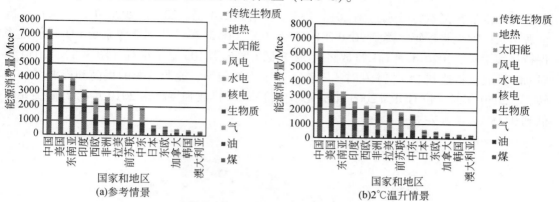

图 3-6 2050 年一次能源消费
图中色块由上至下分别对应右侧图例中的能源类型

2℃温升情景下，对中国来说，一次能源消费总量尽管只减少10%左右，但是一次能源消费结构差别很大。其中2050年中国电力结构：核电（27%）、煤电CCS（26%）、生物质发达CCS（4%）。

2. 中国碳减排综合评价模型构建与模拟

中国碳减排综合评价模型以能源系统动态优化模型框架TIMES为框架，考虑了能源系统从能源开采、加工转换、输配到终端利用的整个环节，模型以2010年为基年，每5年为一周期规划到2050年。终端部门考虑了农业、工业、建筑与交通，并进一步细分了50个左右的子部门。对于工业，考虑了高耗能产品钢铁、水泥、铝、合成氨、造纸、工业原料等非能源利用、其他工业用电、其他工业用热等；对于建筑，将全国分为4大区域（严寒区、寒冷区、夏热冬凉区、夏热冬暖区），并对每一个区域分别考虑了公共建筑、城市居民建筑、农村居民建筑，然后对每一类建筑细分考虑了采暖、制冷、热水、炊事、照明、冰箱等其他电器；交通分为货运与客运，并继续细分为航空、水运、铁路运输、公路运输、管道（仅对货运）等。不仅是能源供应端而且在能源需求端都考虑了已有以及未来可能出现的先进技术，具体详见文献（Chen，2013；Yin，2014；Ma，2015；Shi，2015）。

未来社会经济发展情景：2010~2015年GDP年均增速在7.84%左右，2015~2020年维持在7%左右，2020~2030年、2030~2040年、2040~2050年分别下降到6%、4.5%、3%左右。产业结构不断优化调整，二产比重稳步下降到2030年的40%左右、2050年的31%左右，而且二产内部结构也不断优化，高耗能行业占比逐年下降，高附加值产品比重不断上升。三产比重2020年达到50%以上、2030年达到55%以上、2050年达到65%左右。人口将于2035年前后达到峰值14.7亿左右，到2050年下降到14.4亿左右。城市化率2020年接近60%，2050年将增长到75%左右。2020年人均GDP将从2010年的4750美元左右增长到2020年的9000多美元（2010年不变价）、2030年的近16 000美元（2010年不变价）、2050年的近35 000美元（2010年不变价）。

在上述社会经济情景下，延续已有政策的参考情景模拟结果表明：2020年和2050年时我国一次能源消费将分别达到2010年的1.6倍和2.4倍。2010～2020年，煤炭占一次能源消费的比例将逐年下降到2050年的不到50%（图3-7）。我国能源系统CO_2排放量将保持持续增长，2020年时CO_2排放将从72.8亿t增长到105亿t左右（图3-8），2050年时CO_2排放量将达到140亿t左右。随着产业结构的调整、能源效率的提高和能源结构的转变，2050年时单位GDP（2005年美元不变价）CO_2排放强度将由2010年的2kg/美元降低到0.46 kg/美元左右。

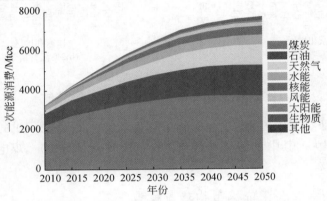

图3-7　参考情景下一次能源消费及构成
图中色块由上至下分别与右侧能源类型对应

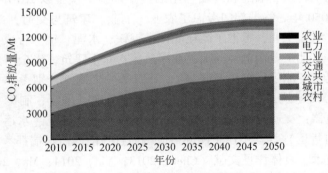

图3-8　参考情景下CO_2排放及构成
图中色块由上至下与右侧图例对应

中国碳减排综合评价模型对各种达峰路径模拟结果见图3-9。未来大幅度的减排不仅需要依靠节能与提高能效，还需要大量依赖于新能源与可再生能源的发展以及CO_2捕集与封存技术的应用。

图3-10给出2030年达峰情景下碳排放总量路径与分部门碳排放路径。全国2030年左右碳排放达峰，峰值水平控制在100亿～110亿t，2050年下降到80亿t以内。其中工业的碳排放在2020～2025年达峰，峰值近40亿t；电力的碳排放在2025～2030年达峰，峰

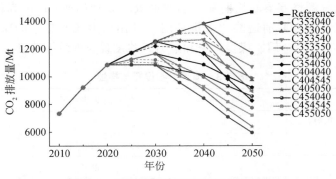

图 3-9　不同减排情景下的碳排放路径

值在 40 亿 t 左右；建筑的碳排放在 2040 年左右达峰，峰值在 11 亿 t 左右；交通的碳排放在 2040 年后增速显著放缓，到 2050 年控制在 20 亿 t 以内。

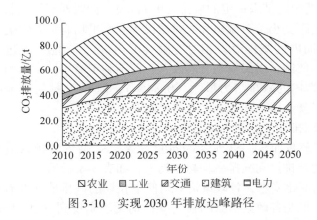

图 3-10　实现 2030 年排放达峰路径

为了实现 2030 年碳排放达峰目标，需要加快转变经济发展方式，大力推进节能技术发展，提高能源效率，优化能源结构和倡导低碳的生活方式，在保持合理经济增长速度，并不断提高人民生活水平与质量的前提下，努力控制煤炭消费量、一次能源消费量以及 CO_2 排放增长的速率，分行业、分区域逐步实现碳排放达峰，缓解能源资源与环境压力，提高空气的质量。

3. 中国能源与环境政策分析模型构建与模拟

中国能源与环境政策分析模型 CEEPA（China Energy & Environmental Policy Analysis System）对中国宏观经济系统中各行为主体之间的相互作用关系进行了描述，考虑了生产者、政府、居民、世界其他地区等不同经济主体，以体现它们在政策干扰中扮演的不同角色；也详细刻画了各种主要能源（包括煤炭、原油、天然气、成品油、电力）的生产、需求、对外贸易等活动；并对能源相关的 CO_2 排放进行了专门描述，从而使模型能针对不同的能源环境政策进行灵活的扩展。

应用模型定量地回答取消"两高一资"商品出口退税能带来什么样的环境效应和经济

影响？不同出口退税调整方案的长期和短期政策效应分别如何？选取高耗能/高排放强度部门作为模拟对象，考查取消这些"关键部门"的出口退税所带来的减排效果，包括钢铁、非金属、化工、有色金属、煤炭开采和电力。共设置3种政策情景，如表3-3所示。

表 3-3　情景方案设置与描述

描述	当前政策情景 S1	保护企业情景 S2	刺激内需情景 S3
是否取消关键部门出口退税？	是	是	是
是否补贴企业生产间接税？	否	是	否
是否补贴城乡居民？	否	否	是
是否保持财政收入不变？	是	否	否

1）出口退税政策的短期影响（基准年）

（1）S1 情景短期内能带来一定的减排（0.74%），同时对经济增长和就业都产生负面影响，即便使城乡差距变小，对城镇和农村居民福利水平均有负面影响。

（2）S2 情景短期内的减排潜力相对有限（0.19%），却能够促进 GDP 和就业增加，具有双重红利效应；使城乡居民福利有所改善，但不利于缩小城乡差距。

（3）S3 情景短期内的减排潜力最大（0.84%），但 GDP 损失也最高，也不利于缩小城乡差距，但有利于就业增加和改善城乡居民福利水平。

2）对 CO_2 总量减排和强度的中长期影响

就中长期 CO_2 排放量而言，S3 情景减排量最大，S2 情景减排量最小；随着时间推移各情景每年及累计的减排量和减排率均越来越大，如表3-4所示。

从 CO_2 排放强度变化来看，各政策情景均使中长期的碳排放强度有所降低，且不同年段的变化差别不大。但是各政策情景的强度减排均无法实现到 2020 年单位 GDP 的 CO_2 排放降低 40%～45% 的减排目标。

表 3-4　各政策情景下的中长期 CO_2 排放量和排放强度变化情况

项目		CO₂排放变化				CO₂强度变化	
		当年量/MtCO₂	比例/%	累计量/MtCO₂	累计年均/MtCO₂	当年变化/%	与2005年相比/%
2015 年	S1	-33.0	-1.22	-192.4	-21.4	-0.61	-24.7
	S2	-17.3	-0.64	-83.3	-9.3	-0.25	-24.4
	S3	-35.6	-1.32	-211.5	-23.5	-0.68	-24.7
2020 年	S1	-56.5	-1.68	-423.2	-30.2	-0.61	-34.8
	S2	-34.3	-1.02	-217.5	-15.5	-0.25	-34.6
	S3	-59.6	-1.77	-456.9	-32.6	-0.67	-34.9
2030 年	S1	-133.0	-2.83	-1365.7	-56.9	-0.63	-48.6
	S2	-91.5	-1.95	-842.4	-35.1	-0.25	-48.4
	S3	-137.6	-2.93	-1438.4	-59.9	-0.69	-48.6

3) 对宏观经济指标的中长期影响

由表 3-5 可知，S3 情景下 GDP 损失最大，2020 年和 2030 年分别为 1% 和 2% 以上，而 S2 情景下虽然短期双重红利已经消失，但中长期来看 GDP 损失最小。

表 3-5　各政策情景下的中长期宏观经济指标变化情况　　　　（单位:%）

项目		GDP	总消费	总出口	总投资	总就业
2015 年	S1	−0.62	−0.43	−0.94	−0.57	−0.63
	S2	−0.39	−0.21	−0.68	−0.58	−0.32
	S3	−0.65	−0.05	−1.05	−0.96	−0.55
2020 年	S1	−1.08	−0.79	−1.47	−1.13	−1.09
	S2	−0.77	−0.49	−1.11	−1.05	−0.70
	S3	−1.11	−0.42	−1.58	−1.50	−1.04
2030 年	S1	−2.21	−1.71	−2.73	−2.45	−2.23
	S2	−1.71	−1.24	−2.14	−2.16	−1.65
	S3	−2.25	−1.37	−2.84	−2.83	−2.19

各政策情景下的中长期总出口受到冲击较大（2030 年受影响程度都在 2% ~ 3%）。此外，总消费和总投资都受到负面影响，且影响程度随时间推移越来越大，但有趋同趋势。

中长期就业水平在各政策情景下均受到冲击，且随时间推移就业减少更多。其中，S1 情景下就业损失最大，S2 情景下就业损失最少。

4) 对居民福利水平的中长期影响

如图 3-11 所示，除 2015 年 S3 情景下的农村居民福利有所增加外，各政策情景下的中长期居民福利水平均受到负面影响，且随时间有增大趋势，到 2030 年各情景下的各类居民的福利水平损失程度在 1.5% ~ 2.2%。

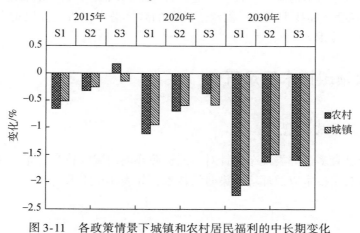

图 3-11　各政策情景下城镇和农村居民福利的中长期变化

从影响"二元经济"特征来看，S1 和 S2 情景下农村居民福利损失程度要高于城镇居民，使城乡差距更大，且随时间的推移这种差距会变大。刺激内需的 S3 情景则不同，城镇居民福利损失更大。

5）模型研究结论及政策启示

无论是长期还是短期，当前政策情景在较大的经济代价下实现一定程度的减排，长期却会拉大城乡差距，且对就业水平产生的负面影响最大。因此，当前政策情景并不是一项可持续性的减排手段。

保护企业的政策情景短期内具有双重红利效应，长期内却伴随较大的 GDP 和就业损失，居民福利水平下降和城乡差距扩大等。因此，这种政策在短期内可以作为一项减排手段来实施，但需要意识到它的减排潜力有限且要防止城乡居民收入差距过大。

无论短期还是长期，刺激内需的政策情景的减排潜力均最大，但 GDP 损失也最高，短期内有利于就业增加和改善城乡居民福利水平，但长期内就业损失较大，城乡福利水平下降但不会使城乡差距扩大。因此，若更关注刺激就业和居民福利增加，可以考虑其作为短期减排手段，若作为长期手段则需警惕就业损失。

中国的出口退税政策的调整，应该仅仅作为短期的权宜之计，并不是一项值得推荐的长期战略性减排手段。

3.3 中国主要排放行业减排技术清单、发展路线、模式识别

本研究针对燃煤发电、钢铁、水泥、化工、建筑、交通 6 个主要排放行业特点，研究行业减排支撑技术分类体系，构建减排支撑技术筛选评估指标体系；调研收集行业减排支撑技术的关键参数，筛选出行业低成本减排技术，提出中长期我国行业减排支撑技术清单；研究重点行业支撑技术减排潜力与技术成本效益，提出主要排放行业 2010~2050 年减排支撑技术路线图，形成行业技术集成示范；编制我国主要排放行业减排技术政策大纲；研究交通、建筑、化工、水泥、钢铁、燃煤发电等 6 个行业中长期减排潜力与成本效益；通过情景分析评估结构调整、技术改造、管理措施以及有关市场机制（如资源税、财政补贴）、行政手段（如技术准入、淘汰落后）的减排潜力，研究提出重点行业减排的综合性方案（侧重于技术）。

3.3.1 环保领域技术目录研究

1. 技术目录发布情况

目前，国家已有多个部委发布了针对不同资源环境领域的技术目录，主要集中在节能技术、资源综合利用技术以及环境污染防治技术，如表 3-6 所示。

表 3-6　现有技术目录概况汇总表

序号	目录名称	部门和时间	技术范围
1	《工业节能减排先进适用技术目录》《工业节能减排先进适用技术指南》《工业节能减排先进适用技术应用案例》	工信部、科技部、财政部 2012 年 9 月 19 日	首批涉及 11 个重点行业，共 602 项节能减排先进适用技术。所列技术为适合在行业内"推广"的节能减排先进适用技术。在技术目录中，对现有技术普及率以及"十二五"预计推广比例进行了说明。此外，配有相应的技术指南以及技术应用案例，为企业开展节能减排以及技术选择、改造和技术转让提供更为翔实的信息参考
2	《再生资源综合利用先进适用技术目录》	工信部 2012 年 1 月	涉及 6 大类别，共 95 项技术。集中在废弃资源的再生利用方面。所有技术全部为已经在 2010 年以前应用于生产的，该目录立足于"推广"
3	《国家重点节能技术推广目录》	国家发改委 第四批，2011 年 2 月；第五批于 2012 年 12 月发布	涉及 13 个行业，四批共计 137 项技术。所列技术主要做"推广"之用，在技术目录中设定了预计推广比例，所纳入的技术已有推广率从<1% 到 35%，程度不等。另外，附有重点节能技术报告，对目录中的技术有详细说明
4	《金属尾矿综合利用先进适用技术目录》	工信部、科技部和安监局 2011 年 2 月	共分 5 类，51 项技术。目录的目的是加快金属尾矿综合利用先进适用技术"推广应用"。另有技术报告对目录中的技术详细描述
5	《国家鼓励发展的重大环保技术装备目录》	工信部和科技部 2011 年 1 月	分为"开发类"和"推广应用类"。集中在传统的环境治理领域，包括污染物处理、资源综合利用、监测用仪器及污染防治专用材料和药剂等共七大类，同时还包括"燃煤电厂的碳捕捉及封存成套技术设备"
6	《矿产资源节约与综合利用鼓励、限制和淘汰技术目录》	国土资源部 2010 年 9 月	包含"鼓励类""限制类""淘汰类"技术，并在发布通知时明确指出其政策导向作用，新建项目不得采用限制类和淘汰类，已有限制类的要改造。该目录附有技术报告，限制淘汰类的技术都有原因说明
7	《国家先进污染防治示范技术名录》《国家鼓励发展的环境保护技术目录》	环保部 2006～2010 年 每年一批	《国家先进污染防治示范技术目录》含 7 类，2010 年的目录共计 50 项，为基本达到实际工程应用水平的技术，开始开展"示范"工程 《国家鼓励发展的环境保护技术目录》含 9 类，2010 年目录共计 129 项，为已经过工程示范，成熟的技术，进行"推广应用"
8	《国家重点行业清洁生产技术导向目录》	国家发改委和环保部 共三批，最后一批 2006 年 11 月	三批涉及了 11 个行业，共 141 项技术。前两批在发布时分行业，最后一批附有技术报告。该目录中技术已经过生产实践有明显的环境和经济效益，目录目的为"推广应用"
9	《国家鼓励发展的资源节约综合利用和环境保护技术》	国家发改委、科技部和原环保总局 2005 年 10 月	共 3 大部分（综合利用、资源节约、环境保护），260 项技术。其目的是加快新技术的"推广应用"，引导投资方向

序号	目录名称	部门和时间	技术范围
10	《当前国家重点鼓励发展的产业、产品和技术目录（2000年修订)》	国家计委、国家经贸委 2000年9月	该目录形式非常简单，只分领域列出了名称，鼓励28个领域，共526种产品、技术及部分基础设施和服务
11	《建设部节能省地型建筑推广应用技术目录》	建设部 2006年3月（有效期三年）	行业目录，共6大类152项技术。目的是加强对建设领域技术发展的引导，推广和普及适用于住宅和公共建筑中具有显著节能、节地、节水、节材和环境保障效益的技术

已发布的资源环境领域技术目录，在发布形式和技术类型具有以下特点：

（1）发布形式：均采用了表格的方式，尽管各部委发布的目的和领域不同，但都采用表格的方式，在表格中介绍数个关键技术参数，包括技术名称、适用范围/应用对象条件/适用的技术条件、简介/主要内容/技术内容/主要技术指标/基本原理和内容、主要效果/单位节能量/节能能力/典型项目利用效果、发展状况/目前推广比例、推广前景、解决的技术难题、技术经济指标/投资及效益分析/投资额、技术依托单位等一系列信息。

（2）发布目的与技术类型：主要目的集中在"推广应用"上，所涉及的技术都是较为成熟的技术；只有工信部和科技部联合发布的《国家鼓励发展的重大环保技术装备目录》涉及了开发类技术，以及环保部每年发布的《国家先进污染防治示范技术名录》涉及示范类技术，是位于技术发展阶段前期的技术。

（3）发布技术领域与发展阶段：由于通过能效提高从而减低能源消耗带来的 CO_2 排放是温室气体减排的重要渠道之一，因此《国家重点节能技术推广目录》涉及的部分节能技术同时也是低碳技术，但是所涉及的技术阶段仍然是成熟类的技术。其他目录多数集中于传统环保领域，以及清洁生产、废物资源化利用等专项领域，与温室气体排放控制基本无重合；建筑行业的专项技术目录中包含有大量的节能技术，但该目录目前已废止。

到目前为止，作为科技主管单位的科技部并没有作为牵头单位发布资源环境领域技术目录，都是作为联合单位与其他部委一起发布。由于各部委的职责差异，其所考虑技术的发展阶段以及领域、侧重点都有所不同。同时，基于技术成果转化及推广以及科技部的定位和所司职责，考虑由科技部牵头的、从科技部的战略方向考虑发布节能减排与低碳技术成果转化推广清单，是落实国务院《"十二五"控制温室气体排放工作方案》，贯彻十八大提出的"绿色发展、循环发展、低碳发展"战略布局，推进生态文明建设的重要举措。

2. 现有技术目录应用情况

通过面对面访谈、调研问卷的方式，开展了资源环境领域技术应用情况调研，普遍认为目前已发布的技术目录起到了一定的作用，特别是技术推广应用。

（1）目录影响力：目前影响力比较广的主要有《国家重点节能技术推广目录》等，分析其原因：一是因为其涉及领域比较广泛，且比较切合近年来国家节能的发展方向及政策导向；二是因为该目录已经连续发了几批，持续推动，因此可以带来比较大的反响。其他一些技术目录，针对领域比较专业或局限，并不如节能目录一样广为人知。

（2）信息获取渠道：一般业内人士都会关注相关的部委网站来获取信息，行业协会则大多会收到部委的红头文件而获得信息，但是其他人士，如科研院所的人员，则可以更多的从业内其他专家、研讨会议以及浏览其他专业网站获得。

（3）目录技术指标：在使用技术目录时，更重要的是可以通过目录了解技术指标、经济指标。这同样也是一些技术目录的弱点所在，目录中所含技术的关键参数不明确，甚至有些数据和效果失真、失实，很不利于技术的推广应用。

（4）目录应用途径：技术目录的作用很重要的一点是可以技术目录为依据，吸引社会投资或者获取国家优惠政策。普遍来说，行业内的专家以及行业协会都比较认可目录中的技术，并且认为其具有推广价值，但是由于有时无法通过相应的渠道及时掌握技术目录，缺乏获取技术信息的渠道以及技术成本较高等原因，带来了技术推广的不顺畅。

因此，无论是从技术目录成功的要素来看，还是从其存在的不足来看，进入目录的技术筛选就非常重要，而其中技术指标的明确性，特别是经济指标非常值得注意，通过调研，发现受访对象对于技术的工程参数、适用范围以及技术的成熟度非常关注。有专家认为，以往技术目录中的有些技术的成熟度不够，技术持有方的工程能力不足，是造成技术目录应用效果较差的原因之一。此外就是对投资额和投资回收期的关注，也就是上述的经济指标往往计算不合理。同时，如果可以对技术目录辅以配套的推广政策措施、节能减排金融扶持手段和技术推广财政政策，仍然是大家最为关注的重点及对技术推广的建议。

3.3.2　节能减排与低碳技术清单筛选与成果总结

技术转移与推广是推进我国技术自主创新，有力地促进技术开发的核心内容之一，同时也是我国技术研发与创新体系中最薄弱的环节。本研究阶段成果为针对燃煤发电、钢铁、水泥、化工、建筑、交通 6 个主要排放行业特点，研究行业减排支撑技术分类体系，构建减排支撑技术筛选评估指标体系；调研了收集行业减排支撑技术的关键参数，筛选出了行业低成本减排技术，提出了中长期我国行业减排支撑技术清单。

1. 节能减排与低碳技术清单定位

该清单立足于低碳技术科技成果转化与推广，对已通过工程示范的优秀低碳技术向商业化推进。从技术生命周期阶段来讲，在技术萌芽期，出于国家科技能力发展的需要，国家会投入资金推动重点研发，如 863 计划、973 计划等国家科技项目；已经获得市场认可的成熟技术也有一系列的国家优惠政策和行政措施保障，市场也会自主投资选择，如清洁发展机制（CDM）实现成本效益的双赢。而在上述两个技术发展阶段的中间地带，是一个政策或者说是资金空白区（图 3-12）。这一阶段技术已突破研发难题，但尚未得到市场的广泛认可，很多技术因为宣传渠道有限，缺乏后续的资金和政策支持而应用缓慢。

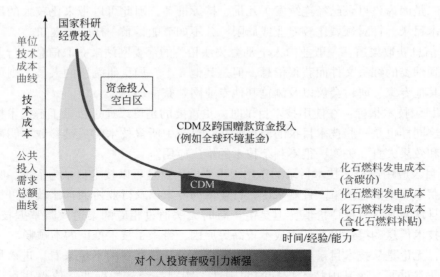

图 3-12　公共资金在加快低碳技术发展和部署中的作用

　　为了填补该"空白区",该清单主要用户是低碳技术需求企业和相关的投资机构。通过清单方式为技术的推广和投资提供信息渠道和政策支持。

　　2. 节能减排与低碳技术评估指标及筛选方法

　　1）评估指标研究

　　（1）定量指标。定量指标一般分为一级指标和二级指标,包括能源节约与综合利用指标（表 3-7）、温室气体排放、削减与利用指标（表 3-8）、技术经济成本指标（表 3-9）和技术特性指标（表 3-10）。二级评估指标是一级评估指标下可量化、可统计、可比较的指标。各项指标要求有明确的统计范围和指标单位。二级指标需要根据行业特征和减排目标可以进一步调整和细化。

表 3-7　能源节约与综合利用指标

一级指标	二级指标	指标说明
能源利用指标	综合能耗	在一定时期内（一般以年度计算）每生产单位产品实际消耗的各种能源总量。各种介质能源按照实际发热值折算为标准煤,或注明采用的折算系数
	单项能源介质（电、煤、油、气等）消耗	技术依托的设备或工艺在一定时期内（一般以年度计算）每生产单位产品实际消耗的特定介质能源量；并需提供该介质发热值或采用的折标准煤系数
	能源利用效率提高比例	采用该技术后直接或间接提高的系统能源的利用效率
	能源消耗中清洁能源比例	指的是技术直接使用的太阳能、沼气、风电等可再生能源占能源消耗总量比例

一级指标	二级指标	指标说明
能源回收与节约指标	副产能源（蒸汽、点、煤气、沼气等）量	从余热、余压、余能或废弃物中生产能源物质
	替代产品节能量	用废弃物替代其他一次资源生产同类产品能源消耗节约量

表 3-8 温室气体排放、削减与利用指标

一级指标	二级指标	指标说明
温室气体排放指标	温室气体排放量	技术在一定时期内生产单位产品所排放的各种温室气体总量
	CO_2（CO_2）排放量	技术在一定时期内生产单位产品所排放的 CO_2 总量
	甲烷（CH_4）排放量	技术在一定时期内生产单位产品所排放的甲烷总量
	氧化亚氮（N_2O）	技术在一定时期内生产单位产品所排放的氧化亚氮总量
	氟化物（氯氟烃 HFC，全氟化碳 PFC 和六氟化硫 SF_6）	技术在一定时期内生产单位产品所排放的氟化物总量
温室气体削减指标	温室气体削减量	通过捕集和封存所实现的温室气体削减排放绝对量的减少，不包括作为产品生产投入使用的温室气体
温室气体利用指标	温室气体利用量	利用温室气体作为原辅料生产的单位产品消耗的温室气体量

表 3-9 经济成本指标

一级指标	二级指标	指标说明
投资	设备投资	该技术开展工程建设或应用所必需的主要设备及其他附属设备一次投入的投资金额
	基建费用	技术应用工程项目建设中主体工程和附属工程等基础设施建设费用
运行维护成本	运行费用	主要指系统正常运行生产时每吨产品耗费原材料、水、电等费用
	管理维护费用	主要指系统正常运行生产时单位产品耗费的人工费（工资）、设备折旧费、修理费、管理费等
经济效益	投资回收期	指累计的经济效益等于最初的投资费用所需的时间
环境效益	温室气体减排成本	减排单位温室气体投入的资金量

表 3-10 技术特性指标（定量）

一级指标	二级指标	指标说明
特性指标	根据技术特点自行设定	与温室气体减排效果有关的技术参数。例如，污泥厌氧消化的有机物转化率等

（2）定性指标。定性指标主要从先进性、成熟度、普适性、技术风险程度、成果转化难易程度、市场推广前景、知识产权转让等方面重点考察技术在成果转化和推广应用过程中地位和作用。技术定性指标需要通过行业内的技术专家来进行判断，指标项目也可根据技术特点适当予以增减（表 3-11）。

表 3-11　技术特性指标（定性）

指标种类	一级指标	指标说明
定性指标	技术先进性	描述技术在国际和国内同类技术中所处的地位和水平，是否是开创性的技术
	技术成熟度	重点关注处于孕育后期和成长前期（I 期）的技术，描述技术开展中试、示范工程建设及运行情况，是否具备进一步开展示范及推广的基本条件等
	技术普适性	技术应用是否有特定条件限制，如适用范围、运行条件、规模大小、上下游匹配关系、使用环境、地理条件等，对成果转化推广的影响大小
	技术风险程度	描述该技术在成果转化和产业化过程中面临的不确定性等风险
	成果转化难易程度	描述该技术在产业化中存在的障碍及实现产业化资金筹集、设备制造、相关人才培养等的难易程度
	市场推广前景	技术成果转化和推广过程中市场需求、对技术的接纳难易程度、推广面临的障碍高低等
	知识产权转让	是否具有国内自主知识产权，是否取得的专利等，技术拥有方性质（企业、高校、个人等）；引进技术关键环节、工艺、设备的国产化程度；技术拥有方的转让意愿、技术产权转让机制、政策途径是否顺畅等

2）评估筛选方法

行业减排支撑技术筛选评估工作大致分为三个阶段：准备阶段、技术调查阶段、技术评价阶段。

（1）准备阶段：基于行业已有的工作基础和专家意见，对目前我国行业内温室气体减排技术进行分类和初步筛选，提出参选技术清单。本阶段的主要工作内容包括确定行业技术分类体系、列出初步清单、成立行业专家组、召开专家讨论会、确定参选技术清单等环节。

（2）技术调查阶段：采取书面调查与现场调查相结合的方法，获得技术评价工作所需要的技术数据。本阶段工作内容主要包括确定调查对象、确定调查指标、开展技术调查、数据审核补充、数据整理等工作环节。

（3）技术评价阶段：利用技术调查数据，构建各行业温室气体减排支撑技术评价指标体系，采用定性和定量相结合的方式，对备选技术进行综合评价，经过比较和筛选确定行业减排支撑技术。

3）节能减排与低碳技术清单研究成果总结

2014 年 1 月，技术清单（初稿）在各部委相关单位展开征求意见稿。2014 年 3 月，根据意见，最终核实了技术定量数据，确认行业推荐技术及技术数据，并根据清单编写说明修改和补充了技术相关信息，最终精选 19 项技术进入清单，已于 2014 年科技部 1 号文件正式发布第一批清单（表 3-12），并在未来发布后续二、三批，努力实现清单的长期滚动发布。

表 3-12　节能减排与低碳技术清单

序号	技术名称	行业	类别
1	水泥行业能源管理和控制系统	水泥	能效提高技术
2	水泥膜法富氧燃烧技术	水泥	能效提高技术
3	预烧成窑炉技术	水泥	能效提高技术
4	1000MW 级超超临界广义回热技术	电力	能效提高技术
5	冷热电联供升温型吸收式热泵技术	电力	能效提高技术
6	焦炉烟道废气余热煤调湿分级技术	钢铁	能效提高技术
7	热轧加热炉系统化节能技术	钢铁	能效提高技术
8	用低热值煤气实现高风温的顶燃式热风炉技术	钢铁	能效提高技术
9	烧结烟气循环利用工艺	钢铁	能效提高技术
10	高炉炼铁–转炉界面铁水"一罐到底"技术	钢铁	能效提高技术
11	负压蒸氨技术	钢铁	废物和副产品回收再利用技术
12	炼焦荒煤气显热回收利用技术	钢铁	废物和副产品回收再利用技术
13	钢渣辊压破碎–余热有压热闷工艺技术	钢铁	废物和副产品回收再利用技术
14	利用钻采余能治理井场三废的节能减排技术	化工	废物和副产品回收再利用技术
15	电石炉尾气净化提纯与资源化利用技术	化工	废物和副产品回收再利用技术
16	燃气–蒸汽联合循环发电技术（燃气轮机技术）	电力	清洁能源技术
17	低阶煤低温热解改质利用技术–LCC 技术	化工	清洁能源技术
18	光导照明技术	建筑	清洁能源技术
19	炼钢过程喷吹 CO_2 工艺技术	钢铁	温室气体削减和利用技术

经过核算，节能减排与低碳技术清单第一批 19 项技术典型装机容量（均为 1 台）年 CO_2 总减排量为 1.61 亿 t，投资总额为 3.16 亿元，绝大多数节能减排与低碳技术能在 1～3 年中回收投资。

3.3.3　主要排放行业碳减排支撑技术发展路线图

1. 碳减排支撑技术发展路线图编制方法体系

1）碳减排支撑技术发展路线图的制定流程

技术路线图的制定流程是技术路线图的核心支柱，是理解和把握技术路线图本质的主要途径。在技术路线图的制定上，欧、美、日等发达国家制定的数量较多，经验较为丰富。例如，美国 Idaho 国家工程和环境实验室（INEEL）的技术路线图绘制流程包括四个阶段，即技术路线图的启动、技术需求评价、制定技术路线图对策和技术路线图。在技术路线图的启动阶段，需要确定参与者和领导、确认路线图的需求、定义路线图的范围和边界、设计路线图项目和产品和明确技术路线图参与者；在技术需求评价阶段，需要设计系统流程和功能、基准分析、预测技术风险和机会、最终结果设计路线图项目、明确能力和差距、细化路线图的目标；在制定技术路线图对策阶段，需要确定技术方案、制定技术对策、需求和对策优先排序、制定整体的时间计划和撰写技术路线图报告；在技术路线图阶段，需要评价路线图报告、开发实施过程和评价各个阶段。再有剑桥大学技术管理中心开发的"剑桥大学技术管理技术路线图"的制定流程大致包括三个阶段，即准备阶段、制定阶段和滚动实施阶段。在准备阶段，需要迅速瞄准市场机遇、对市场环境与业务目标进行定位、制定 T-Plan 技术路线图流程的时间表；在制定阶段，需要连续举行 5 个专家主题讨论会，前 4 个讨论会分别对应评估、市场、产品和技术 4 个环节，第 5 次会议就是专家们根据市场、产品、技术的讨论会议的结果绘制中小企业的技术路线图；在滚动实施阶段，需要把初步完工的技术路线图应用到实践，定期对技术路线图的使用情况进行评估，实现技术路线图修订和实践之间的互动。

国内在技术路线图的制定上虽起步较晚，但却已有较好的制定方法出现。例如，广东产业技术路线图的绘制流程大概包括四个阶段，即前期准备、确定技术路径、绘制路线图和整理研究报告。在前期准备阶段，需要文献资料收集并建立数据库、技术路线图策划、团队组建和路线图方案确定；在确定技术路径阶段，需要进行市场需求分析、市场目标确定、技术壁垒分析和研发需求凝练；在绘制路线图阶段，需要识别关键的时间节点、按时间节点有效地组合和连接各模块间的内容、阐明如何配置为达到时间节点目标的各阶段所需资源和须防范的风险、采用何种技术创新组织模式等；在整理研究报告阶段，需要对技术路线图重新评价和调整。由此可见，尽管不同国家所制定的技术路线图表现形式不一，但技术路线图制定的流程和流程工作任务却有极大的相似性，如表 3-13 所示。

表 3-13　技术路线图制定的几个阶段

技术路线图制定	准备阶段	选择制定技术路线图的技术领域（技术路线图的需求）
		组建领导委员会和制定小组
		明确技术路线图的范围和边界
		文献资料收集
	分析阶段	分析判断行业发展需求
		技术壁垒分析
		转移需求凝练
		预测技术推广风险和机会
		细化技术路线图的目标
	绘制阶段	确定技术转移与推广方案和对策
		制定整体的时间计划
		撰写技术路线图内容
	更新阶段	评审和验证技术路线图
		评价和更新技术路线图

在前人所研究的技术路线图的制定流程的基础上，结合本研究的目的和意图，初步制定了碳减排支撑技术发展路线图的一般流程，包括四个阶段：准备阶段、分析阶段、绘制阶段和更新阶段，如表 3-14 所示。

表 3-14　技术路线图制定的几个阶段

碳减排支撑技术发展路线图的制定流程	准备阶段	团队建设
		明确行业碳减排支撑技术发展路线图所研究的内容范围和边界
		前期调研分析（收集资料、制定调查问卷等）
		制定碳减排支撑技术发展路线图工作方案（制定流程）
	分析阶段	行业碳减排支撑技术发展需求分析
		我国行业碳减排支撑技术发展能力及与国外差距分析
		行业碳减排支撑技术经济效益分析
		我国行业碳减排支撑技术发展机会与风险分析
		我国行业碳减排支撑技术发展条件及技术壁垒分析
		细化碳减排支撑技术发展路线图的目标（发展途径及发展时间阶段分析）
	绘制阶段	确定碳减排支撑技术发展方案和对策
		碳减排支撑技术发展路线图的绘制
	更新阶段	评审和验证碳减排支撑技术发展路线图
		评价和更新碳减排支撑技术发展路线图

（1）准备阶段。编制碳减排支撑技术发展路线图的准备阶段包括团队建设、明确行业碳减排支撑技术发展路线图所研究的内容范围和边界、前期调研分析和制定碳减排支撑技术发展路线图工作方案。

（2）分析阶段。碳减排支撑技术发展路线图的分析阶段主要包括行业碳减排支撑技术发展需求分析、我国行业碳减排支撑技术发展能力及与国外差距分析、行业碳减排支撑技术经济效益分析、我国行业碳减排支撑技术发展机会与风险分析、我国行业碳减排支撑技术发展条件及技术壁垒分析、细化碳减排支撑技术发展路线图的目标（发展途径及发展时间阶段分析）。

（3）绘制阶段。碳减排支撑技术发展路线图的绘制阶段主要包括确定碳减排支撑技术发展方案和对策、碳减排支撑技术发展路线图的绘制。

（4）更新阶段。碳减排支撑技术发展路线图的更新阶段包括评审和验证碳减排支撑技术发展路线图、评价和更新碳减排支撑技术发展路线图。

2）碳减排支撑技术发展路线图的绘制方法

由于本研究的内容之一是制定绘制方法，并指导行业研究完成自己的碳减排支撑技术发展路线图的绘制，属于方法学的内容。为了使各阶段所得出的结论真实、可靠，在路线图的绘制上主要采用技术预见方法，同时配以决策树定性判别方法、信息挖掘法、生命周期法、头脑风暴法等研究方法。本研究具体采用的研究方法及配套实施方案如下：

分析前人已有的研究成果发现，在技术发展路线图的绘制中，主要采用技术预见方法。该种方法现阶段的研究均是基于 Martin（1995）的定义来深入进行的。他提出，技术预见是指通过研究未来一定范围内的科学、经济、技术等方面的发展前景、发展方向等，来对未来社会效益及经济效益的产出源领域进行确定和分析，以期能够为现阶段或将来需要重点发展的效益最大的技术领域的发展提供选择依据。从现在全球各国学者的研究与实践经验得出，现阶段国内外学者们对技术预见的研究主要从如下几个方面展开：一是目前的全球各国和地区的技术水平对比和研究；二是技术与全球经济、市场、社会等的关系，相互之间的影响研究；三是技术发展方向研究；四是市场、资源、经济、国情等各方面技术影响因素研究；五是技术政策研究。

本研究采用技术预见方法的目的在于确定碳减排支撑技术发展过程中需要发展哪些新技术以及这些新技术的实现时间。近些年来碳减排支撑技术发展也逐步成为研究的热点，但由于缺乏长时间序列的微观经济数据，现有大部分的技术预见都依赖于宏观经济数据和技术专家的直觉判断，因而难免会受到技术专家主观知识和经验的影响。而随着对碳减排支撑技术研究的增多，一大批碳减排支撑技术研究文献也随之发表，在这些文献中涵盖了碳减排支撑技术领域最新的技术信息和技术动态，因此在进行碳减排支撑技术预见时可以采取多种方法；如德尔菲分析法、情景分析法、雷达分析法、SWOT 分析法等，每种方法可以单独使用，也可以任意组合，或结合文献调查、信息挖掘等多种资料收集方法共同完成碳减排支撑技术发展路线图的绘制。研究技术预见方法可以获得决策的第一手资料，对于了解技术应用现状、市场未来需求等起着不可忽视的作用。在研究中采用的两种方式包括：一是亲自到行业协会、企业中调查，通过采访一线技术人员和消费者来获取技术的各种信息；二是通过设计、发放调查问卷来获得需要的特定信息。

2. 中国行业碳减排支撑技术发展保障体系

1）中国碳减排支撑技术发展路线图实施的体制建设

（1）完善财税政策，促进低碳产业全面发展。首先要确定财税政策惠及范围，即包括引进、使用碳减排支撑技术、设备的环节和对该环节有重要影响的上下游产业（零配件制造、原材料提供等）。主要采用两种优惠方式：税收减免和财政补贴。

（2）巧用金融工具，引领企业导向。金融工具是指在金融市场中可交易的金融资产。对于致力于减少 CO_2 排放、采用或引进先进碳减排支撑技术的企业，银行可单独核定信贷规模，优先保障气候友好型企业的贷款发放；同时，对于仍采用高投入、高消耗、高污染、低效益技术及生产设备的企业，可采取适度的信贷限制，鼓励他们转向碳减排支撑技术的使用。

（3）推行绿色采购，扩大低碳产业销售市场。在碳减排支撑技术引进初期，很多行业面临成本的增加，因此应当由政府出面引导消费，将应用碳减排支撑技术所生产的产品纳入政府采购目录和采购清单，实施政府优先采购，如采用先进工艺、减少碳排放所生产的钢材可作为国家基建的优先选材；倡导单位采购，并逐年扩大采购规模，如积极支持公交、出租、环卫和邮政等公共服务领域的单位采购新能源汽车，并逐年扩大采购规模；通过媒体宣传，引导大众消费者购买低碳产品，如在家用设备中采用太阳能系统等——从扩大销路的层面惠及低碳产业。

（4）构建示范项目，推进全面发展。针对目前碳减排支撑技术引进过程中先期投入大的问题，不少中小型企业存在观望的态度，可由政府牵头与地方政府合作，并依靠大学等科研机构，走"产学研"相结合的道路，建立低碳示范项目，即低碳工业园。将全产业链都容纳入内，共同享受国家的优惠政策，配备专业的技术、管理人才，由政府确保资金的先期投入；通过示范，以点带面，推动整个低碳产业的技术进步，吸引更多中小企业加入示范园中，扩大碳减排支撑技术的惠及范围，并将成果进行推广，结合地方特色，在多个省份建设低碳示范项目；同时，积极开展招商引资，利用外资引进先进适用的碳减排支撑技术，为我方所用。

2）中国碳减排支撑技术发展路线图实施机制建设

（1）制定关键碳减排支撑技术路线图。随着气候变化问题在全球范围内成为研究热点，能源技术路线图和碳减排支撑技术路线图等成为国内外研究机构的关注点。就现有研究结果看，国家技术路线图是促进技术创新的重要创新手段，且此类研究多以技术预见为基础，一般按照"国家目标—战略任务—关键技术—发展重点"的框架来编制。其主要程序包括：采用情景分析法研究经济社会发展目标；采用大规模德尔菲等方法开展技术预测调查，收集一线专家对未来技术发展的意见；采用数据挖掘等方法对文献、专利数据库进行挖掘。

（2）促进不同阶段碳减排支撑技术的研发与应用。在碳减排支撑技术创新过程中可能会存在市场失灵现象，所以必须通过政府的政策干预加以解决，但在碳减排支撑技术发展的不同生命周期阶段，其市场失灵的特征有所不同。所以，如何根据碳减排支撑技术创新的不同特点，选择最优的政策，解决技术发展和应用过程中的障碍，是一个值得探讨的问题。一般而言，按照不同的技术发展阶段，碳减排支撑技术分为四种类型，分别是战略性/前瞻性技术、创新技术、成熟技术和商业化技术。

3.3.4 主要排放行业减排支撑技术集成模式的识别与分析

1. 燃煤发电

由于注重技术的成果转化及推广，所以选择的技术处于成长期Ⅰ及之前的技术。一般来说，这些技术的现有普及率应小于10%。图 3-13 主要包括：

（1）萌芽期：一般指技术处于早期研发阶段，已开展小试并取得相关专利。

（2）孕育期：指技术已实现中试，取得了良好效果。

（3）成长期Ⅰ：指该技术已再局部进行示范推广，处入商业化运作前期阶段，还未大面积推广应用。

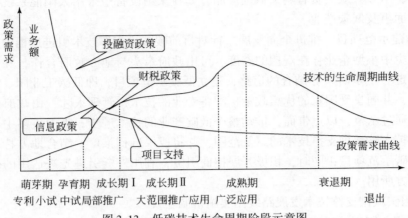

图 3-13 低碳技术生命周期阶段示意图

1）能效提高技术

能效提高技术主要是指工业生产过程中能源动力系统部分的能效提高以及能源转化类的主体生产工艺及设备的改革、建筑供暖和空调的动力设备的能效提高、家电设备的能效提高、道路交通工具的动力系统能效提高等，通过能源效率的提高，节约一次含碳能源和电能的消耗。此外还包括企业的能源系统集成管理自动化平台等技术，通过系统模拟优化，集成管理，实现换热流程合理化、设备效率最大化，从而提高系统能源效率。

2）废物和副产品回收再利用技术

废物和副产品回收再利用技术主要是指工业生产、建筑用能过程中产生的余压、余热、余能的回收利用以及能源梯级利用；替代燃料和替代原料的绿色水泥、利用废钢进行的短流程炼钢技术等；对可集中回收的工业产生和城市生活产生的废物，特别是有机废物，进行回收利用，如沼气池、生物质燃气技术的发展。

燃煤发电行业的废物和副产品回收再利用技术：秸秆发电技术。

3）清洁能源技术

清洁能源技术主要是指减少含碳能源的使用，通过发展核能以及可再生资源利用技术，实现 CO_2 等温室气体的减排。

燃煤发电行业的清洁能源技术：燃气–蒸汽联合循环技术、压水堆二代改核电技术、压水堆三代改核电技术、快堆核电技术、高温气冷堆核电技术、海上并网风电技术、光热发电技术、光伏发电技术。

4）温室气体消减和利用技术

温室气体消减和利用技术主要包括碳捕集、封存以及利用技术；石油开采以及农田废物、畜牧业废物、生活废物中的甲烷气体的控制技术；农业生产过程中氧化亚氮的控制技术；电解铝生产过程中以及电器使用过程中产生的氟化物的减少及销毁技术等。

燃煤发电行业温室气体消减和利用技术：CO_2 捕集和利用技术。

5）减排技术与国际水平比较

中国燃煤发电行业部分碳减排技术与国际水平比较，见表 3-15。

表3-15 中国低碳技术成果转化及推广应用目录(发电行业)与国际比较结果

技术名称	关键参数与指标	与国际比较	比较结果(★★★★★)
1000MW级超超临界发电技术(580℃)	305g/(kW·h)下降到285g/(kW·h),下降空间20g/(kW·h),相当于单位发电量减排CO_2 55g/(kW·h)	我国超超临界和超临界发电技术比发达国家起步晚了10年,但通过立足自主开发,目前600℃超超临界发电技术水平和建成的机组都占据世界首位	★★★
620℃超超临界发电技术	单位发电煤耗250g/(kW·h),相当于单位发电量减排CO_2 152g/(kW·h)	700℃超临界煤燃煤发电机组研发计划。与目前我国超临界600℃超超临界煤发电机组相比,新机组的供电效率将提高48%~50%,单位煤耗可再降低40~50g,CO_2排放将减少14%	★★★★
700℃超超临界发电技术	单位发电煤耗236g/(kW·h),相当于单位发电量减排CO_2 191g/(kW·h)		★★★★
整体煤气化联合循环IGCC发电技术	我国首座60MW的IGCC发电机组与同规模直接燃煤蒸汽机组相比,供电标准煤耗降低104g/(kW·h),节煤25.06%	2002年,美国第一台IGCC投运,落后美国10年;欧盟最早的IGCC是1994年建成投运,落后欧盟约20年;日本研究IGCC站于2004年	★★★
电除尘高频电源	与工频电源相比,在同等条件下,高频电源可节电50%~80%(280~450万kW·h/a),平均可节约850~1350t cc/a(按照发电煤耗300g/(kW·h)计算),可减少CO_2排放20%~50%,可减少粉尘排放2000~3300t/a	美国阿尔斯通高频电源是目前市场上技术最先进、性能最卓越的静电除尘器高频电源	★★★
汽轮机抽汽供热改造技术	改造后供电煤耗可下降8~20g/(kW·h)	20世纪80年代,我国引进了美国西屋公司亚临界双缸双排汽反动式300MW、600MW汽轮机设计和制造技术,分别由上海汽轮机有限公司和哈尔滨汽轮机有限公司进行生产制造。但是国际上改造技术运用不多	★★

续表

技术名称	关键参数与指标	与国际比较	比较结果（★★★★★）
超临界循环流化床锅炉	燃煤发电超临界锅炉主蒸汽压力≥25MPa，蒸汽温度达538~600℃，流量≥1900t/h，SO_2排放小于400mg/Nm^3，NO_x排放小于200mg/Nm^3，发电效率≥42%	2013年4月，四川白马600MW超临界循环流化床示范电站，我国自主创新研发的、燃煤发电领域拥有完全自主知识产权的、世界容量最大的全国首台600MW超临界循环流化床示范电站——四川白马600MW超临界循环流化床示范电站顺利完成机组168h满负荷试运。这既是我国"十二五"重点工程，也是洁净煤发燃这项高新技术应用的重大示范工程，更是我国首台乃至世界容量最大的超临界循环流化床发电示范工程。四川白马600MW超临界循环流化床循环流化床发电示范工程的顺利投运，标志着我国在循环流化床发电技术的研发已处于世界先进地位，对我国洁净煤技术发展将产生深远的影响	★★★★
火电厂纯氧燃烧技术	通过在纯氧中而不是空气中燃烧煤的技术，将传统的火电厂进行改进。由于空气中含有大量氮气，所以传统发电厂会产生主要由氮气和部分CO_2及水组成的气溶胶混合物；而将纯氧与煤气分离气需要大量能量，因此捕获CO_2的成本很高。在煤基含氧燃料技术中，气溶胶主要由CO_2和水组成，而水很容易浓缩和去除，产生纯的CO_2很容易收集。与空气燃烧相比可节约燃料约30%，同时生成的尾气便于CO_2的收集	2010年8月，美国计划将一座200MW的火电厂进行改造，它将是世界上首座商业规模、使用纯氧燃烧技术、捕捉并封存全部CO_2的火电厂	★★★

续表

技术名称	关键参数与指标	与国际比较	比较结果 (★★★★★)
压水堆三代改核电	ACP1000 是中国核工业集团公司自主研发的具备完整自主知识产权的先进压水堆核电站。它是在中核集团在完成设计的 CP1000 核反应堆的基础上，消化吸收已引进的三代核电技术 AP1000，借鉴国际先进核电技术的先进理念，充分考虑福岛核事故后最新的经验反馈，按照国际最新法规标准要求研制的一种拥有自主知识产权的第三代压水堆核电站。零排放，相当于单位发电量减排 CO_2 844 g/（kW·h）	2013 年 4 月，中国核工业集团公司自主研发的具备完整自主知识产权的先进压水堆核电站 ACP1000 初步安全设计通过了国家核行业权威鉴定。ACP1000 的技术和安全指标达到了国际上三代核电机组的同等水平、设计、建造能够完全实现自主化	★★★
高温气冷堆核电	高温气冷堆最大的特点之一就是温度高。一般压水堆核电站能提供大约 300℃ 的热能，而高温气冷堆能做到 750℃，这就意味着发电效率大大提升了。零排放，相当于单位发电量减排 CO_2 844 g/（kW·h）	2006 年 2 月 9 日，高温气冷堆核电站示范工程被列入国家科技重大专项。2008 年 2 月 15 日，高温气冷堆核电站重大专项实施方案获国务院批准，专项牵头实施单位为清华大学核研院，华能能源科技有限公司、中核能源科技有限公司、华能山东石岛湾核电有限公司。2011 年 3 月 1 日，高温气冷堆核电站示范工程项目核准报告通过国务院办公会议批准。我国高温气冷实验堆的技术及安全水平已经走在了世界前列	★★★

注：★的数量代表发展水平、数量越多，代表与国际水平差距越小

2. 钢铁

1) 钢铁行业高能耗的关键问题及主要原因分析

(1) 钢铁工业存在生产与能源结构的缺陷，导致生产工序间能源消耗的不均衡，生产结构间关联性低、梯级利用水平低等因素降低了整体能源利用效率。优化能源结构，实现系统节能。

(2) 由于技术水平和冶炼设备相对落后，使二次能源产生量大，不能得到有效的回收利用，是我国钢铁工业能耗高、排放大的直接原因。促进二次能源的回收，实现节能减排。

(3) 钢铁工业能源管理模式相对粗放，更多的是注重生产的物质流，而对能量流疏于管理。从而造成钢铁生产工艺系统中，能源利用效率较低等问题。加强能源管理，提高能源效率。

2) 钢铁工业实现产能调控及节能减排任务的决策建议

实现钢铁工业的产能调控主要是通过国家政策和市场调控手段，完善淘汰机制和退出机制，促进钢铁行业尤其是小微钢铁企业的落后、高能耗产能通过宏观调控和市场的竞争机制逐步淘汰退出，有效增加钢铁行业的集中度，从而提高行业调控力度。而实现钢铁行业节能减排的主要手段包括：完善钢铁生产及能源结构，减量化用能；构建能源管理系统，提高能源的管理水平、利用效率和转化效率；推动先进工艺技术的发展，提高二次能源回收利用水平，实现节能减排。

(1) 调整钢铁工业的产业结构，控制产能发展，完善退出机制，逐步淘汰落后产能，并引导钢铁行业实现产品优化和差异化。

(2) 落实钢铁行业中节能减排工作的三大任务，降低能耗指标。完善制度，现实管理节能；优化工艺，实现结构节能；革新技术，实现技术节能。

(3) 在我国钢铁行业中推行低碳标准，促进全行业的产业转型升级、技术革新，实现产业结构调整和节能减排。

(4) 构建行业之间能源循环，实现能源高效利用。

3) 中国钢铁工业缓解资源、能源瓶颈，发展低碳冶金的技术对策

高效集约化、灵活地适应资源、能源和环境约束的变化是钢铁工业发展的基本出发点，在资源、能源和环境条件的约束下探索提高钢铁生产的资源、能源利用效率的突破性技术、实现节能减排、降低生产成本和减少 CO_2 排放，促进可持续发展是未来钢铁工业科技发展的基本趋势。借鉴国际钢铁工业节能减排与低碳冶金发展的趋势和技术思路，中国钢铁工业未来缓解资源、能源瓶颈、发展低碳冶金技术的对策应重点围绕以下几个方面，加快科技进步，以保障我国钢铁工业高效集约化、灵活地适应资源、能源和环境约束的变化：

(1) 贯彻按质用能、梯级利用的科学理念，加强先进余能、余热的高效回收与转换技术和废弃物资源化技术的完善、提高与推广应用，进一步促进钢铁行业节能减排。

(2) 以提高资源、能源利用效率，优化工艺结构，降低工序能耗与 CO_2 减排为重点，

加快关键工序突破性新技术的开发，缓解中国钢铁工业资源、能源瓶颈，促进中国钢铁工业发展低碳发展。

（3）研究传统碳冶金能源结构的优化与非化石能源在钢铁工业中的应用，探索结合冶金工艺特点的 CO_2 封存技术。

3. 水泥

通过对水泥行业减排支撑技术关联性和集成示范模式的分析，得出以下结论：

（1）根据减排支撑技术所属流程阶段、所属领域、技术特点、技术可能存在的限制条件等特点，可将减排支撑技术的集成模式进行归纳和分析。

（2）基于技术优势和可能存在的局限，可将减排支撑技术的关联性划分为功能互补型和功能增强型。

（3）着重提出包括水泥能源管理和控制系统+窑炉自动控制系统、水泥膜法富氧燃烧技术+水泥窑协同处置污水污泥技术（水泥窑协同处置城市生活垃圾技术）、水泥窑协同处置污水污泥技术（水泥窑协同处置城市生活垃圾技术）+窑炉自动控制系统、窑炉高固气比技术+预烧成窑炉技术、石灰石矿山数字管理系统+水泥行业能源管理系统以及水泥全氧燃烧+水泥行业 CCS 技术等在内的 6 项减排支撑技术集成示范模式，并对其进行了详细的分析和论述。

（4）通过实际调研，证实了部分减排支撑技术集合所带来的功能互补或增强发挥，然而现有条件下，因技术普及率较低，更多企业依据自身特点提出了对某项减排支撑技术的需求。

（5）现有减排支撑技术集成示范下，依托窑炉煅烧工况、协同处置废弃物等基础，企业对水泥行业能源管理系统（或水泥生产信息化系统）和窑炉自动控制技术等信息化、自动化技术需求较为强烈。

4. 交通

1）中国交通运输行业节能减排分析

（1）节能减排的情景分析。在本研究中交通行业在未来节能减排情况采用了情景分析法。在进行情景分析的过程中采用了定性分析与定量分析相结合，对影响能源供求的宏观社会经济因素和政策因素及未来可能的演变趋势着重进行了定性分析；并在定性分析的基础上对产业结构、部门生产结构和规模、消费需求进行了量化。对于设定的情景，借助于模型工具对能源可持续发展的政策措施实施力度不同时，各部门生产结构调整、能源消费结构调整、技术进步的可能的发展情况进行了模拟计算，力图对现有技术条件下中国能源可持续发展的途径和能够达到的程度进行客观和深入的分析。

（2）交通运输行业情景设定。①主要影响因素。交通运输能源消耗本身会受到多种因素的影响，如交通需求的高低、交通运输模式的选择、交通工具的能源效率水平等。交通需求的高低取决于经济发展水平、经济发展模式，包括信息产业的发展状况、人口和城市化进程等。交通模式的选择则取决于交通设施状况、居民的收入水平、消费行为与观念等因素。交通工具的能源效率水平高低则与技术进步有关，实际运行效率又受到路况、驾驶者习惯等其他因素的影响。图 3-14 显示了各种因素之间的联系。②情景设计。借鉴《中国可持续发展能源暨碳排放情景分析综合报告》内提出的情景分析方法，构建2015～2050年交通运输行业节能减排的情景分析基本思路。③交通运输行业能源消耗及碳排放计算公式。④具体参数设定及情景设计分析。

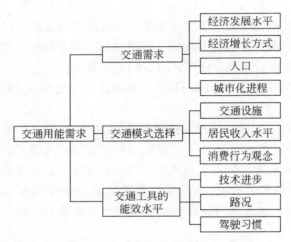

图 3-14　交通能源需求的主要影响因素

2）交通运输节能减排的政策建议

（1）把节能减排和应对气候变化作为交通发展战略的重要内容纳入交通发展规划。

（2）优化交通运输结构，加快建设节能型综合交通运输体系。

（3）制定《机动车节能管理条例》，大力推动道路交通节能减排。

（4）逐步提高强制性燃油消耗量限值标准和燃油品质标准。

（5）采取综合措施，降低小汽车的出行率。

（6）大力推动节能减排和新能源汽车发展。

3.4　中国主要行业温室气体核算流程，监测手段和核算方法研究

我国在过去的 5 年内工业发展迅猛，工业是我国能源消耗及温室气体排放的主要领域，这就不可避免的带来了大量的 CO_2 排放。据相关统计，2010 年，工业能源消耗达到 21 亿 tce，占全社会总能源消耗的 65%，占全国化石能源燃烧排放 CO_2 的 65% 左右。工信部在 2013 年年初对 2015 年之前各重点行业的 CO_2 排放做出具体规定，对未来 3 年内，我国工业各领域的淘汰产能提出更高要求。为有效落实《国民经济和社会发展第十二个五年规划纲要》提出的建立完善温室气体统计核算制度，逐步建立碳排放交易市场的目标，推动完成国务院《"十二五"控制温室气排放工作方案》（国发〔2011〕41

号）提出的加快构建国家、地方、企业三级温室气体排放核算工作体系，实行重点企业直接报送温室气体排放数据制度的工作任务，2013 年 10 月 15 日，国家发改委印发钢铁、化工、电解铝、发电、电网、镁冶炼、平板玻璃、水泥、陶瓷、民航等首批 10 个行业企业温室气体排放核算方法与报告指南（发改办气候〔2013〕2526 号），编制企业温室气体排放核算方法，以逐步建立碳排放交易市场为目标，加快构建国家、地方、企业三级温室气体排放核算工作体系，实行重点企业直接报送温室气体排放数据制度的工作任务。

"十二五"加强了对我国各行业的温室气体排放情况以及国际经验比较研究，重点对能源消费、钢铁、化工、水泥、建筑和交通等领域，研究开发了各个领域的针对企业和设施的温室气体排放监测、报告和核查技术体系，提出相应的方法学，并选择相关领域的企业等进行所开发技术和方法学的示范和推广，以进一步评估和验证其可行性、准确性和成本等。为了保证各个领域的监测、报告和核查方法学和技术体系的一致性，将研究提出针对各个领域共性问题的一般性指南。

3.4.1 能源领域温室气体排放监测、核算、报告、核查方法学开发

研究的重点是识别电力行业和主要耗能工业能源活动的关键排放源，确定我国电力行业和主要耗能工业能源活动产生的温室气体排放监测、报告、核查的数据和技术需求；确定我国电力行业和主要耗能工业能源活动的温室气体排放监测、报告、核查的关键指标，并开发适合我国国情的电力行业和主要耗能工业能源活动的温室气体排放监测、报告及核查的方法指南；研究提出我国电力行业和主要耗能工业能源活动的温室气体排放监测、报告及核查（MRV）的技术体系。

1. 国际 MRV 方法学指南及体系综合分析

控制企业层面的温室气体排放应对全球气候变化的重要环节之一，世界各国和诸多国际机构都纷纷制定了企业温室气体核算标准或自愿性企业温室气体管理计划。据不完全统计，目前全球已有 8 个国家实施了强制性企业温室气体报告制度，约有 12 项比较成熟的自愿性温室气体管理计划，因此也形成了许多企业层面的温室气体核算方法学。经过多年发展，当前在国际上被广泛认可的企业温室气体核算方法学主要包括《温室气体核算体系》、ISO 14064 系列标准、《商品和服务在生命周期内的温室气体排放评价规范》等几种，方法学也在不断趋于完善，主要的变化趋势是：一是基于特定行业的企业温室气体排放核算方法不断出台；二是企业温室气体排放核算方法逐渐向企业价值链延伸；三是企业温室气体核算方法不断倾向于准确化。

总体上看，当前国际上普遍认可的、适用性较高的企业温室气体核算标准主要有两个：一是《温室气体核算体系》中的《企业核算与报告准则》；二是 ISO 的《ISO14064-1 组织层次上对温室气体排放和清除的量化和报告的规范及指南》。环保要求比较高的国家和地区在对企业进行温室气体核算时更倾向于采用《企业核算与报告准则》，一是因为它

是世界上最早开发的温室气体核算标准，并且由多国企业、政府机构、研究单位以及个人等利益相关方参与制定；二是因为 ISO14064-1 标准则是建立在《企业核算与报告准则》的基础之上的，但 ISO14064-1 标准并没有配套温室气体计算工具，而《企业核算与报告准则》提供了配套的温室气体计算工具和指南，更便于使用。

2. 中国电力行业企业温室气体 MRV 编制

研究完成的方法指南：一是全面提出了电厂温室气体排放检测、核算和报告的全过程方法学；二是提供了基于计算和基于测量的两种方法，企业可根据自身实际情况灵活选择；三是充分考虑了不同地区发电企业的特点，涵盖了外购热力产生温室气体排放情况；四是在数据源的选取方法、不确定性计算、质量保证、信息管理等方面和国际上的电力行业指南接轨，便于与国际同行业企业进行比较。综合来看，采用该指南方法进行核算的操作性强，电力企业目前的计量设备配备也能够满足计算需求，与电力企业目前的管理相适应，数据可获得性较好，准确性较高。

对电力企业温室气体排放 MRV 指南的改进方向，研究提出如下建议：一是建议与相关主管部门衔接，利用各省开展碳排放管理能力建设与培训的契机，将本 MRV 指南列入培训内容，鼓励各电厂自行试算，并就试算过程中发现的问题进行广泛沟通交流，使企业快速掌握指南使用方法与要点；二是建立并完善重点企业和设施的温室气体直报系统，并对重点设施配备符合测量精度要求的计量器具并实施计量，不断提升企业在设施层面的数据收集能力，为将来以设施为核算边界打好基础。

3. 中国炼油行业企业温室气体 MRV 编制

编制完成的方法指南：一是全面提出了炼油企业温室气体排放检测、核算、报告的全过程方法学；二是提供了基于计算和基于测量两种方法，企业可根据自身实际情况灵活选择；三是对于工艺生产过程的温室气体核算，提供了多种计算方法，便于企业选择适合自身的方法，提高了指南的适用性和可操作性；四是在数据源选取、不确定性计算、质量保证、信息管理等方面和国际上的炼油行业方法学指南接轨，便于与国际同行业企业进行比较。

对炼油企业温室气体 MRV 方法指南的改进方向提出如下建议：一是建议与相关主管部门衔接，利用各省开展碳排放管理能力建设与培训的契机，将本 MRV 指南列入培训内容，鼓励各炼油企业自行试算，并就试算过程中发现的问题与本研究进行沟通交流，使企业快速掌握指南使用方法与要点；二是建议完善数据计量及数据收集工作，加强统计体系建设；三是推动企业配备符合测量精度的计量器具，改善企业的数据基础条件；四是加强企业数据统计工作人员的能力建设，提升企业相关工作人员的温室气体核算能力。

3.4.2　工业生产过程温室气体排放监测、核算、报告、核查方法学开发

1. 钢铁行业

1）中国钢铁行业企业温室气体 MRV 方法的问题现状

目前国际上计算钢铁企业温室气体排放的方法一般有三种，分别是活动水平法、质量平衡法和连续监测法。活动水平法选择各类能源的消耗量、原材料消耗量或主要产品产量等作为活动水平数据，排放量等于活动水平数据与排放因子的乘积。质量平衡法是基于输入与输出的碳差额来计算温室气体排放量的。连续监测法是针对某个固定设施进行气体的连续监测。国内典型钢铁行业 CO_2 的核算方法主要有省级温室气体清单方法、国家发改委公布的钢铁行业温室气体核算方法和上海市公布的钢铁行业温室气体排放核算与报告方法。

活动水平法计算相对简单但准确度不够；质量平衡法计算相对准确，但是存在第三方核查机构核查困难的问题；连续监测法运行成本高，且易造成漏统计，我国企业很少采用，并不适合我国企业现阶段使用。国内来看，省级温室气体清单方法用于计算省级排放总量，主要从行业层面进行核算，计算较为粗略。国家发改委公布的计算方法以企业为单位，采用活动水平法进行整体核算。上海市出台的钢铁行业温室气体核算要求更为细致，主要是针对上海市范围内的钢铁企业，要求其按照企业、工序、设施的排放进行详尽报告，缺省排放因子除考虑国际和国家缺省值外，也考虑了上海市的能源平衡表等数据。

2）中国钢铁行业企业温室气体 MRV 方法的问题分析

综合国内现有的钢铁行业温室气体核算方法，可以将其分为两类：一类是对企业所有工序进行整体核算；另一类是对企业各个工序分别进行核算然后加总。钢铁行业存在工艺流程繁多而复杂的特点，不同钢铁企业之间存在差异。比如，焦炭作为一种碳密集型产品在钢铁行业中的用量很大。有的大型联合钢铁企业建有从炼焦到轧制的全部过程，而也有较多的钢铁企业需要从外部购买焦炭。如果采用整体核算，对于目前并没有将外购焦炭包含在间接排放范围内的情况下，自产焦炭的钢铁企业和外购焦炭的钢铁企业之间的排放总量存在不可比的问题。同理，由于加工钢材的种类、数量、用途不同，后续钢材加工环节的燃料使用和温室气体排放具有很大的差异。有的钢铁企业轧制过程工序较多，能耗较大，而有的钢铁企业仅仅进行简单的钢材加工。若进行比较，也存在不可比的问题。

因此，本研究认为仅仅将企业作为整体进行核算并不能满足未来数据使用的要求。但是，若对钢铁行业各个工序分别进行核算，不仅会增加较大的工作量，增加核算困难，也容易出现因"重复计算"带来的核算错误。为完善碳排放权交易市场体系设计，如何建立统一有效的钢铁行业温室气体核算方法，是需要重点关注的问题。

3）中国钢铁行业企业温室气体 MRV 方法的结论和建议

综合以上分析，本研究组认为在对钢铁企业温室气体排放进行计算时，既要简化不必

要的细分各个环节的计算，又要兼顾外购焦炭企业在与其他企业进行比较时的差异，还要考虑到不同程度钢材加工带来的影响。因此，本研究组建议，可以将钢铁行业温室气体核算方法分为以下三大部分：炼焦环节、烧结-炼钢环节以及钢材加工环节。

针对第一部分，对于自产焦炭企业，采用质量平衡法，计算炼焦过程中产生的直接 CO_2 排放；对于焦炭外购企业，采用活动水平法，计算外购焦炭的间接排放。

针对第二部分，该部分包含从烧结至炼钢的所有环节，即除炼焦和后续钢材加工以外的所有环节。将该部分作为一个整体，核算其直接排放和间接排放，这样既能够得出所需的排放数据，也可以有效避免"重复计算"。同时，考虑到有的钢铁企业生产过程中产生的副产煤气会部分直接排放进入大气或者被用于自制产品进行外销，此时副产煤气中的碳并没有完全转化为 CO_2 产生排放，所以需要从全部排放中扣除。

针对第三部分，单独对钢材加工环节的排放进行核算。

2. 化工行业

1）中国化工行业现有企业温室气体 MRV 方法的问题现状

化工行业是中国主要的高耗能行业之一，纯碱（碳酸钠）生产是中国化工行业的一个主要子行业，中国 2011 年的纯碱产能已达到 2800 万 t，是全球最大的纯碱生产国和消费国。然而，中国目前尚未在国家层面开发出专门适用于纯碱行业或企业的温室气体排放核算、监测与报告方法学。本研究紧扣这一领域的方法学需求，研究成果可填补相应的空白。

2）中国化工行业企业温室气体 MRV 方法的问题分析

（1）我国的技术工艺和排放特点。目前中国纯碱工业的生产方法有三类：①天然碱法，以天然碱矿（碳酸钠和碳酸氢钠混合物）为原料，进行高温煅烧，副产品为 CO_2；2011 年产能 180 万 t，占我国总产能的 6.4%。②氨碱法（又称索尔维法），原料是工业盐（氯化钠）、氨水和 CO_2（通过煅烧石灰石制取），副产品为氯化钙（废液）；2011 年产能 1240 万 t，占我国总产能的 44.3%。③联合制碱法（又称侯德榜法），是我国独有的纯碱生产方法，原料是氯化钠、氨、CO_2（合成氨副产品），副产品为氯化铵（化肥）；2011 年产能 1380 万 t，占我国总产能的 49.3%。

中国纯碱生产企业的温室气体排放机理包括：①能源活动的直接排放，即燃料燃烧排放。②工业生产过程。对于采用天然碱法或氨碱法的企业，CO_2 作为副产品或原料气会导致逸散排放；而对于我国特有的采用联合制碱法的企业，由于来自企业内合成氨工序的 CO_2 副产品成为了本环节的生产原料，应被视为去除量或减排量。③能源活动的间接排放。由于企业外购电力或热力而蕴含此类间接排放。

（2）已有 MRV 方法情况。从国内外已有的相关方法学来看，仅针对的是国际通用的天然碱法和氨碱法的生产原理。核算、监测与报告的边界有三类：①排放机理+行业。政府间气候变化专门委员会（IPCC）温室气体清单指南和我国发改委内部印发的省级温室气体清单指南均采用此类核算与报告边界。②设施。发达国家温室气体排放权交易体系（如 EU ETS）以及美国环保署（US EPA）的强制报告制度均采用此类核算与报告边界。

③企业。国际标准化组织 ISO14064 的框架性方法和上海市发改委最近公布的方法（只考虑天然碱生产）采用此类核算与报告边界。

现有方法学的量化方法有三类：①连续在线监测。适用于重点排放设施；在企业层面应用的成本高，易造成漏统计，不适用。②碳质量平衡法。通过投入原料与产出物料（产品、固态和液态废弃物）中碳元素质量的变化来确定 CO_2 的排放量，不适用于非 CO_2 排放。③活动数据法。按照不同排放机理识别温室气体排放源，选择各类能源的消耗量、原材料消耗量或主要产品产量等作为分排放源的活动水平数据，排放量等于各项排放源的活动水平与排放因子的乘积再扣减温室气体的去除量。

（3）现有基础和碳市场需求的差距。主要体现在：①中国现行的能源统计和计量制度是以独立法人（适用于所有企事业单位）或独立核算单位（例如分厂，适用于能耗较高的重点用能单位）为报告边界，在活动水平数据的计量方面不能完全满足上述的基于设施的方法；②国内外尚未公布出适用于中国独有的联合制碱法生产企业的方法学。

3）中国化工行业企业温室气体 MRV 方法的结论和建议

对于中国纯碱生产企业采用活动数据法核算并报告其温室气体排放量。纯碱生产属于无机化工，基本不产生含碳副产品的废弃物，因此对于纯碱生产企业的工业生产过程排放，碳质量平衡法等同于活动数据法。但从燃料燃烧排放方面来看，由于试点企业均不测量燃料废渣的含碳率，因此更适宜采用活动数据法。碳质量平衡法也无法对外购电力和热力所蕴含的间接排放进行量化。

联合制碱法是我国独有的纯碱生产方法，考虑该方法对于 CO_2 减排的贡献，既可避免企业层面的排放量重复计算问题，对企业而言也更具公平性和说服力。

3. 水泥行业

1）中国水泥行业企业温室气体 MRV 方法的问题现状

水泥行业是中国碳排放量最大的工业行业之一，并且属于产能严重过剩行业。实施碳排放权交易，是促进水泥行业提高技术和管理水平，实现节能减碳目标的重要途径。为水泥生产企业建立全国统一的碳排放 MRV 制度，准确掌握企业的碳排放数据，是开展全国碳排放权交易的基础，对我国尽早实现温室气体排放达峰目标具有重要意义。

国内外多个机构针对行业和企业层面的碳排放核算，提出了多种方法学。这些方法学分别应用在国家和省级排放清单的编制、碳排放权交易体系纳入企业的碳排放量认定、企业自主公布碳排放数据履行社会责任等方面。在"十二五"期间，我国集中开展了针对企业碳排放 MRV 的研究和应用，取得了巨大进步。北京、天津、上海等碳排放权交易试点均建立了完善的企业碳排放 MRV 制度；国家发改委发布了十余个行业的《企业温室气体排放核算方法与报告指南（试行）》。目前，我国正在制定企业碳排放核算的国家标准，本项目的研究成果为其提供了重要支撑。

2）中国水泥行业企业温室气体 MRV 方法的问题分析

（1）水泥行业的排放特点。水泥生产的碳排放机理与技术工艺无关。无论采取何种技术，均分为直接碳排放和间接碳排放两类。其中，直接碳排放分两部分：一是能源消耗产

生的 CO_2 排放；二是水泥生产过程中，石灰石分解产生的 CO_2 排放。间接碳排放是指水泥生产过程中外购电力、热力产生的排放。

但由于低温余热发电、协同废物处置等技术的应用，水泥生产碳排放不能仅考虑"两磨一烧"，还需考虑这些附加生产流程对碳排放的影响。

（2）已有 MRV 方法情况。水泥行业能源消耗碳排放的核算方法与其他行业相同，主要采用活动水平法；生产过程排放有生料法和熟料法两种核算方法。生料法基于消耗的生料数量，以生料中碳酸盐含量为基础的排放系数进行计算；而熟料法基于熟料产量，以熟料中 CaO 和 MgO 等金属氧化物含量为基础的排放系数进行计算。前者基于投入，后者基于产出，理论上结果是等同的。

实际应用中，生料法比熟料法更准确，美国、日本等国采用较多。但是，生料组分相对复杂、测量难度相对较大；而熟料数据更容易获得，操作也更简单，自 1996 年 IPCC 提出后，就成为各类核算体系的主要方法。

基于这两种方法，IPCC、欧盟委员会、世界可持续发展工商理事会（WBCSD）和水泥可持续性倡议行动（CSI）等机构编制了水泥行业碳排放核算的方法学指南。这些方法在核算边界、排放流程和排放因子的选择等方面都存在差异。IPCC 方法是世界各国普遍接受的方法，欧盟方法则专门针对碳排放权交易，WBCSD-CSI 则是基于企业层面的核算方法，它们对编制我国的方法指南有重要的参考价值；但不能简单套用，需要具体研究其适用性。

国内一些机构也正在研究水泥碳排放核算方法。国家发改委气候司发布的《省级温室气体清单编制指南》包含水泥工艺过程排放，采用了比较简单的方法，只考虑熟料煅烧和电石替代原料的碳排放。北京、上海等碳排放权交易试点地区出台了水泥行业企业碳排放核算方法指南，具有明显的地域特征。中国建材研究总院编制了《水泥生产 CO_2 排放量计算方法》，考虑了完整的水泥生产流程，但其采用 IPCC 和 WBCSD-CSI 的排放因子，并不能充分反映我国各地区的情况。另外，为推进全国碳排放权交易市场建设，国家发改委于 2013 年底发布了《中国水泥生产企业温室气体排放核算方法与报告指南（试行）》。这些成果反映出我国在企业温室气体排放核算方面取得了巨大进步。

（3）本研究情况。水泥行业的生产工艺比较单一，排放机理比较简单，各家机构提出的碳排放核算方法学相差不大。与其他机构提出的核算指南相比，本研究提出的核算指南考虑了"层级"的概念，要求企业根据不同的不确定性水平要求，选取相应的活动水平和排放因子的数据来源。在技术细节上，为简化企业碳排放核算过程，本研究没有要求企业分别计量熟料和矿渣、电石渣等掺烧原料中的氧化钙含量，而是通过生料烧失量予以考虑，同时提供了废弃物处理的碳排放核算方法。

3）中国水泥行业企业温室气体 MRV 方法的结论和建议

（1）目前国内在企业碳排放的 MRV 方面已经有了充分的研究和实践经验，但仍缺乏标准性文件，各地的核算方法并未完全统一，距离全国统一碳排放权交易市场的要求仍有差距；建议以本项目研究成果及其他相关指南和实践经验为基础，尽快出台水泥企业碳排放核算与核查的国家标准。

（2）为进一步提高企业碳排放数据的准确性，建议充分发挥各地 CDM 服务中心、水泥质检中心、水泥行业协会的作用，进行全国范围的调研，了解各地区的生料、熟料组分情况，并确定碳排放因子。

（3）建立水泥企业碳排放核算的数据统计体系，包括分品种能源消费量、生料使用量、熟料产出量、窑炉粉尘和旁路粉尘量，以及余热发电量、废物处理量、废物含碳量等数据。

3.4.3 企业温室气体监测、核算、报告、核查技术规范研究

1. 中国企业碳排放评价方法标准化研究报告

企业作为减排任务的最终落实者，开展和强化其温室气体排放的核算、报告和核查，不仅是当前国际应对气候变化体系当中的重要环节，还是保障我国顺利开展碳排放交易的重要技术支撑。本部分研究在对国际现有企业温室气体核算标准及其方法学内容进行深入比对分析的基础上，识别了我国进行企业级温室气体排放核算所面临的问题。

随着全球对温室气体减排重视程度的上升，各种针对温室气体排放的核算工具和标准也不断涌现，当前国际上较为通用的温室气体核算指南主要有三类，分别是政府间气候变化专门委员会（IPCC）开发的《IPCC 国家温室气体清单指南》、世界资源研究所（WRI）和世界可持续发展工商理事会（WBCSD）开发的《温室气体议定书》（GHG Protocol），以及国际标准化组织（ISO）制定的系列温室气体量化、报告和核查标准（14064-1，2，3）。

当前企业级核算标准总体上趋于不断成熟和完善，同时也表现出一些具有自身特点的变化趋势。

一是基于行业特点的企业温室气体排放计算方法正被广泛关注，与其配套的行业数据的收集与特异化工作也在不断强化。

二是向企业价值链延伸与向企业内部设施聚焦是目前存在的两种趋势。现有的企业温室气体排放核算方法国际标准主要关注与企业直接相关的排放，但随着企业社会责任等理念的推行，目前与企业价值链相关的上下游排放也逐渐成为关注点。

三是企业层面标准化工作对温室气体管理整体工作起到了重要的支撑作用。企业温室气体排放核算与管理标准化工作已经并正在被众多自愿性的温室气体管理体系所采纳。

中国在制定企业温室气体排放核算标准中，在某些关键问题上面临着一些问题和困难，主要包括核算边界的确定、适用范围的确定、活动水平数据的获取、排放因子的获取等方面问题。

2. 工业企业温室气体排放核算和报告通则

为了配合我国碳排放管理标准化工作的发展需求，以及应对国际碳排放管理相关标准的具体要求，作为"十二五"国家科技支撑计划课题"我国主要行业温室气体检测与核算技术研究"的主要产出之一，该标准在国家发改委和国家标准化管理委员会的支持下，

具体由中国标准化研究院牵头起草。归口全国碳排放管理标准化技术委员会（SAC/TC548）。为了配合国家发展和改革委员会发布的 10 个行业企业温室气体排放核算方法与报告指南（发改办气候〔2013〕2526 号），本标准名称由"工业企业温室气体排放量化方法和报告指南"修改为"工业企业温室气体排放核算和报告通则"，于 2015 年 11 月 19 日正式发布。

通过这一标准的实施，可以帮助企业加强对企业温室气体排放的了解与管理，掌握可能的减排机会；参与自愿性温室气体行动；应对强制性温室气体控制要求；参与市场化的温室气体减排行动。

本标准规定了工业企业温室气体排放核算与报告的术语和定义、基本原则、工作流程、核算边界确定、核算步骤与方法、质量保证、报告要求等内容。本标准用于指导行业温室气体排放核算方法与报告指南的编制，也可为工业企业开展温室气体排放核算与报告活动提供方法参考。

3. 企业温室气体管理体系的建立与运行

企业作为温室气体排放的主体，如何帮助企业建立温室气体管理体系，规范企业温室气体核算方法，进而加强企业对温室气体排放的科学管理，降低温室气体的排放强度，直接关系到我国碳强度减排目标的实现以及低碳化的发展进程。本部分研究在对现有的能源管理体系和环境管理体系的主要内容和实施方式进行全面的对比分析的基础上，提出了对现有的管理标准进行有机整合并建立实施企业温室气体管理体系的总体方案和具体技术内容。

环境管理体系和能源管理体系分别对环境要素和能源要素的管理提出了相对明确的要求，但它们均对温室气体排放这一要素关注不够，没有提出明确而具体的管理要求，对企业温室气体管理工作的实际操作不能提供更多的指导和建议。而温室气体核算和核查等标准对企业温室气体管理工作，包括温室气体目标（指标）的确定、监测、绩效考核、人员管理、能力建设、改进方案的实施等方面缺少系统化、体系化的设计。

在综合分析的基础上，建议温室气体管理体系应参考能源与环境管理体系的基本要素建立其指标要素，内容可包括但不限于：①温室气体管理体系总体要求，其中可包括管理分工、最高管理者要求、管理者代表要求等；②企业温室气体管理策划，其中可包括法律法规及其他要求、温室气体因素的识别、分类和量化、温室气体排放限额基准确定、温室气体目标（指标）与温室气体管理实施方案等；③实施与运行，其中可包括能力建设（培训等）、信息交流、文件控制要求、运行控制要求、工艺设计与改进、产品、设备和材料采购等；④检查，其中可包括监测、测量与分析、合规性评价、温室气体的内部审核、纠正措施和预防措施、记录控制等；⑤持续改进，可包括管理绩效评估、改进方案制定和实施等。

3.4.4　建筑、交通领域温室气体监测核算技术开发

1. 城市交通温室气体监测与核算方法研究的技术思路

城市交通排放属于移动源排放，根据《IPCC 2006 国家温室气体清单指南》，交通部

门（移动源）温室气体排放可以分为两种方法：一是"自上而下"，基于交通工具燃料消耗的统计方法计算；二是"自下而上"，基于不同交通类型的车型、保有量、行驶里程、单位行驶里程燃料消耗等数据计算燃料消耗，从而计算温室气体排放。国外由于具有较完善的能源统计手段，皆可采用两种方法核算城市交通温室气体排放。但我国在国家层面上缺少城市交通能耗统计数据，在城市层面也缺少各类交通工具的运输量和能耗数据，不管采用何种方法，核算城市交通温室气体排放的难度较大，而且精确度较低。

城市交通是一个复杂的大系统，主要包括城市客运交通和城市货运交通。其中，客运交通是城市交通的重要组成部分，在整个城市发展中不可缺少。签于城市交通的复杂性和城市客运交通的重要性，通过多次讨论，确定本专题重点研究城市客运交通运营企业的温室气体监测、核算和报告，即针对从事城市客运交通运营服务的具有独立法人资格的实体（以下简称"城市客运交通企业"），如公交公司、地铁公司、出租车公司等运营单位的温室气体监测、核算和报告。

在设计城市客运交通企业温室气体监测、核算和报告方法时，现场多次调查了城市客运交通行政管理部门、不同类型的城市客运交通企业和交通工具的驾驶员，分析总结了我国不同类型城市客运交通企业的能源消耗特征、能源计量方法和能源统计现状。通过对比和分析国内外城市交通温室气体排放核算与核查方法，提出了我国城市客运交通企业温室气体监测、核算和报告方法，该方法的主要内容和特点如下：

（1）明确了报告主体的核算边界。

（2）在温室气体核算和报告范围方面，明确城市客运交通企业的温室气体排放包括直接排放（又包含固定源排放和移动源排放）和间接排放。

（3）在交通工具移动源排放核算时，按公交公司、地铁公司、出租车公司三种类型，分别介绍了不同类型企业的能源活动水平数据和排放因子的获取途径，便于报告主体简单、明了的核算和报告本单位的温室气体排放。

（4）在保证核算结果精确度方面，采用两个层级划分活动水平数据和排放因子的精确度水平，并建议优先采用层级一数据。

为对该方法的可操作性进行验证，选用齐齐哈尔中通公交公司、公共交通集团（控股）有限公司、天津滨海新区公共交通集团有限公司和天津银健出租车公司相关年份的温室气体排放进行核算。

2. 城市建筑温室气体监测与核算技术开发的技术思路

建筑温室气体排放总量大，是减排的重点领域之一，然而，由于存在建筑数量多，单体建筑排放量少、计量和监测困难等实际难题，从全球范围看，建筑的温室气体排放核算问题一直是一个管理性难题，相对工业领域，对建筑的温室气体排放边界线划分、建筑温室气体排放的组成内容等问题存在争议，国内外对建筑温室气体排放核算尚没有形成系统和一致的方法，确定建筑温室气体排放基准线则更加困难，进而制约着建筑领域碳交易的开展。建筑温室气体核算核查方法研究涉及技术和管理问题，除满足一般性的原则外，方法的可操作性是关键。

本研究从分析建筑温室气体排放特征入手，在对比和分析国内外现有的建筑温室气体排放核算与核查方法基础上，提出适合我国经济社会发展水平的核算方法的设计思路和要点，采用两个层级划分活动水平数据和排放因子的精确度水平，针对集中采暖建筑的温室气体排放核算难点和重点，提出适合我国各地气候分区、适合公共建筑和住宅建筑的温室气体核算模式，进而建立统一、科学合理、可操作性强的核算方法。选取位于严寒地区的齐齐哈尔市具有代表性的住宅小区、公共建筑作为实际对象进行核算，并核算了热电联产、区域供热和电采暖住宅小区的碳排放范围，对进一步确定基于项目减排的核算基准提供了重要的参考依据，进而为我国建筑领域开展碳交易工作提供核算和监测技术与管理依据。

本研究的创新点集中在数据精度控制和集中供暖活动温室气体排放核算等方面。一是明确了报告主体、核算的物理边界和运行边界。能够对单元房、独栋或多栋建筑进行物业管理，并实现独立能源统计的民用建筑的业主单位、租用单位或物业管理公司。二是针对国内外建筑温室气体排放核算的数据不确定性大、精度不高的共性难题，本研究引入两个层级用于确定和划分活动数据、排放因子等数据精度分级，其中，活动水平数据层级一就有票据评凭证法、面积公摊法和单耗法等，使本核算方法既适用于快速计算，也适用于精确计算基于项目减排的排放基准，为建筑领域开展碳交易提供了灵活的核算依据。三是针对集中供暖活动这一建筑温室气体排放核算的难点和重点提出可行的核算方法。集中供暖建筑的采暖活动温室气体排放属于间接排放，按照采暖终端能耗计算出的排放量与实际存在较大差异，需要采用建筑所在的集中供暖系统的单位供暖面积温室气体排放强度数据，结合建筑采暖面积进行核算。针对热电联产供热活动需要收集采暖季的供热量、电耗和采暖面积，针对区域供暖锅炉还要收集燃料种类、低位热值、碳氧含量等数据，进而按照本研究提出的核算方法，计算出集中供暖活动的温室气体排放强度。

本核算方法涉及排放因子和集中供暖排放强度等公用数据需要政府主管部门应及时公开相关的排放因子数据，同时呼吁及早把供热企业的排放强度数据纳入企业信息公开的项目。

3.5　中国碳排放交易试点工作分析与支撑技术

"十二五"期间开展了对碳排放交易中关键的制度设计问题进行理论与实证研究，在理论研究的基础上提出合理的、可操作的碳排放交易运行方案；比较分析国内相关试点省、市碳排放交易支撑技术，为碳排放交易平台试点建设与示范提供参考。在碳市场试点案例研究方面，开展了以重庆市为试点，研发碳排放交易平台重要支撑技术，构建重庆市碳排放交易平台，进行重庆市碳排放交易试点及运行维护技术示范。同时，通过对国际国内不同碳排放交易市场的运营经验、减排效果、监管和相关政策研究，提出建立我国碳排放交易体系的近中期方案和长期战略，促进国内碳排放交易服务产业发展。

3.5.1　国内碳排放交易试点工作的分析与建议

1. 国内碳排放交易试点工作的启动情况

中国"十二五"规划纲要明确提出了碳强度降低 17% 的目标，为此，国务院于 2011 年底印发了《"十二五"控制温室气体排放工作方案》，国家还编制了《国家应对气候变化规划（2011—2020 年)》和《国家适应气候变化总体战略》。2012 年 6 月，国家发改委颁布实施了《温室气体自愿减排交易管理暂行办法》，并于同年 9 月出台了《温室气体自愿减排交易审定与核证指南》。

2011 年 11 月，国家发改委下发了《关于开展碳排放权交易试点工作的通知》，北京、上海、天津、重庆、湖北、广东和深圳一起，成为碳排放交易的试点省市。按照国家发改委要求，在 7 省市启动碳交易试点。"十二五"期间主要是做好试点工作，探索和积累经验，"十三五"将进一步扩大试点范围，逐步建立全国性的碳交易市场。2013 年 6 月 18 日深圳率先拉开碳排放交易的帷幕之后，上海、北京、广东和天津分别于当年 11 月 26 日、11 月 28 日、12 月 19 日和 12 月 26 日相继启动碳交易。2013 年也被称为中国碳交易的元年。筹备多时，湖北省碳排放交易于 2014 年 4 月 2 日正式上线。随后在 6 月 19 日，最后一个碳交易试点——重庆也正式宣布开市，中国碳排放交易试点的七兄弟已经聚齐。7 个试点省市纳入碳交易的企业超过两千家，配额规模超过 12 亿 t，中国成为仅次于欧盟的全球第二大碳市场。深圳、上海、北京、广东、天津 5 个试点纷纷迎来了首个履约期，配额发放是否合理、MRV 体系是否规范、企业履约意识是否到位等问题都会——得到测试和体现。

2. 七省市试点方案对比分析

1）试点方案对比

碳排放交易方案的设计要素主要包含覆盖范围、配额分配、监测报告与核查制度、交易制度（灵活机制、处罚制度、交易平台）等内容。表 3-16 ~ 表 3-19 是对 7 省市试点方案的对比分析（根据各试点地区发改委公布的相关资料整理）。

表 3-16　覆盖行业、企业范围

试点省市	强制交易企业范围	排放报告企业范围
北京	市内固定设施年 CO_2 直接排放量与间接排放量之和大于 1 万 t（含）的单位；435 家	市内年综合能耗 2000tce（含）以上的用能单位
上海	工业：钢铁、石化、化工、有色、电力、建材、纺织、造纸等工业行业 2010 ~ 2011 年中任何一年 CO_2 排放量 2 万 t 及以上；非工业：航空、机场、铁路、宾馆、金融等非工业行业 2010 ~ 2011 年中任何一年 CO_2 排放量 1 万 t 及以上；191 家	2012 ~ 2015 年中 CO_2 年排放量 1 万 t 及以上的企业
天津	钢铁、化工、电力热力、石化、油气开采等重点排放行业 2009 年以来排放 CO_2 2 万 t 以上的企业或单位；114 家	

续表

试点省市	强制交易企业范围	排放报告企业范围
广东	电力、水泥、钢铁、陶瓷、石化、纺织、有色、塑料、造纸等工业行业中2011～2014年任一年排放2万tCO$_2$（或综合能源消费量1万tce）及以上的企业；242家	2011～2014年任一年排放1万tCO$_2$（或综合能源消费量5000tce）及以上的工业企业
湖北	2010～2011年中任何一年综合能源消费量6万tce及以上的重点工业企业；138家	年综合能源消费量8000tce及以上的独立核算的工业企业
深圳	首批：电力等重点的碳排放行业全部纳入，年排放量2万tCO$_2$及以上的工业企业纳入控排范围；635家 未来：年碳排放总量达到5000tCO$_2$e以上的企事业单位；建筑物面积达到20km^{2}以上的大型公共建筑物和10 km^{2}以上的国家机关办公建筑物	年碳排放总量3000t以上但不足5000tCO$_2$e的企事业单位
重庆	2008～2012年中任一年度直接和间接排放在2万tCO$_2$及以上（按年综合能耗1万tce及以上认定）的工业企业。200余家	年排放在1万tCO$_2$及以上（按5000tce及以上认定）的工业企业

表 3-17　配额分配

试点省市	配额分配（量）	免费/有偿
北京	企业（单位）年度CO$_2$排放配额总量包括既有设施配额、新增设施配额、配额调整量三部分； 既有设施配额发放采用基于历史排放总量（制造业、其他工业和服务业企业）和基于历史排放强度（供热企业和火力发电企业）的方法； 新增设施CO$_2$排放配额按所属行业的CO$_2$排放强度先进值进行核定	免费分配
上海	对于工业（除电力行业外），以及商场、宾馆、商务办公等建筑，采用历史排放法；对于电力、航空、港口、机场等行业，采用基准线法	免费分配
天津	同行业，采用统一的分配原则和分配方式。不同行业，在市场化程度、竞争力、技术水平、能耗和碳排放强度下降目标、减排潜力等方面存在差异。不同企业，减排成本和发展潜力存在差异；对于已采用节能减排技术的新型企业和污染严重的落后企业予以不同的配额；对率先实行减排、积极参与市场交易的企业给予优惠和奖励。 纳入企业配额包括基本配额、调整配额和新增设施配额。依据企业既有排放源活动水平，向纳入企业分配基本配额和调整配额，基本配额和调整配额合称既有产能配额。因启用新的生产设施造成排放重大变化时，向纳入企业分配新增设施配额。 对电力、热力、热电联产行业的纳入企业依据基准法分配配额。对钢铁、化工、石化、油气开采等行业的纳入企业采用历史法分配配额。以历史排放为依据，综合考虑先期减碳行动、技术先进水平及行业发展规划等，向纳入企业分配基本配额	免费分配

试点省市	配额分配（量）	免费/有偿
广东	在配额计算方法上，控排企业的配额为各生产流程（或机组、产品）的配额之和。根据行业的生产流程（或机组、产品）特点和数据基础，使用基准法或历史法计算各部分配额。新建项目企业的配额为项目投产后各生产流程（或机组、产品）的配额之和。根据行业的生产流程（或机组、产品）特点和数据基础，使用基准法或能耗法计算各部分配额	2013~2014 年：97% 免费，3% 有偿；2015：90% 免费，10% 有偿
湖北	配额总量包括年度初始配额、新增预留配额和政府预留配额。 年度初始配额 = 2010 年纳入企业碳排放总量×97% 新增预留配额 = 碳排放配额总量 − （年度初始配额+政府预留配额） 政府预留配额 = 碳排放配额总量×8% 企业配额分配采用历史法和标杆法相结合的方法计算	企业初始配额免费分配 政府预留配额的 30% 用于公开竞价
深圳	首批纳入的 635 家工业企业在 2013~2015 年获得的配额总量合计约 1 亿 t，到 2015 年，这些企业平均碳强度比 2010 年下降 32%，年均碳强度下降率达 6.68%	免费分配
重庆	对排放设施在 2012 年 12 月 31 日前投入运行的企业，以 2008~2012 年的最高年度排放量作为基准排放量，根据政府部门的减排控制目标，逐年递减分配 2013~2015 各年度配额。企业排放设施转移出本市或关停的，需收回相应的配额	免费分配

表 3-18 核查方法

试点省市	核算行业	核算边界	温室气体	核算方法	报告
北京	供热、火电、水泥、石化、其他工业、服务业	独立法人，与生产经营活动相关的直接排放和间接排放	CO_2	基于计算的方法和基于测量的方法	排放主体编制，第三方核查机构核查
上海	电力及热力、纺织及造纸、非金属、钢铁、航空、有色、建筑等	独立法人，与生产经营活动相关的直接排放和间接排放	CO_2	基于计算的方法和基于测量的方法	排放主体编制，第三方核查机构核查
天津	钢铁、化工、电力热力、石化、油气开采	具有独立法人（或视同法人）资格的企业在其厂界区域和运营管理范围内的直接和间接排放	CO_2	基于计算的方法和基于测量的方法	排放主体编制，第三方核查机构核查
广东	电力、水泥、钢铁、炼油、乙烯	独立法人，与生产经营活动相关的直接排放和间接排放	CO_2	基于计算的方法和基于测量的方法	排放主体编制，第三方核查机构核查

续表

试点省市	核算行业	核算边界	温室气体	核算方法	报告
深圳	电力、供水、制造业	组织拥有或控制的直接和间接排放	6种温室气体	基于计算的方法和基于测量的方法	排放主体编制，第三方核查机构核查
重庆	电力、冶金、化工、建材、其他工业	独立法人，与生产经营活动相关的直接排放和间接排放；不包含特殊排放	6种温室气体	基于计算的方法和基于测量的方法	排放主体编制，第三方核查机构核查

表3-19　交易机制

试点省市	抵偿	储蓄	借用	惩罚机制	交易平台
北京	使用比例不得高于当年排放配额数量的5%	允许	不允许		北京环境交易所
上海	不得高于5%	允许	不允许	责令履行配额清缴义务，并可处以5万元以上10万元以下罚款	上海环境能源交易所
天津	不得高于10%	允许	不允许		天津排放权交易所
广东	不得高于10%	允许	不允许	三倍价格罚款	广州碳排放权交易所
湖北	不得高于10%	允许	不允许	一至三倍价格罚款；双倍扣除	湖北碳排放权交易中心
深圳	不得高于10%	允许	不允许	三倍价格罚款；单倍扣除	深圳碳排放权交易所
重庆	不得高于8%	允许	不允许	三倍价格罚款；单倍扣除	重庆联合产权交易所

2）主要特点分析

通过以上对比，可以看出，各省市试点方案的主要特点如下：

（1）不同试点地区碳交易体系覆盖的行业不同，北京、上海将部分非工业部门纳入交易体系，体现城市化、工业化较发达地区开展碳交易的内在要求；天津、广东、湖北、重庆的交易覆盖范围聚焦工业部门，力求通过碳交易市场助力产业结构调整、淘汰落后产能。

（2）不同试点地区碳交易体系中企业（部门）纳入标准不同，多数地区为2万tCO_2e（天津、广东、深圳、重庆），上海区分工业（2万tCO_2e）和非工业（1万tCO_2e），北京为1万tCO_2e，湖北按年综合能耗6万tce设定。

（3）不同试点地区的配额分配方法不同，考虑到行业差异、先期减排、新增产能、动态调整等因素，各地区在配额计算细节上有较大差异，北京充分考虑了配额调整、上海充分考虑了先期减排、广东按生产流程计算配额。

（4）除广东考虑有偿分配外，其余试点地区首批均为免费分配；湖北对政府预留配额的30%进行公开竞价，用于价格发现。

（5）由于纳入交易的行业不同，各地区自行建立的 MRV 体系也不尽相同。

（6）各地区均允许配额储蓄，不允许配额借用，使用核定减排量（CCER）比例有差异（5%、8%、10%），超排的惩罚标准不同。

3. 中国构建统一碳交易市场的对策建议

针对中国建立全国统一碳交易市场面临的困难，提出以下建议仅供参考：

（1）自顶向下，建立国家统一市场与地方独立管理的碳交易市场体系，允许在国家统一市场下各省之间的差别化情况存在（如国家统一确定碳交易覆盖的行业和纳入标准，但允许各地区在减排目标、纳入行业等方面有所区别）。

（2）加快能力建设，培养国内碳交易相关咨询服务机构、核查机构和专业技术人员。

（3）尽快构建全国统一的 MRV 体系，使不同地区的温室气体排放报告和核查有相同的标准可遵循。

（4）尽快启动实施企事业单位碳排放报告制度，覆盖尽可能多的行业和组织。

（5）号召企事业单位主动培养本单位碳交易相关技术人员和从业人员，尽快完善本单位能源统计制度和温室气体排放核算制度。

（6）从全国层面构建统一的碳交易平台和信息化平台。

（7）以人大立法的方式或以政府规章制度的方式引入相关碳交易相关管理办法。

（8）明确碳交易市场监管机构，制定碳交易市场监管法规，完善碳交易信息披露制度，对碳交易市场的运作进行定期调查和评估。

3.5.2 碳排放交易支撑技术研究与示范

碳排放限制已成为目前我国社会经济发展中面对的主要资源环境压力，利用市场机制，建立有效的碳排放交易市场和规则，把碳排放权进行流通和交易，是解决我国节能减排相关问题的有效路径之一。

《我国国民经济和社会发展十二五规划纲要》提出要"逐步建立碳排放交易市场"。2011 年 11 月，国家发改委批准重庆与北京、天津、上海、湖北、广东、深圳等 7 个省市开展碳排放权交易试点工作。根据国家政策和发展规划，在高能耗典型行业实施碳排放权交易，不但能够调节行业结构和能源结构、提高碳排放权利用率，有效应对气候变化问题。更重要的是，在研究和建设高能耗典型行业碳排放交易市场，并促成现实中的碳排放权交易的同时，能够形成一套标准化的碳排放交易行业标准、标识和认证制度，温室气体排放统计核算制度，以及碳排放一致性核查与监管制度，这些技术、标准与经验是我国推广碳排放权交易市场建设重要而宝贵的前期经验。因此，碳排放交易中关键的制度设计和相关理论研究对支撑国内相关试点省、市进行碳排放交易提供技术保障，为碳排放交易平台试点建设与示范提供重要参考。

1. 基于多目标决策的 CO_2 排放权初始分配方法

探索一套区域碳市场的碳排放权分配方案不仅为试点城市分配模式的探索提供了重要

参考，而且也为全国碳交易市场的构建奠定了理论基础。而以何种科学合理的分配方式做到将排放权免费分配至各企业而又不伤害企业的各方利益，成为区域碳市场首要解决的问题。基于当前 CO_2 排放权初始分配现状分析，得出现有的研究大多数侧重从单一目标决策和区域层面进行排放权初始分配，而事实上参与排放权直接交易的主体却是企业，并且单一目标决策并不能有效调节控制各方的利益与矛盾。

构建的分配模型。分配模型是典型的多目标非线性规划数学模型，由于不同的企业发展战略的差异，对目标问题重心的抉择不同，选择对环境经济效益最优目标、减排费用最小目标、公平性目标及生产连续性目标赋予不同的权重，分别讨论不同的决策目标选择对各企业排放权分配结果。其中，①经济最优性目标，即是 CO_2 排放权分配结果有利于企业的总体经济效益达到最大化，从 CO_2 排放获得的经济收益和减排费用两方面进行定义，环境经济效益以单位 CO_2 排放对应的企业工业增加值产出进行定义，而企业减排依赖于技术进步，于是减排费用以 CO_2 减排对应的技术知识存量进行定义，其中技术知识存量以企业 R&D 技术投资额进行度量；②分配公平性是决策者所要考虑的另外一个重要问题，以各评价参数对应的加权基尼系数值之和定义公平性目标，其中采用熵权法求取各指标对应的权重值；③企业的发展和盈利依赖于整个生产运营的连续性，因而各排放企业获得的 CO_2 排放权数量应有相对的稳定性，以各企业分配到的 CO_2 排放权与历年的平均排放数量相比定义生产连续性目标。

通过构建一个以各企业的减排量为决策变量、以企业环境经济效益最大化、CO_2 减排费用和综合基尼系数值及 CO_2 排放量方差最小化为目标的 CO_2 排放权初始分配多目标决策优化模型，将该模型应用于具体企业 CO_2 减排任务分摊中，且对企业决策者的目标决策选择进行敏感性分析。研究发现：在多目标决策中，尽管各目标的权重设置对 CO_2 排放权最终分配结果有所影响，但总的变化趋势保持基本一致，表现出碳排放量越大其削减量越大。同时，研究发现减排成本较小、经济发展规模较好及公平性指标值较高的企业更可能承担较大的减排任务。

2. 碳价与边际减排成本评估

碳价是碳市场体系的核心要素，边际成本是碳价的重要影响因素之一，碳价和边际减排成本具有一定的关联性。根据碳排放权交易价格影响因素，定义了影子价格，在此基础上运用非参数 DDF 动态分析模型，以 2010 年的截面数据作为基期数据，对行业的边际碳减排成本进行估算。最后，结合碳排放权初始定价影响因素，进行了边际碳减排成本与碳排放权交易价格的关联性分析。研究发现，边际碳减排成本与碳排放呈负相关，控排企业通过购买市场价格较低的碳排放权，使得边际碳减排成本逐渐下降，而出售方的边际碳减排成本会逐渐升高。在碳市场建立之初，行业覆盖范围小，纳入控排的企业大多为急需减排的企业，很少有多余的碳排放权供出售，碳排放权市场上供小于求。通过市场机制的作用，碳排放权价格会逐渐攀升。这样的交易持续到跨行业间的边际碳减排成本均等化为止，即市场达到供需平衡，此时的碳排放权市场价格与边际碳减排成本相等。

3. 碳排放交易模拟平台开发

国内碳试点实践存在局限性，通过构建碳排放交易模拟平台，采用多主体建模思想，建立基于多主体的复杂系统演化模型，集成研究碳市场系统的内部和外部因素的耦合作用机制，同时对参与交易与减排行为策略互动的动态发展进行系统研究，为碳市场的管理和决策提供新的理论与方法。

利用所构建的碳排放交易模拟平台，分析了不同的减排目标下，市场参与者行为对市场配额供需基本面，以及碳市场运行价格的影响，并分析了在阶段性碳排放交易市场的设定下，企业减排技术投资的集聚性特征。模型能够有效模拟出现实市场中的动态性和容积关系等序列特性，体现了模型的鲁棒性。另外，我们发现初期市场的效率较低，与理性预期均衡的偏离会更大。但是在多阶段的市场中主体会通过学习不断接近均衡REE（rational expectations equilibrium）行为，市场的价格信号更有效。

从排放交易机制设计视角，交易模拟平台的研究成果可用于评估现实交易市场中交易细则变化对整个交易环境与减排有效性的影响，尤其是在试点地区，改变交易规则带来的调整成本较大，而本模型可以很好地提供相关压力测试结果，帮助政策制定者更好的理解交易规则变化可能带来的潜在影响，保障规则调整的顺利实施，在微观层面促进碳市场的稳健发展。

4. 全国统一碳市场对中国区域经济协调发展的影响

采用碳排放交易优化模型与中国多区域CGE模型（CE3MS），研究全国统一碳市场对区域经济发展与区域公平的影响。量化评估了全国碳交易市场对我国区域经济发展的影响，包括我国东中西部地区及不同省份居民福利改善，经济产出变化，产业结构调整，以及资本及劳动要素流动情况。相关研究成果将有助于政策制定者系统深入了解全国碳市场对我国区域经济与区域公平的影响，并为碳市场条件下优化政策机制设计（如配额分配方案）以促进区域协调平衡发展提供依据。

1）配额总量评估及确定的实证分析

碳市场总量的设定确保了碳排放权的"稀缺性"，是碳交易的理论基础和实践前提，基于面板数据，研究了基于公平性的区域碳排放总量确定方式。

首先从理论上分析了公平性评价参数对CO_2排放权分配的影响机制，其次从实证方面，根据区域划分聚类分析CO_2排放现状，并采用基尼系数法全面分析各评价参数的CO_2排放公平性，最后在差别对待、激励型、均衡型3种情景下，以重庆市40个区县为分配对象，研究基于公平性的行政区CO_2排放权总量分配方案设计。

基于K-均值聚类法对重庆市40个区县CO_2排放现状进行聚类分析的结果表明，重庆市CO_2排放存在中心城区和县域的显著差异，中心城区排放量较高，县域排放较低。基于基尼系数的CO_2排放权公平性分析结果表明，重庆市CO_2排放情况是不均衡的，并且主要集中在重庆九大主城区和十个中心城区，需要对其进行主要调整。本研究在3种不同的情景下，采用线性规划法实现对CO_2排放权的分配。采用此种方法分配后，在不同情景下所有指标的基尼系数均小于现状值且总和达到最小，与现状相比，分配后的排放结果更加公平，并且有效地控制了 CO_2 排放。

该成果研究确定的基于公平性的区域碳排放总量分配方案设计可以有效防止碳市场排放配额"稀缺性"不足和配额过多发放的情况，增加企业减排的动力，最终促进碳市场控排目标完成。该项成果不仅为其他碳交易试点地区的碳排放总量评估和分配提供了借鉴，也为全国统一碳市场的总量设定提供了一定的参考。

2）配额分配评价的实证分析

配额分配方案的选择直接决定了减排成本在履约企业及利益相关方的分摊方式，从而影响了企业的减排和履约成本。本研究尝试构建一套配额分配评价体系并将之应用在对广东碳试点配额分配制度是否合理的评价上。

以广东电力企业为样本，通过测算不同有偿配额比例下企业生产成本和利润率的变化，量化评估了有偿分配制度对企业成本的影响；将广东碳市场交易量、碳价动态数据的分析与该试点配额分配制度相结合，探索了二者之间的内在联系，评价了配额分配对市场流动性的影响；采用 DEA 模型测算分析了广东省碳交易机制的相对效率，以此作为评价广东碳排放配额分配制度是否合理的一个重要标准。

在对企业成本的影响方面，根据计算和分析结果绘制出的碳成本对企业影响的临界值图表明：规模较小、单耗越高的电力企业对碳成本的承受能力也越低；在对市场流动性的影响方面，广东一级市场占支配地位且计划色彩相对较浓，二级市场发展严重滞后，难以完全发挥市场对资源配置的决定性作用；在相对效率评估方面，模型评价结果表明广东碳交易机制 DEA 有效。

该成果构建的配额分配评价体系不仅适用于对广东分配制度的评价，还可推广到其他试点，有助于其他试点地区根据自身的实际条件和政策取向，在配额分配方式对企业成本、市场流动性的影响和相对效率等各方面进行平衡，选择和创新适合自己需要的配额分配方式，为全国统一碳市场的建立打下坚实的基础。

3）碳交易机制对经济社会发展影响的实证分析

碳交易会对宏观经济、能源消费和碳减排效果产生直接或间接的不同程度的影响，通过建立模型的方法，评估了上海碳排放交易机制对该地区经济的影响和对传统污染物的协同减排效应。研究中，在传统的 CGE 模型基础上加入能源和排放模块，构建了上海市能源-环境-经济 CGE 模型。结合上海市开展碳排放交易试点的背景，针对碳排放交易机制设计中所涉及的重要要素，如覆盖行业、分配方式、交易收入的使用途径等设计不同的情景，并应用上海市能源-环境-经济 CGE 模型模拟了在不同的市场就业条件下碳排放交易机制对经济系统产生的影响以及对传统污染物的协同减排效应。

碳交易市场对宏观经济的影响包括以下四个方面：经济影响上，如果碳交易导致的纳管行业所释放出来的劳动力不能及时被其他行业所吸收，则碳交易对 GDP 的整体影响为负，反之，则为正；行业产出上，覆盖全部行业时，碳交易价格最低，对高耗能行业的竞争力影响相对较小，对整体 GDP 的负面影响最大；分配方式上，免费分配能有效地降低企业产出和竞争力受到的负面影响，拍卖分配则可以使碳交易收入重新进入经济体，产生收入循环效应；节能减排上，碳市场与传统的大气污染物具有协同减排效用，能够促进与 CO_2 具有同源性的 SO_2 和 NO_x 等气体的减排。

厘清碳交易机制与宏观经济之间的关系，找出其中蕴含的规律，有助于在推进全国统一碳市场建设、制定经济政策、调控经济发展、完善碳交易体系和维护碳市场稳定时，实现经济与政策、内部与外部、当前与长远的协调配合，充分发挥碳市场资源配置和促进国民经济绿色发展的功能。

4）企业对碳市场认可度调查的实证分析

企业是碳排放权交易市场的主体，企业对碳市场的认可度和积极度直接影响着碳市场流动性的强弱、减排潜力的大小和市场有效性的高低。以北京市 CO_2 重点排放单位为调研对象，综合采用实地考察以及邮件发放、回收的形式，运用统一设计的问卷向被选取的调查对象了解情况、看法和意见的调查方法，分析调查了企业对碳市场的各种问题与态度。调查群体覆盖电力、热力、水泥、石化、其他工业和服务业（交通运输、信息技术、水利、教育）等 6 大行业，问卷设计主要涉及企业对碳市场的总体看法、企业碳资产管理情况、碳排放交易情况、核查履约和监督管理等 7 个方面的问题。

对企业总体看法类问题的调研，有助于找出影响企业参与碳市场行为意愿的关键因素；对企业碳资产管理情况类问题的调研，有助于了解企业碳资产管理水平；对交易情况类问题的调研，有助于了解企业的交易偏好和对碳价的接受程度；对核查履约类问题的调研，有助于确定影响履约率的因素；对监督管理类问题的调研，有助于发现当前的 MRV 机制的可改善之处。将调研结果与企业所在区域、行业特点以及试点地区碳市场运行表现进行综合对比分析，既可以发现隐藏问题、识别关键问题，又有助于找到已有问题的主要原因。

对企业碳市场认可度的调查是一种有效的辅助手段，结合相关市场运行数据和表现可以有效识别出需要解决的关键问题。在全国统一碳市场即将建立之际，合理运用调研手段，充分考虑企业意见，可以为考虑区域不平衡性的统一碳市场机制设计和政策建议的提出提供有效支撑。

3.6 小 结

1. 构建了碳减排综合模型，模拟评估了中国碳排放峰值、碳排放情景

"十二五"期间建立的模型体系特别是中国碳减排综合模型体系应用于我国碳排放达峰分析、我国主要碳减排情景的模拟等，根据研究成果形成了多份政策建议报告，根据研究成果发表的论文被 IPCC 第五次评估报告引用，所开发的模型模拟的 10 多个情景也入选 IPCC 情景数据库。

中国模型开发需要不断更新维护，扩展功能，考虑局域大气污染物与温室气体的协同减排、考虑能源与水的协调发展等问题；全球多区域模型需要不断完善，纳入全球碳市场模拟、国际合作等新议题。在"十三五"期间国家还需要持续资助模型开发，保持并壮大研究队伍，争取在 IPCC《第六次评估报告》时我国的模型能发挥更大的作用，并为国内政策制定提供更坚实的支撑。

2. 构建减排支撑技术筛选评估指标体系，提出减排支撑技术路线图，研究六大行业减排潜力与成本效益

"十二五"针对燃煤发电、钢铁、水泥、化工、建筑、交通六个主要排放行业特点，研究提出了行业减排支撑技术分类体系，构建了减排支撑技术筛选评估指标体系；对重点行业支撑技术减排潜力与技术成本效益进行系统分析，研究提出主要排放行业 2010~2050 年减排支撑技术路线图，形成行业技术集成示范；研究交通、建筑、化工、水泥、钢铁、燃煤发电等六个行业中长期减排潜力与成本效益。同时，科技部还组织编制了《节能减排与低碳技术成果转化推广清单（第一批）》（科学技术部公告 2014 年第一号）。第一批推广清单包括能效提高技术（共 10 项）、废物和副产品回收再利用技术（共 5 项）、清洁能源技术（共 3 项）、温室气体消减和利用技术（共 1 项）等四类技术。在"十三五"期间将继续研究并发布这四类技术的第二批推广清单，努力实现清单的长期滚动发布。

3. 完成了重点领域温室气体排放监测、核算、报告、核查方法学开发

根据我国各行业的温室气体排放情况以及国际经验，将选择能源消费、钢铁、化工、水泥、建筑和交通等领域，根据各个领域的特点，开发各个领域的针对企业和设施的温室气体排放监测、报告和核查技术体系，提出相应的方法学，选择相关领域的企业等进行所开发技术和方法学的示范和推广，以进一步评估和验证其可行性、准确性和成本等。为了保证各个领域的监测、报告和核查方法学和技术体系的一致性，研究完成了针对各个领域共性问题的一般性指南。"十二五"期间编制完成的方法学指南，一是全面提出了重点领域温室气体排放检测、核算、报告的全过程方法学；二是提供了基于计算和基于测量两种方法，企业可根据自身实际情况灵活选择；三是对于工艺生产过程的温室气体核算，提供了多种计算方法，便于企业选择适合自身的方法，提高了指南的适用性和可操作性；四是在数据源选取、不确定性计算、质量保证、信息管理等方面和国际上的同类行业方法学指南接轨，便于与国际同行业企业进行比较。

4. 构建重庆市碳排放交易平台，进行重庆市碳排放交易试点及运行维护技术示范

"十二五"期间主要做好碳市场的试点工作，探索和积累经验。重点对碳排放交易中关键的制度设计问题进行理论与实证研究，在理论研究的基础上提出合理的、可操作的碳排放交易运行方案；比较分析国内相关试点省、市碳排放交易支撑技术，为碳排放交易平台试点建设与示范提供参考；以重庆市为试点，研发碳排放交易平台重要支撑技术，构建重庆市碳排放交易平台，进行重庆市碳排放交易试点及运行维护技术示范。同时，通过对国际国内不同碳排放交易市场的运营经验、减排效果、监管和相关政策研究，提出建立中

国碳排放交易体系的近中期方案和长期战略，促进国内碳排放交易服务产业发展。

"十三五"期间将进一步扩大试点范围，逐步建立全国性的碳市场。从已投入运行的两省五市碳交易试点看，在区域配额总量设置、配额分配、碳排放核查、交易机制设计、信息化平台开发、企业能力建设等方面进行了积极探索并取得了丰硕的成果，在理论、数据和实践方面为全国碳市场的建立奠定了一定的基础。在此基础上，将继续围绕全国统一碳市场的构建、统一碳市场运行机制优化设计、碳市场运行效率的提升等问题开展研究，开阔研究思路，拓展研究方向，以实践促研究，以研究指导实践，为全国碳交易体系的设计和制度的制定提供支撑。

第4章 CO_2 捕获、利用与封存技术

在全球气候变化日益严峻的形势下，我国的能源利用与环境问题面临着极大的挑战，为了应对以 CO_2 为主的温室气体排放所带来的气候变化，我国从 2006 年开始发布了一系列与 CO_2 减排相关的政策规划，在"十二五"期间开始大力部署和促进 CO_2 减缓技术的示范工程和工业化应用，并积极与欧盟、美国、澳大利亚等国家开展多边国际合作，取得了良好的成效。

本研究主要调研"十二五"期间我国 CO_2 减缓技术相关的政策规划与项目部署及进展情况，全面分析 CO_2 工业化利用技术，CO_2 捕集、运输与封存（CCS）等技术研发的特点、试点示范与商业化应用及成效，以及国际合作项目进展情况与取得的成效，期望对我国下一步的节能减排、气候变化、能源利用与经济发展等政策规划提供有力支撑。

4.1 "十二五"期间中国 CO_2 减缓技术的发展状况

4.1.1 总体发展状况

"十二五"期间，我国部署了 30 多个项目，分别在 CO_2 的捕集、运输、封存、化工利用和生物利用等方面开展 CO_2 减缓技术的研究和示范。

CO_2 利用技术包括化工利用技术和生物利用技术，其中化工利用技术大部分均处在技术的示范和研发阶段，生物利用技术大部分处于中试放大研发与示范工程建设阶段。"十二五"期间，中国科学院等单位开展了 CO_2 化工利用关键技术与示范研究，北京科技大学开展了冶金过程 CO_2 资源化利用研究。目前，江苏中科金龙化学公司千吨级 CO_2 共聚物生产线、新奥集团微藻固碳生物能源示范项目等已投产。

CO_2 减排技术涉及 CO_2 的捕集、运输和封存等方面。目前，我国燃烧前捕集技术处于中试阶段、燃烧后捕集处于工业化阶段、富氧燃烧技术处于研发示范阶段；CO_2 运输技术处于小规模示范阶段；咸水层封存已开展示范，强化石油开采技术处于工业应用的初期水平，驱替煤层气技术处于技术示范的初期水平，强化天然气开采、强化页岩气开采、增强地热系统等技术还处于基础研究阶段。

燃烧前捕集技术已开展示范项目，包括连云港清洁煤能源动力系统研究设施、华能绿色煤电 IGCC 电厂捕集利用和封存示范等；烧燃后捕集技术相对成熟，已开展大规模燃煤电厂烟气 CO_2 捕集、驱油及封存技术开发及应用示范研究，以及陕北煤化工 CO_2 捕集、埋

存与提高采收率技术示范、大唐国际高井热电厂燃气捕集示范项目等示范项目；华中科技大学开展 35MWt 富氧燃烧技术研究与示范，并对 O_2/CO_2 循环燃烧设备研发、35MWth 富氧燃烧碳捕获关键技术、装备进行了研发。

"十二五"期间，咸水层封存进入工业示范阶段，已开展年 10 万 t 规模的神华集团煤制油 CO_2 捕集和封存示范；强化石油开采技术处于工业应用的初期水平，已开展中石化胜利油田燃煤电厂 4 万 t/aCO_2 捕集与 EOR 示范、延长石油陕北煤化工 5 万 t/aCO_2 捕集与 EOR 示范、中石油吉林油田 CO_2 EOR 研究与示范等；驱替煤层气技术处于技术示范的初期水平，已开展中联煤煤层气公司 CO_2-ECBM 开采煤层气开采项目；强化天然气开采、强化页岩气开采等技术处于基础研究阶段，已开展 CO_2 强化页岩气高效开发等研究。

4.1.2 CO₂ 减缓技术研究的进展

1. CO₂ 利用技术

CO_2 利用技术包括 CO_2 化工利用技术和 CO_2 生物利用技术，现阶段各技术的发展状况是不平衡的。其中，我国的二氧化碳裂解一氧化碳制备液体燃料技术、二氧化碳加氢合成甲酸技术还处于实验室基础研究阶段，二氧化碳气肥利用技术总体初试阶段，钾长石加工联合二氧化碳矿化技术、微藻固定二氧化碳转化为生物燃料和化学品技术处于中试阶段，二氧化碳直接加氢合成甲醇技术、微藻固定二氧化碳转化为生物肥料技术处于研发和推广阶段，二氧化碳重整制合成气技术研究接近工业化生产阶段。本书对我国的二氧化碳利用技术的基础研究进展状况进行了调研，结果如下。

二氧化碳重整制合成气技术研究已接近工业化生产阶段。该技术的难点主要在于高活性、高稳定性廉价催化剂的构建和制备放大、耦合反应器的构建和过程放大。若能解决上述问题，该技术有望在 2~4 年完成产业化的技术示范。中国科学院上海高等研究院、中国石油大学、清华大学、华东理工大学等正在开展相关研究工作。

二氧化碳裂解一氧化碳制备液体燃料技术尚处于实验室基础研究阶段。该技术的难点主要在于氧载体材料极易烧结失活、高温反应器、产物分离及采集器件的研究和创制、高温对材料的挑战等。若能解决上述难点，该技术有望 5~8 年可形成技术的产业化初步示范。国内仅有中国科学院大连化学物理研究所、中国科学院山西煤炭化学研究所等少数实验室开展了相关工作。

二氧化碳直接加氢合成甲醇技术已经完成了部分中试，正进行技术示范的研发。目前该技术重点解决的技术瓶颈问题包括催化剂仍需改进和工业化生产、廉价氢气的来源。该技术有望在 5 年时间内形成 10 万 t 级示范装置，并形成 10 万 t 级的大规模产业化技术软件包。华东理工大学、厦门大学、天津大学、中国科学院上海高等研究院、大唐、神华等在做相关的研究，取得了较好进展，并初步形成我国自主知识产权技术体系。

二氧化碳加氢合成甲酸技术尚处于实验室基础研究阶段。当前，该技术的研究热点主要集中在高性能催化剂的研发，难点在于如何研发出高性能的廉价催化剂。

钾长石加工联合二氧化碳矿化技术目前处于技术研发阶段，正在开展中试研究。该技术的难点在于矿物活化和矿化渣的综合利用。要达到产业化水平，还需要 5~8 年的工业试验研究。四川大学、中国地质大学、瓮福集团等正开展相关研究工作。

微藻固定二氧化碳转化为生物燃料和化学品技术处于中试阶段。该技术存在优化工艺、降低成本的问题。新奥集团、暨南大学、中国科学院水生生物研究所、中国科学院海洋研究所、中国科学院过程工程研究所、中国科学院青岛生物能源与过程所、清华大学、华东理工大学等众多科研单位相继开展了微藻生物能源技术研究，在高产油藻种的选育与改造、高效微藻光反应器、高密度培养、高效加工等技术研究方面有了显著进步。

微藻固定二氧化碳转化为生物肥料技术正处于研发和推广阶段。目前推广该项技术的难点在于高浓度二氧化碳环境下能快速生长的固氮藻种的筛选和遗传改良、需要较大面积的土地、固氮蓝藻作为生物肥料是否提高稻田甲烷的排放量。该技术目前已有较好的基础，有望 2~3 年突破关键技术。

二氧化碳气肥利用技术总体处于初试阶段。集成了温室 CO_2 监测、存储与注入、CO_2 浓度与作物生长阶段匹配调控技术的捕集 CO_2 温室气肥利用技术尚未有成熟的或应用较广的产品。

2. CO_2 减排技术

CO_2 减排技术包括 CO_2 化捕集、运输、封存等，现阶段各技术的发展程度还很不一致。其中，我国的燃烧后捕集的膜分离法、二氧化碳强化深部咸水开采技术、强化天然气开采、强化页岩气开采、增强地热系统等技术还处于基础研究阶段，吸附法技术处于中试阶段。本研究对我国的二氧化碳减排技术的基础研究进展状况进行了调研。

燃烧后捕集的吸附法技术和膜分离法技术尚未成熟。吸附法技术处于中试阶段，发展瓶颈在于吸附容量。目前，金属有机物框架（MOF）是比较有前景的吸附剂之一。膜分离法技术尚处于实验室研究阶段，技术难点是受到膜成本的限制。

二氧化碳强化天然气开采技术处于基础研究水平。强化采气技术可行性已获得一定程度的认可。要实现该技术的大规模推广，还需解决防止二氧化碳与天然气过早混合的问题、相变和焦耳–汤姆逊冷却效应。

二氧化碳增强页岩气开采技术处于基础研究水平。该技术的难点在于技术的机理与适用条件认识尚不充分、页岩在吸附二氧化碳后渗透特性是否变化、国内外对该技术的研究较少、关键技术还缺乏工程验证、配套设备尚待完善。中石油、中石化、中国石油大学（北京）、武汉大学等已开展相关研究。

二氧化碳增强地热系统尚处于基础研究阶段。该技术的难点在于开发高渗透性人工热储、热储建造过程和高压注入过程中的诱发地震及泄漏的风险预测、监测及控制技术、EGS 发电技术的效率和大规模部署的可行性尚未证实、规模化 EGS 工程选址等。该技术 10 年内进行商业推广的难度较大。吉林大学、中国石油大学、清华大学、武汉岩土力学研究所等已开展相关技术研究。

二氧化碳强化深部咸水开采技术具有二氧化碳强化石油开采技术相似成熟度，其相关技术可以有效借用。但二氧化碳驱替咸水的有效开采、二氧化碳规模化封存的安全风险、咸水的高效低成本 RO 净化等方面仍需要一定的深入研究和工程示范。

4.1.3 示范项目

1. CO$_2$ 利用的工业示范项目

1）CO$_2$ 利用技术工业化发展的总体情况

"十二五"期间，我国 CO$_2$ 利用技术已有部分技术开展工业示范。其中，二氧化碳合成碳酸二甲酯技术的酯交换法和氧化羰基化法、钢渣矿化利用二氧化碳技术、二氧化碳合成可降解聚合物材料技术、磷石膏矿化利用二氧化碳技术等已进入工业示范，微藻固定二氧化碳转化为食品和饲料添加剂技术已接近商业化的应用水平。

二氧化碳合成碳酸二甲酯技术的酯交换法和氧化羰基化法已经成熟。目前我国已经具备了 50 万 t/a 的生产能力；尿素醇解法已经完成了千吨级全流程中试，正在进行万吨级工业化示范。目前主要研究单位为中国科学院山西煤炭化学研究所和中国科学院上海高等研究院。

钢渣矿化利用二氧化碳技术已经进入工程示范阶段。国内首钢、宝钢、中国科学院过程工程研究所等对钢渣吸收二氧化碳进行了初步实验室研究。目前，在国家"十二五"科技支撑计划项目支持下，首钢和中国科学院过程工程研究所正在开展钢渣直接矿化 CO$_2$ 关键技术 5 万 t 级示范工程建设。

二氧化碳合成可降解聚合物材料技术已经进入技术示范阶段，预期 5 ~ 10 年将实现大规模产业化应用。国内已经有多家公司开展了相关产业化尝试，包括内蒙古蒙西高新技术集团公司、浙江台州邦丰塑料有限公司、江苏中科金龙化工有限公司。

磷石膏矿化利用二氧化碳技术已经开展长期的技术研究，并建立了工业运行装置。该技术的难点主要在于提高碳酸化转化率、缩短碳酸化反应时间、减少硫酸铵蒸发能耗、有效减少氨与硫酸消耗、强化碳酸化反应分离一体化的大型化装备的研发。解决上述难点尚需要 3 ~ 5 年时间。中国科学院过程工程研究所和中化集团目前合作开展 10 万 t 级/a 示范工程建设。

二氧化碳间接非光气合成异氰酸酯/聚氨酯技术已进入示范工程前期阶段，部分小品种异氰酸酯非光气生产技术已经建立产业化应用装置。该技术需要在催化剂放大制备、核心设备创制与全过程优化集成方面取得突破，难点在于降低生产原料生产成本、提高中间体合成的催化效率、提高缩合反应效率和实现产品可控、实现热解制备 MDI 过程的连续化反应和开发专属设备。中国科学院兰州化学物理研究所、河北工业大学、天津大学、中国科学院成都有机化学有限公司等开展了相关研究；中国科学院过程工程研究所研究了尿素反应耦合法合成 MDI 清洁工艺技术，已经研制出高活性、高选择性催化剂，目前已经进入千吨级工业化中试阶段。

微藻固定二氧化碳转化为食品和饲料添加剂技术已接近商业化的应用水平。目前推广该项技术的难点在于高浓度二氧化碳环境下能快速生长的雨生红球藻的筛选和遗传改良、提高虾青素产量、降低成本和价格的生产方法。湖北荆州天然虾青素公司、云南爱尔发生物技术有限公司、山东威福思特生物技术有限公司、昆明白鸥微藻技术有限公司等已开展虾青素微藻的培养工作。

2）CO_2 利用技术的具体示范项目

"十二五"期间，我国 CO_2 利用技术的示范项目包括中国科学院承担的 "CO_2 化工利用关键技术与示范"、四川大学、中国石化和中科院过程所联合开展的 "低浓度尾气 CO_2 直接矿化磷石膏联产硫基复肥关键技术研究与工程示范"、江苏中科金龙化工股份有限公司承担的 "中科金龙 CO_2 制备化工产品和原料项目"、四川大学和中国石化集团承担的 "二氧化碳矿化利用技术研发与工程示范"、新奥集团承担的 "微藻固碳生物能源示范项目" 等。

专栏4-1 CO_2 化工利用关键技术与示范

承担单位：中国科学院

项目类型：国家科技支撑计划项目

时间：2013 年 1 月 ~2014 年 12 月

主要内容：

二氧化碳反应催化剂研发与放大、反应器的研发与制备；CO_2 废气提浓脱氧净化技术、多组分复合催化剂的制备及放大技术及高效移热反应器构建和设计技术；CO_2 吸附分离、MPC 合成、MDC 催化缩合、MDC 低温热解、催化剂放大制备等工艺、设备研究与优化；高效低成本二氧化碳基塑料合成关键技术和工艺的开发、物理和化学改性方法、低成本在线改性技术及二氧化碳塑料生产线建设及调试、二氧化碳基聚氨酯装置调试运行；碳酸乙烯酯与丁二酸二甲酯耦合制备 PES 和 DMC 新工艺催化剂研究及模试放大装置研制、设计、实验室小试工艺优化及工业示范装置建设、设备安装、调试。

工作进展：

目前已经完成催化剂的性能研发成型工艺、反应器的设计、双氨基功能化离子液体 CO_2 的吸收性能规律、CO_2 加氢制甲醇催化剂的合成、低浓度 CO_2 新型吸附剂、千吨级二氧化碳基聚氨酯示范装置、有机金属骨架材料 MOFs 催化剂等研究，建成 10t/a 的单管反应器设计、3 万 t 级二氧化碳基塑料生产线，正在进行二氧化碳催化剂的放大、反应器的制备与调试、千吨级工艺包设计与关键设备选型、二氧化碳基塑料的低成本在线改性技术、3 万 t 级二氧化碳基塑料生产线和千吨级二氧化碳基聚氨酯装置调试运行。

专栏 4-2　低浓度尾气 CO₂ 直接矿化磷石膏联产硫基复肥关键技术研究与工程示范

四川大学和中国石化（中原油田普光气田、南京工程公司、南化研究院）及中科院过程所联合开展低浓度烟气 CO₂ 直接矿化磷石膏联产硫基复肥的关键技术创新、工艺装备研发、放大与工程示范。研究按计划任务书执行，已经对 4 个主要研究内容中的前 3 个展开了全面研究，并取得了预期阶段性成果，为下阶段进一步开展第 4 个方面研究（即普光气田尾气 CO₂ 直接矿化磷石膏工业示范装置建设）奠定了基础。

本研究以天然气工业酸性尾气低浓度 CO₂（体积浓度 15%）直接矿化利用为对象，关键技术创新研发及目标是：获得支撑尾气 CO₂ 直接矿化利用技术开发的 $NH_3–CO_2–SO_4–Ca–H_2O$ 五元三相体系 25～140℃ 温区、20～400 kPa 压力范围的热力学数据；建立相应条件下的化学反应动力学、结晶动力学、传质与分离动力学模型；形成工业烟气 CO₂ 直接矿化磷石膏联产硫基复肥全流程工艺包；形成该工艺关键装备设计与制造及自动控制技术；建立 8 万 t/a 规模的烟气 CO₂ 直接矿化磷石膏联产硫基复肥工业示范装置。

专栏 4-3　中科金龙 CO₂ 制备化工产品和原料项目

利用 CO₂ 为原料制备化工（低碳）新材料——聚碳酸亚丙（乙）酯、全生物降解塑料、高阻燃保温材料等，可以减量使用石油基资源，循环使用 CO₂，减少温室气体排放。江苏中科金龙化工股份有限公司已建成 2.2 万 tCO₂ 基聚碳酸亚丙（乙）酯生产线。该项目以酒精厂捕集的 CO₂ 为原料反应制备聚碳酸亚丙（乙）酯多元醇，用于外墙保温材料、皮革浆料、全生物降解塑料、高效阻隔材料等产品，每年 CO₂ 利用量约 8000t。

名称：中科金龙以 CO₂ 制备化工新材料项目

承担单位：江苏中科金龙化工股份有限公司

目标：循环使用 CO₂，减量使用石油基资源

规模：利用 CO₂ 约 8000t/a（已完成），2 万 t/a（2013 年前）、8 万 t/a（2015 年前）

专栏 4-4　二氧化碳矿化利用技术研发与工程示范

2013 年科技部支撑项目计划资助"二氧化碳矿化利用研发与工程示范"项目，由四川大学、中国石化集团、中科院过程所等单位共同承担并开展了 CO₂ 矿化转化磷石膏生产硫酸铵及硫基复肥、CO₂ 矿化钾长石生产钾肥等工作的研究，主要目标为利用 CO₂ 矿化反应，处理工业固废或天然矿物，联产化工产品。

截至 2014 年底，已经完成了"100Nm³/h 普光气田低浓度 CO₂ 尾气矿化磷石膏联产硫酸铵和碳酸钙"中试，完成工业过程实验数据采集，获得合格的硫酸铵及碳酸钙产品。建成"高浓度 CO₂ 矿化磷石膏中间试验装置"建设，完成钾长石矿化 CO₂ 实验室基础研究。

专栏4-5 低浓度尾气CO₂直接矿化磷石膏联产硫基复肥关键技术中间实验

承担单位：四川大学、中国石化集团

目标：研发 CO_2 尾气直接矿化磷石膏联产硫基复肥工艺关键技术

规模：$100\ Nm^3/h$

地点：中石化普光气田净化厂

技术：CO_2 直接矿化磷石膏

实施期：已完成中间试验，准备 $50\ 000Nm^3/h$ 工业装置的示范装置建设

现状：正在进行示范装置工程设计

CO_2 气源：天然气净化厂 CO_2 尾气

专栏4-6 新奥集团微藻固碳生物能源示范项目

河北省新奥集团开发了"微藻生物吸碳技术"，建立了"微藻生物能源中试系统"，实现微藻吸收煤化工 CO_2 的工艺。已建成中试系统包括微藻养殖吸碳、油脂提取及生物柴油炼制等全套工艺设备，年吸收 CO_2 110t，生产生物柴油20t，生产蛋白质5t。

在此基础上，新奥集团正与内蒙古达拉特旗建立"达旗微藻固碳生物能源示范"项目。该项目利用微藻吸收煤制甲醇/二甲醚装置烟气中的 CO_2，生产生物柴油的同时生产饲料等副产品，年利用 CO_2 2 万 t。项目于2010年5月开始动工，已于2011年7月完成一期工程建设，并于2012年3月投入运营。

专栏4-7 微藻固碳生物能源示范项目

承担单位：新奥集团

目标：利用微藻吸收煤制甲醇/二甲醚装置烟气中的 CO_2，生产生物柴油的同时生产饲料等副产品

规模：拟利用 CO_2 约2万 t/a

地点：内蒙古达拉特旗

技术：第三代生物能源技术

实施期：拟于2016年全面建成投产

现状：完成项目Ⅰ期工程建设和Ⅱ期规划

CO_2 气源：煤制甲醇装置烟气

捕集方式和技术：利用微藻直接捕集烟气中的 CO_2，同时 N、P 化合物作为营养物质被微藻吸收利用，无需对 CO_2 进行分离净化及加压处理。

2. CCS 减排技术工业示范项目

1) CO_2 减排技术工业化发展的总体情况

"十二五"期间，我国二氧化碳减排技术已有部分技术开展工业示范。其中，我国二氧化碳驱替煤层气技术处于技术示范的初期水平，燃烧前捕集技术、富氧燃烧技术、二氧化碳管道运输、咸水层封存等技术已开展示范，二氧化碳强化石油开采技术处于工业应用的初期水平，燃烧后捕集技术的化学吸收法技术相对成熟。

燃烧后捕集技术的化学吸收法技术相对成熟，应用最为广泛，在部分化工行业已有多年的工业应用经验。制约该技术商业化的主要因素是捕集能耗和成本过高。陕北煤化工 CO_2 捕集、埋存与提高采收率技术示范、大唐国际高井热电厂燃气捕集示范项目等已在积极开展 CO_2 燃烧后捕集的示范。

燃烧前捕集技术处于示范阶段。该技术的主要瓶颈是系统复杂、富氢燃气发电等关键技术还未成熟、新的 H_2/CO_2 分离技术和中高温耐硫变换等技术还未得到突破。华能天津 IGCC 电厂已开展相关研究，连云港清洁煤能源动力系统研究设施、华能绿色煤电 IGCC 电厂捕集利用和封存示范项目也在积极开展。

富氧燃烧技术处于小型示范阶段。该技术的发展瓶颈在于低能耗大规模制氧技术、酸性气体压缩技术和系统集成优化技术。目前，华中科技大学已开展相关研究与示范。

二氧化碳管道运输处于小规模示范阶段。该技术的难点在于大规模 CO_2 输送工艺、安全保障技术及大型装备。清华大学、华东理工大学等开展了二氧化碳管道网络运输建模与优化、碳排放限制政策下供应链运输模式选择与生产–库存策略等研究。

咸水层封存各技术要素的发展程度很不一致，其中监测与预警、补救技术等还仅处于研发水平。该技术重点考虑的安全性经济性问题包括安全监测、评价与风险控制、长寿命耐腐蚀井下材料设备、储层增渗与注气压力控制技术。目前，中国正在开展 10 万 t/a 规模的咸水层封存示范，相关技术和经验还在积累过程中。

二氧化碳强化石油开采技术处于工业应用的初期水平。与美国、加拿大等国家相比，我国在二氧化碳强化采油技术方面仍存在较大差距，主要包括：对陆相沉积油藏、较高密度、较高黏度原油的强化采油科学认识尚不充分，原油增产效果并未得到广泛的证实；高压、大排量二氧化碳注入、输送、分离回注、存储、二氧化碳检测、监测、防腐等设备尚未成熟成套；相关的融资、商业模式、区域基础设施、配套政策等尚未建立。

二氧化碳驱替煤层气技术处于技术示范的初期水平。目前，对该技术适用条件、系统优化、过程控制等方面的认识和经验尚不充分，技术难点在于低渗透煤层增渗技术、气体在煤层中的运移监测、全球范围内的大规模试验不多、现场试验结果差异较大。

二氧化碳铀矿浸出增采技术经过近 10 年的实验研究和工程试验，已在两座大型铀矿床中得以应用。该技术在我国大范围推广应用面临的主要技术难题是对我国不同类型的砂岩铀矿床的适宜性需要增强、铀矿床中二氧化碳、溶浸液、溶浸剂与矿物的相互作用与传质机理、提高低渗透、高碳酸盐砂岩型铀矿床的物理性质的有效技术、二氧化碳–地浸液体系中在地层内的低效率传质过程、砂岩型铀矿床高度非均质性降低了地浸液的波及范围和增加了地浸周期。预计经过 5～10 年的进一步发展和完善，该技术可在中国得到更大范围的推广应用。

2）CO_2 减排技术的具体示范项目

"十二五"期间，我国已开展 CO_2 减排技术的示范项目，包括中国国电集团天津北塘电厂开展的"国电集团 CO_2 捕集和利用示范工程"、中国科学院、江苏省、连云港市承担的连云港清洁能源创新产业园、华能集团承担的"华能绿色煤电天津 IGCC 电站示范工程"、华中科技大学承担的"35MWt 富氧燃烧工业示范项目"、中国神华集团的 10 万 t/a 的 CCS 示范工程、中国石化承担的"中石化胜利油田 CO_2 捕集和封存驱油示范工程"、延长石油承担的"延长石油陕北煤化工 CO_2 捕集、埋存与提高采收率技术示范"、中石油承担的"中石油吉林油田 CO_2 EOR 研究与示范"中联煤层气公司承担的"深煤层注入 CO_2 置换甲烷技术研究及装备研制"等。

专栏 4-8　国电集团 2 万 t/a CO_2 捕集和利用示范工程

　　中国国电集团在前期实验室研究的基础上，将于 2011 年底投运 CO_2 捕集中试装置；拟于 2016 年底建成年捕集 2 万 t 的 CO_2 捕集和利用示范工程。工程拟在国电天津北塘电厂进行，采用化学吸收法进行捕集，示范工程的液态 CO_2 产品将处理达到食品级在天津及周边地区销售。

专栏 4-9　国电集团 CO_2 捕集和利用示范工程

　　项目单位：中国国电集团天津北塘电厂

　　目标：建成年捕集 2 万 t 的 CO_2 捕集和利用示范工程

　　规模：捕集量 2 万 t/a

　　地点：天津北塘

　　技术：燃烧后捕集+食品行业利用

　　现状：完成初设

　　实施期：2011 年底投运中试装置，2016 年底建成示范工程

　　CO_2 捕集率：>85%

　　CO_2 产品纯度：>99.5%

专栏 4-10　连云港清洁能源创新产业园

　　2009 年 8 月，国务院正式颁发《江苏沿海地区发展规划》，该规划要求"支持江苏省与中国科学院在能源动力研究方面的合作，促进技术成果转化，建设清洁能源创新产业园"。2010 年，清洁能源创新产业园成为首批江苏省创新型园区。清洁能源创新产业园包括中国科学院能源动力研究中心研发核心区、战略性新兴能源产业育成区以及清洁能源示范区。研究中心正在建设清洁煤能源动力系统研发设施。

清洁能源创新产业园示范区建设内容包括 1200 MW IGCC 发电，联供蒸汽，联产油、SNG、聚乙烯、聚丙烯等。示范工程进行捕集 100 万 tCO$_2$/a 的试验、示范，50 万 tCO$_2$ 用于生产尿素和纯碱，50 万 t 进行盐水层封存。一期工程将于 2011 年底完成可研和有关项目准备，2012 年启动工程建设，3 年内建成。

专栏 4-11　连云港清洁能源创新产业园

　　承担单位：中国科学院、江苏省、连云港市

　　目标：建成 IGCC 发电联产燃料和化学品的示范工程

　　规模：一期规模 400MW 级 IGCC 联产化学品

　　地点：江苏连云港

　　技术：IGCC+CO$_2$ 使用+CO$_2$ 盐水层封存

　　实施期：2017～2020 年

　　现状：前期筹备

　　运输方式：管道运输

　　封存方式：盐水层封存

　　封存地点：江苏滨海

　　封存能力：使用、封存 100 万 t/a

　　CO$_2$ 纯度：>99.5 %

专栏 4-12　中国华能绿色煤电天津 400MW IGCC 电站示范工程

　　绿色煤电天津 IGCC 电站示范工程是中国华能集团公司"绿色煤电计划"的项目依托，位于天津市滨海新区，拟分三期建设。

　　示范工程旨在研究开发、示范推广可大幅提高发电效率、实现污染物和 CO$_2$ 近零排放的煤基发电系统，重点是自主设计和制造 2000t/d 干煤粉加压气化相关设备，掌握大型煤气化工程的设计、建设和运行技术。该示范电站预计发电效率为 48.4%。天津 IGCC 示范一期工程已于 2009 年 5 月经国家发改委核准并于同年 7 月开工建设，2012 年年底建成投产。经过 2 年多的技术改造与示范运行，华能 IGCC 示范电站设备故障得到有效控制，主机辅机系统可靠性得到大大改善，持续稳定运行能力得到较大幅度的提升，已实现连续运行超过 60 天满负荷运行，具备了长周期稳定运行的能力，其运行水平优于世界同类型机组当期水平。

专栏 4-13　华能绿色煤电天津 IGCC 电站示范工程

　　承担单位：中国华能集团公司

　　目标：建成 400MW 氢能发电示范工程，将捕集的 CO$_2$ 用于大港油田驱油并封存于油井之中

规模：250MW 级 IGCC 机组（一期），400MW 级 IGCC 机组（三期）

地点：天津市滨海新区

技术：IGCC+EOR 封存

实施期：2012 年 250MW 级 IGCC 示范电站建成投产，2025 年建成含有 CO_2 捕集的 400MW 示范工程

现状：一期开始示范运行，6 万~10 万 tCO_2 捕集封存试验装置开始建设

运输方式：CO_2 槽车运输

封存方式：EOR 及地质封存试验

封存地点：大港油田、华北油田及深部咸水层

CO_2 纯度：>95%

注入规模：6~10 万 t/a

注入年限：3

监测年限：5

预计深度：3000m

井数：2

专栏 4-14　华中科技大学富氧燃烧技术研发与 35MWt 小型示范

400kWt 富氧燃烧实验室中试：在相关理论研究和技术研发的基础上，华中科技大学 2005 年建成了热输入为 400kWt 的中试规模富氧燃烧试验系统，先后开展了空气燃烧、O_2/CO_2 燃烧、O_2/烟气循环燃烧、炉内喷钙增湿活化脱硫、分级燃烧等试验研究，成功实现了富氧燃烧高浓度 CO_2 的富集（>90%）和多种污染物的协同脱除。

专栏 4-15　3MWt 富氧燃烧全流程示范项目

华中科技大学 2011 年建成了可工程放大的 3MWt 全流程富氧燃烧中试系统，包括空分制氧、富氧燃烧锅炉、烟气循环、烟气净化和压缩纯化等全流程，捕获 CO_2 量 1t/h。在该系统上实现了富氧燃烧高效率（>98%）、烟气高浓度 CO_2 的富集（>90% 干烟气质量浓度）和 CO_2 液化（纯度>95%）等技术目标。

专栏 4-16　35MWt 富氧燃烧工业示范项目

华中科技大学、东方电气集团、四川空分设备（集团）有限责任公司、神华国华电力等合作，在湖北省应城建设了 35MWt 一套富氧燃烧 CO_2 捕集工业示范系统。该项目于 2011 年启动，2015 年初基本建成，目前正进入系统调试阶段。项目具备十万吨/年级碳捕集能力，预期将实现烟气中 CO_2 浓度高于 80%。

专栏 4-17　35MWt 富氧燃烧工业示范项目

承担单位：华中科技大学等

目标：富氧燃烧碳捕集技术工业示范和验证

规模：捕集量 10 万 t/a

地点：湖北省应城市

技术：富氧燃烧

现状：基本建成，开始调试

专栏 4-18　神华集团 10 万 t/a 的 CCS 示范工程——盐水层封存

神华集团于 2010 年底建设完成了全流程的 10 万 t/a 的 CCS 示范工程。该示范工程利用鄂尔多斯煤气化制氢装置排放出的 CO_2 尾气经捕集、提纯、液化后，由槽车运送至封存地点后加压升温，以超临界状态注入到目标地层。三维地震勘探和钻井取得的地层数据研究表明，神华煤直接液化厂附近的地下具有潜在的盐水层可用于 CO_2 的地质封存，单井能够达到 10 万 t/a 的注入规模。

项目正式工程建设开始于 2010 年 6 月，历时半年，完成了捕集液化区、贮存装卸区及封存区三个区域的建设，并完成了一口注入井、两口监测井的施工工作。2011 年 1 月投产试注成功并实现连续注入与监测。

2010 年，神华 10 万 t/aCCS 示范项目被列入国家"十二五"科技支撑计划项目 CCUS 领域重点项目，在科技部的支持下，神华集团采用产、学、研结合的方式，联合中国的高校、研究机构和能源企业等，在项目实施过程中组织对项目实施重点、难点进行讨论和指导，形成了一套完整的全流程盐水层封存 CO_2 工程实施理论。项目拟截至 2015 年 6 月完成注入总量 30 万 t 的目标，并完成一系列研究、试验。

专栏 4-19　中国神华集团 10 万 t/a 的 CCS 示范工程

承担单位：神华集团

地点：内蒙古鄂尔多斯

目标：建立全流程 CCS 示范工程

技术：CO_2 化工源捕集+盐水层封存

捕集规模：10 万 t/a

捕集方式：压缩、吸附、精馏法

注入规模：10 万 t/a，注入总量为 30 万 t

注入年限：2011 年 1 月～2015 年 6 月

监测年限：长期

目标地层：深部盐水层

预计深度：1690～2500m

井数：1口注入井，2口监测井

实施期：2011年1月~2015年6月

现状：建成投产注入监测中

CO_2气源：煤直接液化示范项目产生的尾气

运输方式：低温槽车公路运输

累计封存量：截至2015年底累计注入261 992t

专栏4-20 中石化胜利油田燃煤电厂4万t/aCO_2捕集与EOR示范

自2008年起，中国石化集团开展了CO_2捕集和封存驱油技术研发，并于2010年9月建成投产了4万t/a燃煤烟道气CO_2捕集与EOR全流程示范工程。该示范工程将胜利发电厂燃煤烟道气中体积浓度约14%的CO_2捕集出来，并进行压缩、液化，最终把纯度达99.5%的CO_2输送至胜利低渗透油藏进行封存和驱油。此外，中国石化结合承担的国家"十二五"科技支撑项目，成功开发了百万吨级的CO_2捕集、管道输送及驱油封存全流程工程技术，正在进行百万吨级CO_2捕集、驱油与封存工程建设筹备，CO_2来自齐鲁石化煤制气装置尾气或者胜利电厂燃烧后烟道气，计划在"十三五"期间完成工程建设。

专栏4-21 中石化胜利油田CO_2捕集和封存驱油示范工程

承担单位：中国石化

目标：捕集电厂烟道气中CO_2注入油藏以实现二氧化碳地质封存及强化采油

规模：4万t/a全流程示范

地点：胜利油田

技术：燃烧后捕集+EOR

实施期：2010年9月全流程投产

CO_2气源：胜利电厂烟道气

CO_2纯度：99.5%

运输方式：低温槽车公路运输

专栏4-22 延长石油陕北煤化工5万t/a CO_2捕集与EOR示范

自2007年起，延长石油集团在科技部的支持下开展了CO_2捕集、埋存与提高采收率技术研发，开展了全流程的陕北煤化工CCUS示范工程建设。该示范工程在陕西延长石油榆林煤化有限公司建成了5万t/a的煤化工CO_2捕集装置，通过低温甲醇洗工艺将煤化工生产过程中产生的高浓度CO_2工艺气捕集、压缩、液化，最终把纯度99.9%以上的CO_2就近输送至延长石油靖边油田低渗透油藏进行封存与驱油。该示范工程于 2012 年 9 月全流程投产运行成功。同时，延长石油已设计完成陕西延长中煤榆林能源化工有限公司 36 万 t/a 的 CO_2 捕集装置，并启动了吴起油田 CO_2 驱油试验区。

截至 2014 年 12 月，延长石油已建成 10 个井组的 CO_2 埋存与驱油试验区，累计注入 32 000 多吨的液态 CO_2。同时，延长石油正在筹备建设 400 万 t 的陕北煤化工 CO_2 捕集、输送、封存与提高采收率的工业化应用示范工程建设工作。

专栏 4-23　延长石油陕北煤化工 CO_2 捕集、埋存与提高采收率技术示范

　　承担单位：陕西延长石油（集团）有限责任公司

　　目标：捕集煤化工 CO_2 注入油藏以实现 CO_2 地质封存及提高低渗透油藏原油采收率

　　规模：5 万 t/a，全流程示范

　　地点：延长石油

　　技术：低温甲醇洗+EOR

　　实施期：2012 年 9 月全流程投产

　　CO_2 气源：煤化工

　　CO_2 纯度：99.9%

　　运输方式：低温槽车公路运输

专栏 4-24　中石油吉林油田 CO_2 EOR 研究与示范

　　在科技部的支持下，以国家 973、国家 863、国家科技重大专项等项目研发为支撑，中国石油集团 2007 年启动重大科技专项"吉林油田含 CO_2 天然气藏开发和资源综合利用与封存研究"、示范工程项目及工业化推广试验项目，先后累计投入科研费用 5 亿元，建设资金 20 亿元，建成了 CO_2 驱油与埋存示范区，实践了 CCS-EOR 全流程。CO_2 驱油在提高低渗透油藏采收率和特低渗透油藏动用率的同时，解决了高含 CO_2 天然气田开发中副产的 CO_2 排放问题。经过 7 年多的矿场验证，系统运行安全可靠，目前已进入工业化推广阶段。

　　截至 2014 年 12 月底，吉林油田长岭含 CO_2 天然气气田年分离与捕集 CO_2 约 40 万 t，油田 CO_2 驱油阶段封存 CO_2 达 75.7 万 t，CO_2 驱油年产油能力近 15 万 t，油田驱油年封存 CO_2 能力将达到 50 万 t。

专栏 4-25　中石油吉林油田 CO_2 EOR 研究与示范

　　承担单位：中国石油

　　目标：示范、应用与推广 CO_2 捕集、驱油利用与封存的工业化技术

　　规模：拟控制封存 CO_2 约 50 万 t/a

地点：吉林油田

技术：天然气 CO_2 分离+EOR+封存

CO_2 气源：高含 CO_2 天然气分离

捕集方式和技术：MEA 吸收

运输方式：管道输送

专栏4-26　中联煤煤层气公司 CO_2-ECBM 开采煤层气开采项目

（1）2004 年，中联公司和加拿大阿尔伯达研究院合作完成了浅部煤层注入 CO_2 提高煤层气采收率的单井微型先导型试验；在山西省沁水盆地南部成功实施了浅部煤层的 CO_2 单井注入试验。试验非常成功，TL-003 井的产量注入二氧化碳后提高一倍，并且该井产量仍然稳定在较高的水平。

（2）2007 年，开始了国际科技合作计划"深煤层注入/埋藏 CO_2 开采煤层气技术研究"的单井微型先导性试验。SX-001 井微型先导性试验共注入 CO_2 达230t。模拟评价表明，煤层气采出程度提高10%，预测每平方千米可埋藏 CO_2 30 万 m^3。

（3）2010 年，中国与澳大利亚联邦研究院共同开展了水平井注气增产项目。在鄂尔多斯盆地东缘柳林区块水平井注入 CO_2 后，产量提高一倍以上。

（4）2011 年国家科技重大专项设立了"深煤层注入 CO_2 置换甲烷技术研究及装备研制"项目，该项目开展了深部煤层小规模井组试验。初步形成深煤层先导性试验井组 CO_2 注入生产工艺流程和配套技术系列。

专栏4-27　深煤层注入 CO_2 置换甲烷技术研究及装备研制

承担单位：中联煤层气有限责任公司

目标：研发注入 CO_2 提高煤层气采收率技术

规模：拟控制封存 CO_2 约 6000t

地点：沁水盆地南部煤层气田

技术：天然气 CO_2-ECBM

实施期：实现注入 2500t

现状：正在开展

CO_2 气源：化肥厂尾气

运输方式：槽车

4.2　CO_2 减缓技术国际合作研究进展

近年来，在科技部等相关部门的领导下，国内高校、科研机构和企业与欧盟、澳大利亚、意大利、日本、美国等相关机构开展了广泛的科技交流与合作。通过国际合作，不仅加强了中国相关科研机构和企业的能力建设，形成了中国在 CCS 领域的核心研究团队，同时围绕捕集技术选择、技术经济性评价、封存潜力评估、源汇匹配等开展了探索性的研究工作。

4.2.1 国际碳收集领导人论坛

碳收集领导人论坛（CSLF）是一个部长级的国际气候变化的倡议，论坛的重点在于促进和部署成本效益更优的 CO_2 分离、捕捉、运输和长期安全储藏技术的发展，通过协作努力，解决关键技术、经济和环境的障碍。CSLF 还立足于提高认识和推动法律、规章、财政和体制环境促进该技术的发展，目前 CSLF 由 25 名成员组成，包括 24 个国家和欧洲委员会。中国是 CSLF 始创成员之一，我国科技部负责组织、协调及参加相关活动。

中国积极参与碳收集领导人论坛有关活动，并于 2011 年在北京成功举办第四届部长级会议。在 CSLF 能力建设基金的支持下，开展了 CCUS 经验交流会、政策法规和融资机制研究等能力建设工作。

"碳收集领导人论坛（CSLF）第四届部长级会议"由科技部、国家发展和改革委员会联合主办，会议以"携手推动下一个十年的碳捕集、利用和封存的研究、示范与部署"为主题展开磋商与交流。

我国多项 CCUS 能力建设和科研活动获得碳收集领导人论坛（CSLF）能力建设项目框架资助，并顺利开展。主要活动包括碳捕集、利用与封存示范项目经验交流研讨会、CCUS 政策法规框架研讨会、中国 CCUS 法律法规项目、中国 CCUS 融资项目和中国 CCUS 技术网的建立，旨在推动 CCUS 技术研究与示范在我国的迅速发展。

4.2.2 国际科技合作计划支持项目情况

中国政府大力支持国内高校、科研机构和企业与国外等相关机构开展广泛的科技合作，科技部部署支持了多个相关 CCUS 国际合作项目（表4-1）。预期通过国际合作，加强合作研发与技术转移，引进先进设备、开发先进技术，促进我国在 CCUS 某些关键技术上达到或接近国际领先水平，推动 CCUS 技术在中国的发展。

表 4-1 国际科技合作计划支持的 CCUS 合作研发项目

项目名称	执行时间/年	主要承担单位
中国层状盐岩 CO_2 地质处置研究	2007~2009	四川大学
先进能源系统中 CO_2 捕获技术研究	2007~2010	西安热工研究院有限公司
深煤层注入/埋藏 CO_2 开采煤层气技术研究	2007~2010	中联煤层气有限责任公司
CO_2 深部地质封存的长期稳定性预测与控制研究	2009~2011	北京交通大学
CO_2 捕获及地质封存技术研究	2010~2011	太原理工大学
新型结合增强地热系统的大规模 CO_2 利用与封存技术研究项目	2012~2014	清华大学

4.2.3 中美清洁能源中心

2009 年 11 月 17 日，中国科技部部长、国家能源局局长和美国能源部部长签署协议，启动建立中美清洁能源联合研究中心。2011 年 1 月 18 日，中美清洁能源联合研究中心在华盛顿举行揭牌仪式。

中美清洁能源联合研究中心的成立，旨在促进中美两国的科学家和工程师在清洁能源技术领域开展联合研究。中美两国将共同投入 1500 万美元作为该中心的启动资金，支持两国相关单位参与双边能源科技合作。清洁煤技术包括 CCUS 技术是此中心首批三个优先领域之一。

4.2.4 中欧/英煤炭利用近零排放合作项目

2006 年 2 月，科技部与欧洲委员会签署了《关于研发二氧化碳捕集与封存技术以实现近零排放发电的合作谅解备忘录》，启动中欧/英煤炭利用近零排放合作项目（Near Zero Emissions Coal，NZEC）。该合作计划分三个阶段开展：第一阶段（2007～2009 年）探索在中国通过 CCS 技术实现煤炭利用近零排放的可行性和可选方案；第二阶段（2010～2012 年）研究并设计示范工程方案；第三阶段（2013 年开始）组织示范工程的建设和运行。

项目第一阶段主要通过两个渠道开展项目级合作：一是英国政府出资开展了中英煤炭利用近零排放项目；二是欧洲委员会通过欧盟框架计划支持实施了 2 个项目，即"中欧碳捕集与封存合作项目（COACH）"（图 4-1）和"碳捕集与封存政策法规研究（STRACO$_2$）"（图 4-2）。2009 年 10 月 28～29 日，中欧 NZEC 合作第一阶段总结会在北京召开。中方共有 30 余家单位参与第一阶段合作，加强了我国 CCS 方面能力建设。

图 4-1　COACH 项目标志　　　　　　图 4-2　StrACO$_2$ 项目标志

2009 年 11 月 30 日，在第 12 次中欧领导人会晤期间，中国科技部部长代表科技部与欧洲委员会签署了《关于研发二氧化碳捕集与封存技术以实现近零排放发电的合作第二阶段谅解备忘录》，正式启动了 NZEC 二期相关工作。

4.2.5 中澳二氧化碳地质封存合作项目

中澳二氧化碳地质封存项目（CAGS）是在澳大利亚政府资助的"亚太地区清洁发展

和气候伙伴计划"下的双边合作项目，由澳大利亚地球科学局和中国 21 世纪议程管理中心共同执行。项目将通过一系列的能力建设和科研活动，旨在推动中国和澳大利亚两国在 CO$_2$ 地质封存方面的科技合作，促进两国 CO$_2$ 地质封存领域相关技术的发展。CAGS 项目第一期执行期为 2009 ~ 2011 年，主要活动包括相关科学研究、能力建设、人员交流、学术访问等（图 4-3）。第二期是属于中澳联合协调小组下的洁净煤技术项目，执行期为 2012 ~ 2014 年。本项目大力推动中澳两国在二氧化碳地质封存方面的科技发展与实践，促进中澳二氧化碳地质封存领域相关技术的发展。

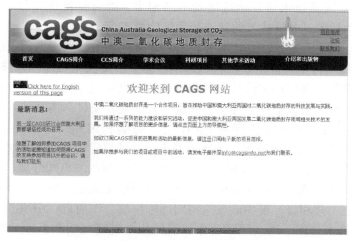

图 4-3　CAGS 项目网站

4.2.6　中意 CCS 技术合作项目

2009 年 10 月，中国科学技术部、意大利环境、海洋与国土部（IMELS）、意大利国家电力公司（ENEL）共同签署了《关于清洁煤技术包括碳捕集与封存技术的合作协议》，将在中国开展全流程 CCS 示范项目的预可行性研究，包括从燃煤电厂捕集 CO$_2$、运输和封存，该研究结果将与意方有关 CCS 示范项目进行比较，促进两国 CCS 领域的技术交流与合作。项目于 2010 年 10 月正式启动，于 2012 年结束。项目主要由 IMELS 资助开展。

4.3　小　　结

"十二五"期间，我国对 CO$_2$ 减缓技术给予了积极的关注，在相关政策规划、项目部署、研发示范、国际合作等方面开展了一系列工作推动该技术的发展。本研究主要调研了"十二五"期间我国 CO$_2$ 减缓技术相关的政策规划与项目部署情况，分析了 CO$_2$ 利用技术和 CCUS 技术的研发进展、试点示范与商业化应用及成效，以及国际合作项目进展情况与取得的成效，结论如下。

（1）"十二五"期间，中国政府持续推进 CO$_2$ 减缓技术的政策规划的制定和出台，大

力加强 CO_2 减缓技术的研发与示范，加快开展优先技术的试点示范。国家发改委、科技部、财政部等多达 16 个国家部委先后参与制定并发布了 10 多项国家政策和发展规划，进一步向 CO_2 减缓技术的具体化、可操作、可执行、可示范、可推广的趋势深度发展，为 CO_2 减排技术的应用发展指明了前进方向。在国家的主导之下，各省市也纷纷出台相配套的 CO_2 减缓政策和发展规划。973 计划、863 计划、国家科技支撑计划等有关国家科技计划围绕二氧化碳减排技术进行了较系统的部署，注重包括 CO_2 资源化利用技术在内的 CCUS 技术创新和应用，并加快推广优先技术的试点示范。

（2）中国 CO_2 减缓技术研发示范活动不断增多，并有一批优先技术进入试点示范。CO_2 减缓技术种类较多，各种技术的特点和发展阶段有所不同。CO_2 裂解一氧化碳制备液体燃料技术、CO_2 强化天然气开采技术等处于基础研究和中试阶段，需要突破关键的技术瓶颈；微藻固定 CO_2 转化为食品和饲料添加剂技术、CO_2 强化石油开采技术等较为成熟，已进入工业示范阶段。我国还加快推广优先技术的试点示范，已投产神华集团煤制油 CO_2 捕集和封存示范、连云港清洁煤能源动力系统研究设施等项目，还开展了新奥集团微藻固碳生物能源示范项目、华能绿色煤电 IGCC 电厂捕集利用和封存示范、华中科技大学 35MWt 富氧燃烧技术研究与示范等，为我国乃至全球的温室气体减排做出了重要贡献。

（3）中国与美国、欧盟、澳大利亚、意大利、日本等相关机构开展了广泛的科技交流与合作，取得了良好的成效。我国积极参与碳收集领导人论坛，与美国共同成立中美清洁能源联合研究中心，并积极开展中欧煤炭利用近零排放合作项目、中澳二氧化碳地质封存合作、中意 CCS 技术合作。通过国际合作，我国相关科研机构和企业的能力建设得到提升，形成了中国相关领域的核心研究团队，并围绕捕集技术选择、技术经济性评价、封存潜力评估、源汇匹配等开展了探索性的研究工作。

第5章 影响与适应气候变化关键技术

气候变化是人类共同面临的巨大挑战。应对气候变化，不仅要减少温室气体排放，也要采取积极的适应行动，通过管理调整人类活动，减轻气候变化对自然生态系统和社会经济系统的不利影响。我国是发展中国家，人口众多、气候条件复杂、生态环境系统脆弱，并且正处于工业化、城镇化和农业现代化发展时期，气候变化已对粮食安全、水安全、生态安全、能源安全、城镇建设以及人民生命财产安全构成严重威胁，适应气候变化任务十分繁重。"十二五"期间我国政府十分重视适应气候变化问题，结合国民经济和社会发展规划，采取了一系列政策并部署了一些项目，在政策法规制定、基础设施建设、生态修复和保护、完善监测预警体系等方面取得了积极成效。

5.1 气候变化影响评估与适应对策研究进展概述

中国自"八五"国家科技计划开始立项进行气候变化的影响评估工作，分别于2007年、2011年发布了两次气候变化的国家评估报告（其中影响评估与适应是国家评估报告中重要的部分），特别是"十一五"期间支持了"气候变化影响与适应的关键技术研究"和"典型脆弱区域气候变化适应技术示范"两个适应气候变化课题的研究，积累了一定的科研基础，对气候变化对中国农业、林业、草地畜牧业、水资源、海岸带、自然生态系统等重点领域和人体健康的影响有了比较清晰的认识，并在这些科学认识的基础上开展适应气候变化战略专项研究，并于2011年发布《适应气候变化国家战略研究》专项报告。

为了贯彻落实《国家中长期科学和技术发展规划纲要（2006—2020年）》，配合《国民经济和社会发展第十二个五年规划（2011—2015年）》实施，指导应对气候变化科技发展，科学技术部、外交部、国家发展改革委等部门联合制定了《"十二五"国家应对气候变化科技发展专项规划》（以下简称《专项规划》），《专项规划》中提出了科学基础、影响与适应、减缓、经济社会发展四个重点方向，影响与适应主要围绕水资源、农业、林业、海洋、人体健康、生态系统、重大工程、防灾减灾等重点领域，着力提升气候变化影响的机理与评估方法研究水平，增强适应理论与技术研发能力，开展典型脆弱区域和领域适应示范，积极推进应对气候变化与区域可持续发展综合示范。根据《专项规划》提出的重点任务，国家科技支撑计划针对国家应对气候变化的关键技术需求组织实施了一系列技术研发与示范项目，形成"十二五"国家科技支撑计划应对气候变化科技项目群。经过四年多的研究，取得以下的成果：

（1）影响与风险评估技术：完成了不同重点领域（农业、水资源、森林、草原、湿地、生物多样性、沙漠化、海岸带、冰川）的气候变化影响评估技术研发，包括气候变化影响的识别技术、气候与非气候因素分离技术等，并应用开发的技术开展了过去50年气候变化影响评估；同时，构建了气候变化风险评估技术体系，以及气候变化情景数据研发技术与风险制图技术，为下一步的未来30气候变化风险评估奠定基础；并依托于研究，组织实施了《第三次气候变化国家评估报告》。

（2）沿海地区适应气候变化技术：以沿海典型地区、典型流域和典型城市为研究对象，以研发沿海地区适应气候变化技术体系，提高沿海地区适应气候变化能力为总体目标。具体的研究包括：①提出保障沿海地区防洪安全、水资源安全和生态安全的适应技术体系；②建立台风影响下的流域降雨量预测模型和平原河网区大尺度水力学模型，评估太湖流域防洪工程系统可靠性和流域经济社会发展与水灾损失，提出太湖流域洪水风险适应技术体系；③提出沿海城市应对气候变化的空间规划综合技术规范，开展沿海城市适应气候变化的示范研究。

（3）北方重点地区适应气候变化技术：以北方地区农业、林业与草地畜牧业等领域为研究对象，针对气候变化对主要粮食作物生产、濒危物种保护、火灾与病虫害风险预警、草地生态恢复和畜牧业生产等影响的关键问题，研发适应气候变化的技术，并在典型区域进行技术集成示范和推广应用，进行成本效益分析，初步形成适应气候变化的方法学，建立农业、林业与草地畜牧业适应气候变化的技术体系，编制出适应技术清单，在此基础上构建适应气候变化的综合技术体系框架，搭建适应气候变化技术信息资源共享平台，提出国家适应气候变化综合战略规划建议。

（4）干旱、半干旱区域旱情监测与水资源调配技术：针对干旱、半干旱区域气候变化对水资源利用影响的重大科学问题，以新疆水资源安全和黄河流域水资源调配作为切入点，开展大型灌区旱情实时监测、大型水库群优化调度、洪旱监测与衍生灾害预警、山区水库–平原水库调节与反调节、水库无效蒸发消减等关键技术集成与示范；建立黄河流域大型灌区实时旱情分析系统、黄河流域适应气候变化的水资源调配系统、新疆冰雪径流监测与衍生灾害预警系统等；提出干旱半干旱区域抗旱水源调度、洪旱灾害监测与预警等综合适应技术体系，提高干旱半干旱地区适应气候变化的水资源调配能力。

5.2 气候变化影响与风险评估技术研究进展

根据《"十二五"国家应对气候变化科技发展专项规划》，应对气候变化有科学基础、影响与适应、减缓、经济社会发展四个重点方向。科学预估未来气候变化的可能影响是开展适应行动的前提。目前对于未来气候变化影响和脆弱性的研究仍存在较大的难度，导致人类在适应气候变化的行动中，很难有针对性地根据气候变化的不利影响进行有效的应对和管理。如何科学定量评估未来气候变化的影响，降低不确定性，是气候变化研究的重要难题。风险是不利事件发生的可能性及其后果的组合。科学评估气候变化风险，开展有针对性的风险管理行动，是应对气候变化的有效途径。

"十一五"期间已有学者对农业、林业、水资源、自然生态系统、生物系统、媒介传播疾病、海岸带与海平面等重点领域的气候变化进行影响与脆弱性评估，得出以下结论：

①气候变化已经对我国农业生产的影响利弊并存，但以负面影响为主，导致我国农业粮食稳产风险增大。②气候变化背景下，云南省气温升高和空气相对湿度降低，森林火险发生次数呈上升趋势；西南地区森林病虫害频发，极端高温与干旱可能是造成森林病虫害暴发的主因；雨雪冰冻灾害导致森林严重受损，并增加森林地表可燃物载量。③气候变化背景下，我国南方水多、北方水少的水资源分布特点更加突出；洪涝与干旱极端事件发生的频率与强度增加，灾害损失严重；气候变化加剧北方水资源供需失衡，引发南方部分地区季节性、区域性水资源供需矛盾。④在气候变化背景下，我国现有的植被分布格局不会发生根本性的变化，但植被带将可能向北、向东发生移动；植物物候改变，使有害生物范围改变、危害加剧，也引起物种栖息地退化。⑤气候变化对我国血吸虫病、疟疾、钩端螺旋体病、登革热、广州管圆线虫病等水媒性疾病和虫媒性疾病传播范围和程度的远期圆线较大。⑥气候变化使中国海平面近 50 年来呈上升趋势，海洋灾害发生频率和严重程度整体上升及加重的趋势。

"十二五"期间研发了重点领域气候变化影响与风险评估技术，针对气候变化对我国粮食安全、资源安全以及生态安全的重大影响，选择农业生产、生态系统、生物多样性、水资源、冰川、海岸带、沙漠化等领域，通过研发不同重点领域气候变化影响与风险评估技术体系，研发了气候变化对不同领域的影响与风险识别与评估技术、气候与非气候要素分离技术等关键技术，并在此基础上开展了过去几十年气候与非气候因素对中国主要作物产量、径流量、森林与草原生态系统生产力、湿地面积、生物多样性、沙漠化面积与程度、海岸带灾害频率与强度以及冰川变化等关键指标贡献程度的评估。从更综合、更系统、更科学的角度深入认识了气候变化对重点领域的综合影响。

5.2.1 气候变化对农业生产影响评估技术

以我国主要粮食作物（小麦、玉米、水稻）为研究对象，通过对过去 30～50 年农业生产观测资料的分析，基于作物模型模拟技术，通过不同驱动因子的分离、作物抽样模拟与情景模拟相结合、分析过去 30～50 年气候变化和人类活动对我国农业生产的可能影响、影响程度和影响的区域差异，明确历史气候变化趋势和人为有序活动对我国农业生产的作用方式和贡献率。通过模拟 1961～2010 年气候变化对我国粮食作物产量影响的研究表明，1961～2010 年的气候变化（气温、降水和辐射的变化）可能抵消了 8.6% 的产量增加幅度，其中主要粮食产区生育期辐射量的下降起到了 85% 的作用，表明全球辐射量的下降趋势和空气中污染物质的增多对粮食产量的显著负效益。1961～2010 年温度变化对产量的影响在很大程度上由于空间上的差异而相互抵消，在北部地区（如东北）有明显的产量正效应，在南部（如长江以南地区）有少量的负效应。降水对产量有一定的负面影响，其中对小麦和玉米的负面影响较大。如果考虑到 CO_2 浓度增加后的肥效作用，1961～2010 年的气候变化表现出对中国粮食产量影响的中等负效应，影响幅度在 4% 以内。

基于统计数据识别 1982～2008 年我国耕地熟制格局及其动态演变。基于遥感数据，通过基于作物生长周期的滑动分割算法提取作物时间序列 NDVI 的波峰数目，识别 1982～

2008 年我国耕地熟制的空间格局及其动态演变。综合集成统计数据和遥感提取，利用气候要素数据与遥感分析结果并结合相关统计数据综合分析 1982～2008 年我国耕地熟制的空间格局演变。分析影响农业熟制的气候与非气候因素的构成，筛选对农业熟制影响较大的影响因素，并采用地理探测器模型，从地统计的角度识别各因素对农业熟制形成的贡献率。结果表明：①气候因素的协同贡献率为 23.91%，非气候自然因素的协同贡献率为 23.52%，社会经济因素的协同贡献率为 43.21%，还有 9.36% 的贡献率来源未知，是所选 12 个影响因素没有覆盖的部分；②从影响因素类型来看，社会经济因素的协同贡献率为 43.21%，对农业熟制的形成具有重要的影响作用。气候因素的协同贡献率为 23.91%，体现了气候因素对农业熟制形成有重要贡献，但不是决定性因素（图 5-1）；③从 12 个单影响因素贡献率、3 种影响因素类型的协同贡献率以及 9.36% 来源未知的贡献率来看，农业熟制的形成是由众多因素共同作用的结果，自然因素（包括气候和非气候）与社会经济因素的贡献率基本相当，反映出农业熟制是自然环境条件与人类社会经济活动共同塑造的结果。

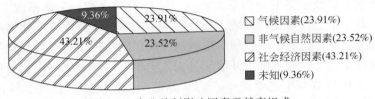

图 5-1　农业熟制影响因素贡献率组成

5.2.2　气候变化对森林影响评估技术

在人类活动和气候变化的直接或间接的影响下，中国森林生态系统空间分布、结构功能、物质和能量交换等自然过程发生了改变。对森林生态系统进行研究，开展气候变化影响与风险的关键技术研发与应用研究，定量评估气候变化对我国森林的影响，是制定应对气候变化策略、调整森林管理政策的需求；对于保障国家生态安全，促进社会经济可持续发展具有重要科学意义。鉴于此，构建了森林清查与遥感融合技术（袁玉娟等，2016），识别 20 世纪 80 年代以来森林没有发生土地利用类型改变的森林覆盖相对稳定区，分离植树造林、农业开垦等人类活动直接影响，提取稳定区森林叶面积指数（LAI）的自然变化序列。在此基础上通过去趋势和相关分析，结合显著相关因子的变化特征，评估气候要素变化对 LAI 的影响；并利用逐步回归技术，量化气候要素对 LAI 变化的贡献率。我们基于大量的典型森林样地树轮采样，建立了树轮提取年际净初级生产力（NPP）技术，获取过去 50 年来典型森林群落 NPP 变化。进一步采用数理统计分析量化气候要素变化对森林典型群落 NPP 的影响。研究根据森林火源统计分离气候变化对林火发生的影响。并通过建立森林火险指数，揭示出气候变化对林火的影响。

结果表明：①利用 1984～1988 年和 2004～2008 年的森林资源清查统计资料，及同期遥感植被指数，识别出全国 20 世纪 80 年代以来的森林覆盖相对稳定区的空间分布，研究期间森林面积变动的主导原因是人类活动，如造林、毁林和其他土地利用方式改变等。②20 世纪 80 年代以来中国森林生长季 LAI 呈显著增加趋势，春季干湿状况与气温变化，以及秋季太阳辐射变化对过去 30 年 LAI 变化起关键作用。春季干湿指数较高即相对干旱年份，如 1984 年、1988 年、1992 年和 2000 年，森林 LAI 亦相对较低（图 5-2）。总体上，20 世纪 80 年代以来，全国森林 LAI 变化中，有 31% 的变化是由关键气候因素变化造成。③过去 50 年，4 月最低温和 6~7 月降水是影响长白山地区建群种红松 NPP 的最重要的气候因子，可以解释 NPP 变化的 28.4%（图 5-3）（Fang et al.，2016）。④1961~2010 年中国森林分布区火灾次数呈明显的波动性，受害森林面积显著下降。相比 1961~1987 年，1988~2010 年受害森林面积减少了 89.2%。林业经营管理政策和森林防火政策对林火动态的影响占主导，特别是在人口密度分布高的南方区域。⑤森林火险的变化是气候变化影响的直接表现，1976~2010 年森林火险在大部分区域呈增加趋势。大兴安岭林火动态受气候变化影响显著，林火过火面积与火险指数的年际变化呈显著相关（Tian et al.，2013）。⑥近 30 年来气候因素导致大兴安岭林雷击火发生率升高 39.3%，森林燃烧概率增加 66.0%。⑦气候变化是过去 10 年来马尾松毛虫区域灾害程度加剧的主要原因，特别是越冬期气温升高导致其中重度发生程度呈加剧态势。

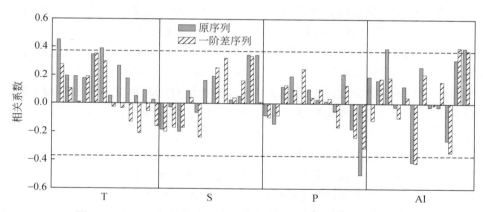

图 5-2　1982~2010 年中国森林生长季 LAI 与气候要素的相关性

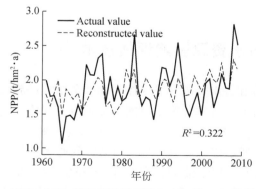

图 5-3　1961~2012 年气候因子对长白山红松 NPP 的影响程度

5.2.3　气候变化对草原影响评估技术

草地是我国重要的植被类型，约占我国陆地面积的41.7%，对于保障我国的生态安全和可持续发展具有至关重要的意义。我国草地大多处于干旱、半干旱等气候条件相对恶劣的地区，自然条件的严酷性、气候的波动性，以及社会和经济条件的复杂性使这一地区成为对全球变化响应的敏感带。由于自然环境的限制，草原生态系统承受干扰的能力十分有限，生态环境十分脆弱。尤其是在近50年来全球气候变化的背景下，加之不合理利用等人为因素，草原生态系统的脆弱性及敏感性不断凸显，已严重威胁草原生态系统的自我修复、功能的正常发挥和国家的生态安全。利用已有气候变化对草地生产影响评估技术和气候与非气候因素对草地生产影响分离技术，对过去30～50年的气候变化对草地生产影响进行分析，并将气候和非气候因素的影响进行分离，分析不同因素的贡献率。利用实测数据研究结果显示：北方草地地上生物量（AGB）、地下生物量（BGB）及植被总生物量（TVB）均降低，土壤碳密度（SOCD）却呈增加趋势，典型草原、草甸草原、低地草甸增加了2%～7%，荒漠草原、荒漠和山地草甸区域增加了10%左右。典型草原不同演替阶段以及同一演替阶段的物种对降水和N沉降的响应不同，单独增温和单独降水并不容易改变典型草原物种组成，但是同时增温和降水有利于现有草原优势种（羊草）的保持。

另外，利用实测数据研究结果显示：北方草地地上生物量（AGB）、地下生物量（BGB）及植被总生物量（TVB）均降低，土壤碳密度（SOCD）却呈增加趋势，典型草原、草甸草原、低地草甸增加了2%～7%，荒漠草原、荒漠和山地草甸区域增加了10%左右。典型草原不同演替阶段以及同一演替阶段的物种对降水和N沉降的响应不同，单独增温和单独降水并不容易改变典型草原物种组成，但是同时增温和降水有利于现有草原优势种（羊草）的保持。

通过利用以上相关的识别、评估和分离技术，有助于系统地、全面地了解气候变化对中国草地生态系统的影响。通过集成开发草地生态系统气候变化影响评估、归因分析、脆弱性分析等方法，完成过去50年气候变化影响事实评估和未来10年、20年、30年气候变化风险评估，为草地生态系统适应气候变化提供决策支持，为国家制定气候变化的相关决策提供依据。

5.2.4　气候变化对水资源影响评估技术

根据我国水资源公报和各水资源一级区控制性水文站的径流数据，综合采用趋势分析法、周期分析法同时结合GIS技术分析了我国水资源演变规律。受气候波动影响，不同时段的全国水资源数量不同。1956～2010年系列全国水资源平均为27 550亿 m^3。全国尺度1980～2010年近30年系列水资源量比1956～1979系列水资源量仅增加1.3%。1956～2010年，大部分年份在距平10%波动，有9年变化幅度在10%～20%，有1年（1998年）距平超过20%。从全国层面来看，1956～2010年水资源距平变化线性趋势来看，几乎没有什么趋势变化。

尽管从全国尺度看水资源变化很小，但水资源一级区变化较大。我国北方地区的海河区、黄河区、辽河区 1956～2010 年系列水资源平均分别为 350.4 亿 m³、703.4 亿 m³、484.9 亿 m³，1980～2010 年近 30 年系列水资源量比 1956～1979 系列水资源量分别减少 28.5%、10.7% 和 10.0%。我国南方地区的东南诸河区、珠江区 1956～2010 年系列年均水资源量分别为 1990.4 亿 m³、4715.5 亿 m³，1980～2010 年最近 30 年系列水资源量比 1956～1979 年系列水资源量分别增加 6.5% 和 1.9%。西北诸河区近 30 年水资源量增加近 5.4%。

根据水量平衡原理和水资源产生的机制，流域内水资源的变化主要由两方面原因造成：一是降水量的变化；二是下垫面变化导致的产汇流条件的变化。根据不同时段实测降水系列对比分析可以揭示降水的变化，反映气候变化。产汇流条件变化，可以根据流域水文模型进行模拟，反映在不同模型参数的变化，简化的分析是不同时段的产水系数的变化。我国北方水资源一级区的水资源减少较明显，对经济社会和生态环境的影响较大，本研究选择辽河区、海河区、黄河区，进行水资源变化的归因分析。

根据全国水资源调查评价和全国水资源公报各水资源一级区的水资源成果，基于实测水文资料计算的辽河区、海河区、黄河区的 1956～1979 年系列与 1980～2010 年系列水资源量分别为 514 亿 m³、417 亿 m³、749 亿 m³ 和 463 亿 m³、298 亿 m³、668 亿 m³。1980～2010 年系列与 1956～1979 年系列水资源量相比分别减少 51 亿 m³、119 亿 m³、81 亿 m³。据 1956～1979 年系列降水和产水关系为基础，利用 1980～2010 年逐年降水分别计算的辽河区、海河区、黄河区 1980～2010 年系列的水资源量分别为 472 亿 m³、331 亿 m³、696 亿 m³。对比分析根据 1956～1979 年降水和产水规律，计算的 1980～2010 年系列水资源与实测 1956～1979 年系列水资源，显示由于降水变化导致辽河区、海河区、海河区水资源量分别减少 42 亿 m³、86 亿 m³、52 亿 m³，分别占 1980～2010 年系列与 1956～1979 年系列实测水资源减少总量的 82%、72%、65%。水资源变化的其他份额归因于降水和产水关系的变化，主要是由下垫面变化引起（表 5-1）。

通过对辽河区、海河区、黄河区水资源变化的归因分析，可以看出，气候变化（降水）是水资源量减少的主要因素。降水变化对辽河区、海河区、黄河区水资源量减少的贡献率超过 65%，最高达到了 82%，下垫面变化影响总体不及降水变化影响显著。需要指出的是，降水变化也会导致下垫面的变化，进一步引起产流机制的变化，本研究所指的下垫面变化主要是由人类活动引起，不包含由降水变化引起的下垫面变化。

表 5-1 各一级区典型站点影响因子对径流变化贡献

所属一级区	水文站点	径流变化	贡献量			
			降水	蒸发	土地利用	水利工程调蓄
海河区	滦县	-16.2	-10.2	5	-12.8	1.9
淮河区	蚌埠	-3.8	12.8	14.9	-27.4	-4.1
黄河区	兰州	-39.61	-10.7	-0.01	-19.7	-9.2

所属一级区	水文站点	径流变化	贡献量			
			降水	蒸发	土地利用	水利工程调蓄
黄河区	石嘴山	−26.3	−8.9	−0.1	−7.4	−9.9
长江区	安康	−166.2	−66.9	3	−102.3	0
长江区	湘潭	80.4	90.6	26.5	−36.7	0
松花江区	五道沟	17.3	9.3	1.3	22.7	−16
长江区	湖口	19.7	163.3	25.2	43.7	−212.5
松花江区	大赉	98.2	35.8	0.5	116.4	−54.5
辽河区	辽中	1.24	0.4	0.9	−0.1	0.04

5.2.5 气候变化对湿地生态系统影响评估技术

湿地生态系统与气候之间存在密切的联系，与其他陆地生态系统相比，湿地生态系统对气候变化异常敏感和脆弱，是研究气候变化的理想对象。保护湿地、恢复湿地是减缓全球气候变暖、应对全球气候变化的重要手段。目前，我国气候变化对湿地生态系统的影响评估存在两个主要问题：一是对过去几十年湿地生态系统已经发生的变化事实缺乏系统综合研究，存在大量的不确定性；二是在研究中对气候变化影响程度的定量研究不够，制约了具体适应政策和措施的制定。这些问题的研究也成为国际气候变化研究的前沿。本研究基于空间遥感技术和数据，以及全国湿地资源调查资料，系统检测过去50年我国湿地生态系统整体面积、分布格局、群落结构和生态功能的变化趋势；利用生态系统的长期观测记录，通过气候条件和湿地类型的不同组合方案的比较分析与识别技术，定量分离湿地生态系统变化的气候与非气候影响因素；根据过去湿地生态系统的演替情形，评估气候变化对湿地生态系统的影响程度，为国家应对气候变化宏观政策制定、保障国家粮食、水资源和生态安全、促进社会经济可持续发展提供科技支撑。结果表明：①过去50年，无论全国尺度还是湿地分布的重要地区，与湿地发育密切相关的气候条件的变化是客观存在且不可忽视的。②过去50年，我国湿地生态系统已经发生了面积的减少和功能的下降。20世纪70年代全国大于$100hm^2$的沼泽湿地面积为4444.8万hm^2，2010年面积为2085.8万hm^2。在本研究所选的四个典型区中，湿地损失率最高的是西北干旱区（−81.2%），其次为三江平原（−79.8%），再次为长江中下游流域（−62.2%），青藏高原的湿地损失率较小（−8.6%）。气候变化对湿地生态系统的影响因具体湿地积水状况的不同而异。对于无地表积水的湿地，温度和降水增减可以单独或交互地直接影响湿地植物的生长发育，且温度的影响较降水更为显著；对于有地表积水的湿地，温度、降水和蒸发通过改变地表积水水位而间接影响湿地的分布边界和植物的生长发育，相对而言，蒸发对地表积水水位的影响更显著（图5-3）。③湿地面积和初级生产力（NPP）分别作为气候变化对湿地生态系统结构和功能的影响表征指标是适宜的。气候变化对湿地生态系统的影响的定量评估技术包括降水−蒸发差值的湿地分区、湿地NPP的模型模拟和高光谱遥感、湿地面积的灰色关联分析等。④气候、非气候因素对湿地生态系统的影响分别采用气候-面积关系法识别技术和景观转换法分离技术进行定量评价。气候-面积关系法识别技术结果表明：气候因素在不同区域对湿地面积的影响显著不同，总体上在东北地区、长江中下游地区及青藏高原地区，气候因素对湿地面积具有增益作用，而非气候因素则导致湿地面积减少。全国尺度上，气候因素及非气候因素总体上对湿地面积变化的贡献率分别为 33.31% （＋） 和58.02% （－），非气候因素是导致湿地损失的主要原因（表 5-2）；景观转换法分离技术结果表明：结果显示非气候因素和气候因素对全国沼泽湿地分布的贡献分别为 75.7% 和24.3%，在全国尺度上非气候因素对沼泽湿地的影响程度大于气候因素的影响程度（表 5-3）。

表 5-2　气候-面积关系方法识别结果

区域	东北地区[a]	长江中下游地区	西北地区	青藏地区	全国
非气候	70.1-82 （－）	49.5-50.4 （－）	2.09 （－）	53 （－）	58.02 （－）
气候	17-30 （＋）	49.6-50.5 （＋）	97.91 （－）	47 （＋）	33.31 （＋）

资料来源：薛振山等，2015；张仲胜等，2015.

表 5-3　景观转换法分离结果　　　　　　　　　　　　（单位：%）

区域	东北地区	长江中下游地区	西北地区	青藏地区	全国
非气候	98.3	66.3	62.5	1.3	75.7
气候	1.7	33.7	37.5	98.7	24.3

5.2.6　气候变化对生物多样性影响评估技术

生物多样性是对地球上生物及其环境关系的统称，广义概念包括基因、物种、生态系统和景观的多样性，狭义的概念主要是指物种层次的多样性，特别是涉及气候变化对生物多样性影响与适应方面评估，则主要指物种的多样性。本研究的三类技术包括气候变化对生物多样性影响识别、影响评估和气候与非气候因素影响的分离技术。结果表明：①近 50年来，中国鸟类、两栖类、爬行类、兽类、裸子植物、被子植物、苔藓和蕨类植物；家养动物、栽培植物种质资源；有害生物部分物种的分布边界与范围发生了一定的改变，但这些物种分布改变仅部分是因为气候变化的影响，一部分物种分布与范围改变与人类活动和调查等有关，物种分布改变源自气候变化而言，不同物种分布边界与范围受到气候变化影响程度的不同，其中动物类估计占变化种类的较高（Wu，2015a，2015b，2015c，2015d，2016；Wu and Zhang，2015；Wu and Shi，2016），植物较低，家养动物和栽培植物相对较低，有害生物也相对较高。②近 50年来，中国生物多样性变化较大，这些变化部分归结为气候变化，不同类群物种多样性受到气候变化的影响不同，其中鸟类受到气候变化的影响较大，兽类中翼手目和食虫目中动物受到的影响其次（表 5-4）。植物比较复杂，有害生物相对较大。

表5-4 近50年来观测到的蝙蝠分布变化归因气候变化影响的值

蝙蝠种类	中心纬度	南界	北界	中心经度	西界	东界
Rousettus leschenaultii	0.00	0.00	2.34	0.49	0.00	0.00
Rhinolophus ferrumequinum	6.81	0.00	0.00	0.16	0.00	14.77
Rhinolophus pusillus	6.35	0.00	0.86	−1.74	0.00	0.00
Rhinolophus luctus	2.50	0.00	3.47	0.00	0.00	0.00
Rhinolophus rex	3.03	0.00	0.40	−0.54	0.00	0.00
Rhinolophus pearsonii	0.75	0.00	3.35	−0.10	0.00	0.00
Hipposideros bicolor	3.59	0.00	1.31	0.00	0.00	0.00
Coelops frithii	0.00	0.00	0.00	0.00	0.00	0.00
Vespertilio sinensis	29.71	0.00	1.12	0.00	0.00	8.46
Ia io	0.78	0.00	6.26	1.19	0.00	0.04
Tylonycteris pachypus,	7.97	0.00	6.08	−0.64	0.00	0.00
Tylonycteris robustula	0.25	−7.64	3.62	0.00	0.00	−0.98
Plecotus auritus	0.00	0.00	0.58	7.14	0.00	0.10
Murina aurata	0.00	0.10	−1.77	−15.35	0.00	2.34
Myotis formosus	33.55	0.00	37.48	0.00	0.00	3.35
Myotis pilosus	10.42	0.04	0.57	0.00	0.00	0.00
Myotis frater	17.48	0.00	0.76	0.00	0.00	0.00

注：观测的蝙蝠地理分布中心纬度、南界、北界、中心经度、西界和东界变化归因为气候变化的值。如果归因值小于1，但大于0，蝙蝠观察和预测分布变化较小。如果归因值大于1，蝙蝠分布变化可以归因于气候变化，如果归因值小于或等于0，蝙蝠分布变化不能归因于气候变化。*Rousettus Leschenaultia*，棕果蝠，*Rhinolopus Ferrumequinum*，马铁菊头蝠，*Rhinolophus Pusillus*，菲菊头蝠，小菊头蝠，*Rhinolopus Luctus*，大菊头蝠，*Rhinolophus Rex*，贵州菊头蝠，*Rhinolophus Pearsonii* 皮氏菊头蝠，*Hipposideros Bicolor*，双色蹄蝠，*Coelops Frithi*，无尾蹄蝠，*Vespertilio Sinensis*，东方蝙蝠，*Ia Io*，南蝠，*Tylonycteris Pachypus*，扁颅蝠，*Tylonycteris Robustula*，褐扁颅蝠，*Plecotus Auritus* 大耳蝠，*Murina Aurata*，金管鼻蝠，*Myotis Formosus*，绯鼠耳蝠，*Myotis Ricketti*，大足鼠耳蝠，*Myotis Frater*，长尾鼠耳蝠）.

资料来源：Wu，2016.

本研究给出了我国生物多样性变化的一些宏观趋势，识别了气候变化与人类活动对生物多样性的总体影响。另外，本研究从保护的野生生物、人类已经直接利用的生物和有害的生物三个方面，分析了气候变化对生物多样性造成的影响，国际上对保护野生动植物分析较多，分析已经涉及了种群、群落以及进化的相关内容，但对人类直接利用的种质资源物种分析不够。本研究也分析了气候变化影响下有害生物变化的宏观趋势，以及危害的状况。从全球结果看，尽管地球上生物种类非常多，并且气候变化已经有百年的时间，但能够明显响应气候变化的种类还比较少。同样，本研究也表明在过去50年的气候变化影响下，能够检测并归因到气候变化影响的物种数量还不是非常多。这反映了生物多样性响应气候变化的复杂性，以及其它因素影响交织的过程。同时，也与生物多样性响应气候变化的滞后效应有关。

5.2.7 气候变化对沙漠化影响评估技术

评估气候变化对沙漠化的影响一直以来都是沙漠化研究中的一个十分重要的议题。通过对近年来相关文献的梳理，国内外学者围绕全球沙漠化的热点区域，如北非撒哈拉地区、地中海地区、中国北方地区等开展了大量的工作，不仅在技术方法上取得了一定的进展，也为科学认识不同时空尺度下气候变化对全球沙漠化的影响奠定了基础，但其中也存在一些诸如定量研究不足、未能有效分离非气候因素影响等问题。本研究选择植被净初级生产力（NPP）的变化来反映沙漠化的动态过程，以沙漠化逆转和发展面积为评估指标，通过建立气候变化、NPP 变化以及沙漠化逆转、发展区域的时空联系，识别了过去 50 年有遥感影像记录以来气候变化对沙漠化影响的时空格局。在此基础上，将潜在 NPP 与实际 NPP 差值的变化趋势及土地利用的变化特点相结合，定量分离了非气候因素的作用，进而对气候变化对沙漠化的影响进行定量评估。结果表明：过去 50 年有遥感影像记录以来，气候变化对中国北方沙漠化土地的正逆过程已经产生了可以辨识的影响。在基于潜在与实际 NPP 差值变化趋势、土地利用格局演变来定量分离非气候因素影响的基础上，可以利用沙漠化逆转和发展面积对气候变化对沙漠化的正逆过程影响进行定量评估。评估结果表明，气候变化导致的沙漠化逆转面积为 89 513 km²，占总体沙漠化逆转的 26.5%；气候变化导致的沙漠化发展面积为 52 095 km²，占总体沙漠化发展的 12.6%。不同气候因素的影响在空间上具有明显的差异。

5.2.8　气候变化对冰川影响评估技术

冰川是冰冻圈的重要组成部分，对气候变化有灵敏的响应，已有的研究显示，我国西部冰川正经历以退缩为主的快速变化，对我国的水资源与潜在的冰川洪水产生很大的影响。目前的观测资料显示，我国的冰川融水径流呈增加趋势，但其拐点出现的时间需要进行综合评估。此外，冰川退缩及其相伴而生的冰川湖泊的扩张、灾害性冰川水资源——冰川洪水也正频繁出现，这些都将影响到我国西部山区的生产建设与规划、水资源合理调配与使用、生态恢复与安全保障等。为了维持我国西北生态环境脆弱地区社会经济的可持续发展。需要对我国的冰川变化的水资源影响、冰川突发洪水、冰湖溃决洪水等进行系统综合的评估。我国以往的冰川研究由于模型方法、时空尺度以及资料等的限制，导致对冰川变化过去影响评估较少，未来风险评估较薄弱，气候变化影响、脆弱性和风险的综合评估技术方法落后等的不足。因此，集成研发我国冰川变化影响评估与风险预估关键技术，从区域尺度、系统、定量评估冰川变化的影响，降低影响评估的不确定性，以便更好地应对气候变化的迫切需求与制定适应气候变化的措施与法规。

利用两期冰川变化数据，对中国西部近 50 年来的冰川变化进行了系统分析。剔除第二次编目未登记冰川和因两期编目数据质量不满足变化比较而未纳入统计的冰川，参与变化统计的冰川在第一次编目时的条数共计 36 209 条，总面积 443 287.91km²，与第二次编目对应冰川数量比较可知，中国所统计的冰川总面积减少了 7661.98km²，减少比例达 17.7%，年均变化率为-0.52%（刘时银等，2016）。尽管有大量单条冰川在退缩过程中分离成多条较小规模的冰川，所统计冰川总条数却减少了 2668 条，这主要是大量小冰川消失现象。各山系冰川面积萎缩幅度大致可分为 4 个等级，即面积萎缩幅度 ≤ -40%、-30% ~ -40%、

-20%~-30%和≥-12%。穆斯套岭仅20条冰川，属于退缩幅度最大的一类，冰川面积近3成已消失（-34.1%）；中国阿尔泰山和冈底斯山的冰川退缩幅度与穆斯套岭相当，冰川面积分别缩小了约32%；喜马拉雅山、天山、横断山、念青唐古拉山和祁连山的冰川变化幅度居中，这些山脉的冰川面积变化率为-20.3%~-25.2%；喀喇昆仑山、阿尔金山、羌塘高原、唐古拉山和昆仑山则介于-15.9%~-9.0%，属冰川变化幅度最小的区域。因各山系两次编目时间差异，年均面积变化率分级稍有差异，冈底斯山面积年萎缩率最大，超过1.0%/a，其次为阿尔泰山、天山、喜马拉雅山、横断山和念青唐古拉山，面积萎缩年均速率-0.73%~-0.88%；喀喇昆仑山、唐古拉山、帕米尔、阿尔金山和祁连山，年变化率为-0.32%~0.57%/a；羌塘高原和昆仑山最小，低于-0.30%/a。利用反距离加权平均空间插值法，对上述冰川年变化率进行空间差值，得到0.5°×0.5°经纬度格网上冰川年变化率的分布图。通过分析0.5°格网冰川年变化率与中国气候中心0.5°×0.5°月平均气温降水数据集所计算的对应格点气温和降水变化趋势间的关系，得到青藏高原以及我国西部地区冰川变化与气温降水变化趋势间的空间相关性。分析表明，空间上相对于低值区域而言，青藏高原中部偏南地区、西藏东南部等地区的冰川变化与降水变化趋势有较高的相关性，说明这些地区的冰川对降水变化影响的反应更敏感；而天山地区、青藏高原东部地区、帕米尔高原、喀喇昆仑山等地区的冰川变化与气温变化趋势相关性较高，说明这些地区的冰川对气温变化反应更敏感。这从一个侧面反映出，区域气候背景和气候变化格局是影响冰川变化的决定性因素。

5.2.9 气候变化对海岸带影响评估技术

我国是一个海洋大国，邻近我国大陆和岛屿的海域范围相当辽阔，大陆海岸线总长度超过18 000 km，拥有面积500 m² 以上的岛屿多达6500多个，海岛海岸线长度超过14 000 km。我国沿海地区面积约占全国的16.8%，人口却占全国的近42%，GDP占全国的近72.5%，是中国人口密集、经济发达的地区。然而，濒临我国的西北太平洋、黄海、东海和南海的海洋环境条件十分复杂，气候多变，是海洋气象灾害频繁发生的区域。受全球气候变化影响，以及我国沿海社会经济的快速发展，我国已成为世界上海洋灾害频发、灾害程度最严重的国家之一。近些年来，海洋灾害如风暴潮频率增加、海岸侵蚀加剧等，损害了滨海湿地、红树林和珊瑚礁等典型生态系统，降低了海岸带生态系统的服务功能和海岸带生物多样性。同时气候变化引起海温升高、海水酸化使局部海域形成贫氧区，海洋渔业资源和珍稀濒危生物资源衰退。海洋灾害已经成为我国重大的环境问题，因此，定量评价气候变化对我国海岸带的影响具有重大意义。

然而，以往的研究主要针对气候变化与海平面上升，对各种海洋灾害及海岸带生态的影响分析研究较少开展，系统性评估与预估工作尚未开展。目前越来越多的研究表明，气候变化背景下，海岸带自然灾害等时间变化复杂，需开展多因子、多重关系等综合分析评估。而加强海洋领域应对气候变化能力，需要更加全面、系统、可靠的信息，科学地评估气候变化导致的自然环境变化对海洋环境和人类活动的影响，对我国社会和海洋经济可持续发展具有十分重要的意义。

气候变化对海岸带自然灾害与湿地生态系统的影响评估技术比较复杂，需要综合应用多源数据整合、数值模拟、动力降尺度、数理统计等相关技术才能实现。我们将该评估技术分为三个主要步骤：首先，基于业务化中尺度天气预报模式系统，利用美国环境预报中心多年高时频全球再分析数据集以及欧洲中期天气预报中心再分析数据，通过动力降尺度方法获得中国及近海 30 年连续的高分辨率再分析大气强迫场。其次，基于海洋环境业务化数值预报体系中的风暴潮、海浪、海冰数值模式，在上述高时频大气强迫条件下，连续重构多年风暴和潮汐增水、有效波高、海冰厚度及海冰密集度等历史数据集。最后，针对上述数据集，利用统计方法分析近几十年我国海岸带风暴潮、海浪、海冰等自然灾害及海平面的变化，以及海岸带湿地生态系统等的长期变化趋势，评估气候变化对海岸带自然灾害与湿地生态系统及珊瑚礁等的影响。

气候变化如海平面上升、海岸侵蚀等自然因素对滨海湿地有重要的影响，但直接得出这部分的贡献比较难。然而，人类活动等非气候因素对于海岸带湿地等环境因素可在短期内产生直接影响，如养殖池、盐田、建筑用地等均占用大量的自然湿地资源，使得自然湿地面积快速减少，并且这部分变化比较明显，很容易计算其演变过程。因此，可以通过量化分析非气候因素对海岸带湿地的影响从而分离气候与非气候因素对湿地变化的贡献。

利用动力降尺度方法得到 1981～2011 年中国近海高时空分辨率的气象场，用其分别驱动风暴潮、海冰、海浪等数值模式获得过去 30 年中国近海风暴潮、海冰和海浪等时空高分辨率数值结果，再通过观测结果对数值模拟结果进行检验、订正，最终重构了过去 30 年中国近海高时空分辨率的风暴潮、海冰和海浪数据集。据此数据集及收集的其他观测资料，分析了近几十年来海岸带风暴潮、海浪、海冰等自然灾害的季节变化和年代际变化，以及其空间分布特征和长期变化趋势；评估了过去我国沿海各类湿地的分布特征及其演变过程，以及气温、降水等气候因子对湿地面积产生的影响；利用观测资料对过去我国海平面总体变化趋势以及不同海区的海平面变化趋势进行了分析；分离气候与非气候因素的影响，提示了过去 30 年气候变化对海岸带有关因子的影响程度及其区域差异。

针对气候变化影响和风险评估的关键技术问题，系统评估了过去 30 年我国沿岸风暴潮、海冰和海浪等自然灾害的时空分布特征及长期变化趋势；分析了我国总体和区域海平面的变化趋势；分离气候和非气候因素的影响，揭示了过去 30 年气候变化对我国海岸带有差因子的影响程度及其区域差异；总结了过去 30 年我国海岸带风暴潮、海冰、海浪等自然灾害，以及海平面变化的时空分布特征及其长期变化趋势；阐述了过去几十年我国海滨湿地的演变及其气温和降水等气候因素对其影响；分离了气候与非气候因素，分别揭示了其对风暴潮灾害损失、海滨湿地面积等的影响。中国沿岸海洋灾害损失中，有 90% 以上是由于风暴潮（含近岸浪）灾害造成。过去 30 年，最强等级（I 级）风暴潮增水频次变化趋势不明显；但致灾较为显著的（II、III）级风暴潮均呈增加趋势，与此同时，风暴潮灾害次数和强度存在上升趋势。从我国沿岸地区风暴潮危险性（Hazard）、脆弱性（Vulnerability）和风险（Risk）的综合评估结果（图 5-4）可看出，渤海湾、莱州湾、杭州湾、浙江和福建交接处、珠江口和雷州半岛这些区域的风暴潮危险性较高。脆弱性的空间分布图显示，辽东半岛的大连市、渤海沿岸的天津市、江苏省的如东县、浙江南部至福建北部沿岸各区县、广东汕头市和雷州市、广西防城港市，以及海南文昌市等沿海区域的风暴潮脆弱性等级较高。在风暴潮危险性和沿岸脆弱性的共同作用下，我国沿海风暴潮风险结构显示为，珠江口附近、渤海湾和雷州半岛东岸为高风险区，且其风险明显高于其他沿岸地区；其次是莱州湾、江苏北部、上海、杭州湾南部，以及广东大部分沿岸；而其他地区沿海风险值较低，均为低风险区。分析表明，影响风暴潮灾害经济损失主要因子为非气候因素，占比损失变化率90%以上。

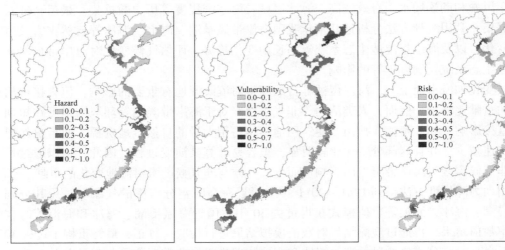

图5-4　我国沿岸风暴潮危险性、脆弱性和风险综合评估

海冰变化是气候变化的敏感因子。我国渤海和黄海北部是我国边缘海中唯一的结冰海域，也是全球纬度最低的结冰海域之一。渤黄海冰期大约为50～100天，平均75天。我国海冰冰情等级呈现显著减弱的趋势，并伴随有较强的年际和年代际尺度的振荡。辽东湾、渤海湾、莱州湾和黄海北部海域冰期在过去的50年中，平均每年缩短约0.5天。其长期变化趋势与全球变暖趋势反相关显著。

在气候变化和人类活动强烈影响下，我国滨海自然湿地的总体面积呈下降趋势，2008年面积约8000 km²，比1978年减少近40%。由于围垦和砍伐，有73%的红树林丧失。但气温升高同样对红树林湿地北扩产生了推动作用，例如，浙江省1991～2011年间，红树林面积增加了近140km²。黄河三角洲近20年间，自然湿地面积还处于减少状态，而人工湿地的面积迅速增长，致使整体面积增长，黄河三角洲33.8%区域的生态安全处于一般的程度，良好、较差、优秀面积分别占20%左右，总体来看，研究区生态风险处于较低水平（图5-5）；苏北鲁南湿地减少较为明显，广西红树林湿地虽总体减少，但近10年面积有所增加。

我国南海珊瑚礁也受到气候变化与人类活动的共同影响。三亚湾珊瑚礁造礁的自然群落状态结束于自20世纪60年代，之后20年受到广泛的人为破坏，三亚鹿回头珊瑚礁的81种造礁石珊瑚中，30种已经区域性灭绝；鹿回头岸礁在1960年代初期，活珊瑚覆盖率达70%～80%，持续减少至2005～2006年的12%左右。近25年来大亚湾活珊瑚覆盖率亦呈明显下降趋势，年均降低 2.7%，超过印度–太平洋自 1997 年以来每年活珊瑚覆盖率降低（1%~2%）的速度。

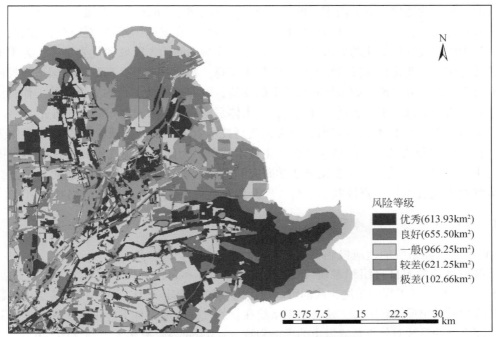

图 5-5　黄三角滨海湿地的生态风险评估图

5.3　适应气候变化技术

　　减缓和适应是应对气候变化的两个重要方面，适应则更为现实和迫切，而适应技术的正确选择与表述是应对气候变化研究的关键内容。适应气候变化技术以气候变化影响显著的农业、林业、水资源、海岸带、生态系统以及人类健康 6 个重点领域为对象，研究各领域预警、工程、动态检监测、评估、灾害防控、适应空间、模型分析、重大工程、各领域行业标准和规范、社会影响和舆论宣传方向 11 种类型的适应技术。"十一五"期间，我国学者在农业领域开展了冬麦北移、小麦–玉米双晚栽培技术、东北国家商品粮基地——农业适应技术、西北绿洲农业区综合技术、草地灌溉技术等适应技术的研究；在林业领域开展了川西退化天然林适应气候变化实验示范；人类健康领域开展了血吸虫病的防治技术研究。"十二五"期间开展了气候变化方法学、技术清单、粮食主产区、草地畜牧业、林业、沿海地区、太湖流域、干旱、半干旱区域、城市等领域的适应气候变化技术的研究，并且取得显著的成果。

5.3.1　适应气候变化方法学

　　由于各方面的条件限制和对适应气候变化科学认识的局限性，目前中国适应气候变化面临缺少系统的国家层面的适应技术研发规划、科技支撑严重不足、适应对策的针对性不强、适应技术体系很不健全，急需加强研究。由于气候变化及其影响的复杂性，目前的科学认识水平与制定科学的适应规划的需求之间还存在一定的差距，部分适应措施的可操作性不强，或缺乏可行性论证，缺乏行业可操作性的适应技术清单。在支撑国家适应战略规划的制定方面，认识中国适应气候变化的需求和障碍、确定适应行动的优先区域和优先事项，为采取有针对性的适应气候变化行动提供坚实的科学技术支撑。在此基础上，现阶段我国适应气候变化研究急需系统的方法论上的指导和技术上的支持，以前虽然做了一些先遣性的工作，但还远远不够，需要更进一步开展适应气候变化技术体系构建和国家宏观布局规划研究。

本研究是对适应技术进行识别、分类、典型技术效果评估、集成，以农林牧业作为先遣性的探索，编制典型行业的适应气候变化技术清单，为国家适应气候变化技术清单提供方法论上的尝试。在适应气候变化方法学研究和适应气候变化技术体系构建的基础上，搭建适应气候变化技术信息资源共享平台，展开国家适应气候变化的综合战略规划研究。

1. 适应气候变化机理研究

1）不同受体系统的适应机制

系统的适应性源自自组织系统（self-organization system）对外界气候变化干扰的反馈（feedback），从系统工程的角度，我们可以把适应气候变化定义为：通过对气候变化引起的外界环境扰动做出反馈和响应，使自组织系统在新的气候环境条件下能正常运转和发挥其功能。不同类型的系统对外界环境做出的反馈和响应（response）有很大区别（图5-6）。

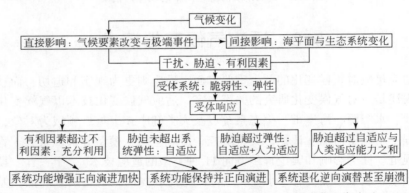

图5-6　受体系统适应气候变化的机制与不同演替方向（潘志华和郑大玮，2013）

简单的非生命系统由于缺乏自组织性，对外界环境的干扰做出反馈于响应的能力较差。在发生外界干扰时，仍表现出物理意义上一定的弹性（resilience），即能够保持系统的结构不受破坏，功能不至丧失，当外界干扰减弱或消失时，系统能恢复原来的态势。但这种弹性是有限的，如外界干扰超过一定阈值，系统将受到破坏。

复杂的非生命系统和简单的生物系统具有一定的自组织能力，能根据对于外界环境干扰信息及时做出反馈和响应，采取一定的适应措施以减轻环境胁迫。但通常是被动的适应措施，不能做出有计划的预先适应。当外界干扰很强时，同样有可能超过一定的阈值，导致系统的破坏甚至崩溃。生物自适应可分为基因、细胞、组织、器官、个体、群体、生态系统等不同层次，不同层次具有不同的自组织适应机制，层次越高，生物多样性越丰富，自组织和适应能力就越强。

人类系统具有很强的自组织能力，能够有计划地收集环境信息，正确评估气候变化的影响和风险，制定正确有序的主动适应措施。但人类系统的适应能力仍然受到社会组织管理能力、经济发展水平、科技水平，特别是对气候变化及其影响的认知水平等多种因素的局限，国际学术界有人认为，如果每百年升温速率超过 2℃，就有可能超出人类系统的适应能力，造成灾难性的后果。

人类系统适应可分为个人、家庭、社区、区域、国家、大区和全球等不同层次。系统越大，适应的难度越大，但适应能力也越强，适应机制更加复杂多样。

2）受体系统的适应与演化

农作物适应气候变化机制研究有新的进展。对于主要农作物：基于三基点温度，分析了农作物适应气候变化的战略选择途径——调整（在三基点温度范围内）、转型（超出生长发育的最低或最高温度），并基于这样的原理，以此为突破口对其他生物体的适应战略选择进行了探讨；对适应气候变化的关键要素与内涵进行了梳理凝练：平均状态、极端事件、生态后果、社会变革，对于每一种类型的适应所针对的问题，所采取的措施和技术是不同的，为适应技术选择提供了方法学依据；对适应的时空尺度进行了梳理，每一个时间尺度和空间尺度的适应优先事项所采取的适应措施是不同的，这也为适应技术分类提供了方法学依据。

从历史上气候的演变过程认识当今的适应气候变化，目前我们面临的适应气候变化问题和以前生物体的适应的区别，即现在人类已经进入"人类世（纪）（Anthropocene）"，自然经济社会条件都不同于以往的地质年代（最近的地质年代是"全新世"），"现代适应"与以前生物的"本能适应"已经完全不同，这为我们进行方法学研究提供了全新的思路，由此反映系统科学的信息论、控制论、系统论，以及耗散结构论、协同学论、突变论，都对适应气候变化方法学研究具有重要参考意义。

3）适应技术的系统性

从系统科学的角度认识适应气候变化机理，认识到适应是在气候变化外界强迫下从"无序"到"有序"的演变过程，使适应气候变化方法学的目标指向性更清晰、理论基础更扎实、可操作性更强；在农作物适应气候变化机理研究尝试的基础上，对生态系统和城市适应气候变化的机理进行了初步探讨；通过深入研究认识到适应技术是实现适应目标的一种手段和措施，因此，适应技术体系构建是适应方法学的一个方面和重要组成部分（一个客观的、可以操作实施的部分），解决了适应技术和适应方法学的关系问题。

尝试适应优先事项选择的函数表达，将适应从定性向定量表述推进；气候变化农业影响的系统梳理与适应措施的梳理——分析适应的需求与差距、解决"两张皮"问题；对适应的尺度问题进行了更深入的探索，考虑适应从基本的基因水平、细胞水平、组织水平、作物的植株水平，到田间水平、局地水平、区域水平、次大陆水平的各种适应的优先项问题；以华北冬小麦为例，探索适应机理（水肥管理——浇冻水，施 N 肥和 P、K 肥的匹配，镇压和划锄，品种的冬春性不同发育期的抗冻性能等的相互作用）——解决采取的适应措施的针对性问题，避免错误适应。

一个区域生态–社会–经济系统，由生态子系统、社会子系统、经济子系统组成。区域系统及各子系统对气候变化及所引起的生态环境变化做出各种响应，并具有一定的弹性或适应能力。这种自适应的成本较低，应充分利用。但是这种弹性或自发的适应能力是有限的。对于强度更大的气候变化胁迫，还需要建立一个适应决策支持系统，该系统由三个子系统组成。信息处理子系统收集区域系统对气候变化胁迫响应的有关信息，并进行处理、分析和评估。技术对策子系统针对气候变化的具体影响，提出可供选择的适应对策与技术。决策咨询子系统经过比较、论证和优选，针对三个子系统分别做出适应对策，并出台相应的适应政策和工程规划。上述适应行动决策，少数用于削弱灾害源或改善宏观生态环境，大多数措施作用于各子系统，用于提高受体的适应能力或调节改善局部环境（图5-7）。

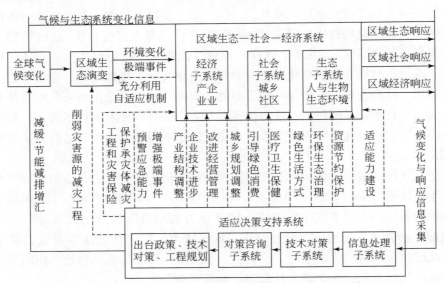

图 5-7　区域系统适应气候变化的技术途径框图

4）边缘适应的意义

对农业生态系统适应机制和适应途径的分析，为其他领域的分析奠定了基础，也为整理出适用于各个领域的适应机制和适应途径找到了突破口。在边缘适应的基础上，进一步深化与丰富其内涵与内容。

（1）系统边缘是气候变化的敏感脆弱区，系统边缘的脆弱与不稳定是一个普遍现象。气候变化等环境改变使系统边缘具有较大的不稳定性和脆弱性，成为受气候变化影响最大的子系统。

（2）系统边缘适应气候变化的挑战和机遇。系统边缘作为与系统与外界进行物质、能量和信息交换的前沿，又具有从外界引进有益物质、能量和信息即"负熵"的可能。与系统内部相比，更加具有促进系统进化演替的机遇。系统边缘能否克服挑战，抓住机遇，加快发展，关键在于能否及时调整自身的结构与功能，主动适应环境的改变。

（3）边缘适应气候变化的对策和途径。系统边缘适应气候变化应掌握以下原则：第一，根据气候变化及时调整优化结构，使之具有一定的过渡性特征。第二，作为系统之间的桥梁和纽带，在保持自身稳定的前提下要主动开放，善于从相邻系统吸收有用的物质、能量和信息，实现资源优化配置和优势互补，合作两利。第三，在充分发挥自适应功能的同时，与系统内部相比要更多地采取有针对性的人为适应措施，或增强边缘子系统的自适应功能，或调节改善局部环境以减轻气候变化胁迫。两类措施相辅相成缺一不可，必须有机结合。前者成本较低也比较巩固，但适应能力有限；后者成本较高，但在环境胁迫超过自适应能力阈值时必须采取。通常对于强度较轻的气候变化胁迫，适应措施以调动和发挥自适应功能为主，对于强度大的胁迫则以规避和改善局部环境等人为措施为主。第四，系统边缘遇到的气候变化胁迫有多种，涉及领域众多。需要多部门协同，也需要系统内部子系统的合作与支援，有时还需要边缘以外的其他系统合作与支援。加强适应行动的统筹管理尤为必要。

（4）系统边缘应作为适应气候变化的优先区域和重点。由于系统边缘的特殊脆弱性和不稳定性，同时又由于系统边缘的特殊发展潜力，制定气候变化适应规划与对策应把系统边缘作为适应优先区域和战略重点。

（5）基于边缘效应的演变和不确定性，适应气候变化对策也应不断调整和完善。在系统内部，适应的主要任务是在原有措施的基础上适当调整和加强。但对于系统边缘，适应工作往往是全新的，需要对子系统的结构与功能做出重大调整与改变。系统边缘部分的适应，不仅关系自身的稳定与功能发挥，而且关系到所处母系统及相邻系统的稳定与功能，有时还会影响到全局，成为整个系统适应性演化的先驱。"边缘适应"有望成为进行适应气候变化研究和开展适应气候变化工作的切入点和抓手。本研究通过对农业气候资源变化分析的作物种植界限北移、农业种植结构调整中的冬麦北移、热带作物种植北扩、整体转型适应方式、农牧交错带边界地区农牧结合模式等的分析，丰富了"边缘适应"的内容。

2. 适应技术体系构建

1）适应气候变化的内涵

适应气候变化不是简单地只针对单一气候要素量的变化（如温度上升、降水改变等），而应考虑适应更广泛的气候要素与各种自然要素量和社会经济要素量之间的联动变化。通过农业适应气候变化的机理研究，发现适应气候变化应包括四个方面的内涵：对气候变化基本变化趋势（即单要素气候量的变化）的适应；对气候波动，特别是极端天气、气候事件（即多个气候要素时空组合的变化）的适应；对气候变化带来的生态后果（即气候要素和自然要素量组合的变化）的适应和气候变化带来的社会经济结构改变及贸易格局改变（即气候要素量、自然要素量和社会经济要素量之间组合的变化）的适应。

首先是对以变暖为主要特征的气候变化基本趋势的适应。气候变暖叠加降水量减少引起的气候暖干化或降水量增加引起的暖湿化，对人类的生存环境、生产活动和生活方式的影响是最直接的，必须采取适应措施。除此之外，CO_2 浓度的升高、风速与太阳辐射的减弱及近地面臭氧浓度的升高等，其对农业生产的影响同样不可忽视。

气候在变化的同时，波动也在加剧，其直接表现就是极端天气、气候事件危害的加剧。适应气候变化的一项重要内容是增强应对极端天气、气候事件的能力。就目前的技术手段能力，人类还不能有效阻止极端天气、气候事件的发生，尤其是气象巨灾的发生，只能通过不断提高适应气候变化的能力、调整系统的布局与结构、增强承灾体的弹性与抗性、改良生境在局部削弱灾害源等方式来减轻极端天气、气候事件的不利影响。

气候变化带来全球生态与环境的巨大变化，包括海平面和高山高原的雪线上升，生态系统的演替和物候的改变，水土流失、土地退化、土地利用与资源格局的改变、生物地球化学循环的改变、环境污染、水土富营养化、生物多样性减少和有害生物入侵和扩展等。相对于单纯由气候要素量变化引起的适应问题，气候变化引起的生态后果的适应要复杂得多。

气候变化引起的资源禀赋、环境容量与消费需求的改变导致国内与全球各业生产和贸易格局的变化，加剧地区间和国际经济发展的不平衡；产业结构的调整又会影响到就业与收入状况的改变，加上极端天气、气候事件危害增大与气候致贫的叠加，使非传统安全问题变得更加突出。气候变化还影响着人们的出行、消费、行为和心理，使社会矛盾变得更加复杂。对于这些气候变化的深远影响，都需要未雨绸缪，主动采取适应措施，适应的任务更加复杂、更加艰巨。

综上所述，适应气候变化主要方面的问题列于表 5-5 中。

表 5-5　适应气候变化的主要方面

适应问题的方面	适应要素概述
平均状态的变化	CO_2 浓度升高、气温升高、降水量时空分布的改变、风速与太阳辐射的减弱等
极端气候事件发生的变化	干旱、暴雨洪涝、高温热害、低温灾害、台风等
气候变化引起的生态后果	土地退化与水土流失加剧：北方土地沙化/盐碱化、草地退化、南方土地石漠化、土壤有机质分解加速 生物多样性（包括病虫害天敌）的减少、湿地减少、森林与草原火灾发生频繁、外来有害生物入侵 暖干化导致的水资源减少、冰雪融化；变暖加速水体的富营养化 海平面上升引起的海岸侵蚀和咸潮入侵加剧；海水变暖导致的渔业资源分布的改变；海水酸化、珊瑚礁白化；赤潮等海洋生物灾害的加剧；海岸带湿地的退化 病虫草鼠害加剧、农药化肥过量施用造成的环境污染
气候变化引起的社会经济结构与布局的改变	减排政策对农业生产成本的影响 适应气候变化造成的农业生产成本（化肥过量施用、增加灌溉、农业灾害防治、水土保持、土壤改良、灾害造成的农业基础设施的修复等）的增加 农业温室气体减排对生产活动的影响 变暖引起社会水资源消耗增加对农用水资源的挤占 气候变化导致生活方式的改变（饮食习惯、出行、着装、居住、就业等），从而引起消费需求的改变 集中连片特殊困难地区因气候灾害导致的贫困加剧 巨灾发生后农业生产结构布局的调整、农业设施的规划与重建 因气候变化导致的国内农业资源分布的改变，及由此引起的农产品产销格局的改变 气候变化引起国际农业气候资源与优势产地分布及农产品贸易格局的改变

相对于气候平均态的变化，在气候情景预估中极端气候事件的信息我们更应该关注，其影响和危害也更大。微小的气候平均态的变化，可能会引起气候灾害巨大的改变，我们要有准备适应更加多变的气候状态、更加严峻的气候极端事件带来的灾害。不确定的气候变化因素叠加社会经济因素，需要加强适应气候变化的风险决策，适应一系列的不确定的未来变化的范围，而不是集中在这个适应气候变化的措施是多么地被精确地表述何时何地将会发生，避免陷入精准预报的迷思。

2）适应技术的辨识与优先序

我们在进行适应措施选择时，不可能"眉毛胡子一把抓"，应该选取优先事项，而在各个不同的时空尺度上适应的优先事项是不一样的。表5-6列出我们总结的应用系统论的方法针对不同空间尺度、时间尺度上农业适应的优先议题。

表5-6 适应的时空尺度与优先适应措施

空间/时间	当前	近期	中长期
基因与个体	抗逆高产品种筛选 应急救灾短生育期品种选用 培养壮苗栽培技术措施	抗逆高产品种选育 应变栽培技术与化学调控技术	应用生物技术培育抗逆、高光效、理想株型的品种 气候智能型栽培技术
群体与区域	品种布局调整 应急技术与常规技术调整	作物布局调整 渐进调整为主	种植制度调整 整体转型为主
国家	适应行动协调，尤其是减灾领域	适应行动计划制定	适应规划与能力建设

对甄别出的优先适应区域的适应技术选择的分析，如对沿海地区、河流沿岸地区需要高精度、高分辨率的数据技术支撑，是因为这些区域在气候变化条件下呈现出脆弱的状态，是适应的优先区域，需要高精度、高分辨率的数据才能实现适应技术的研发，从而支撑适应决策。对适应气候变化识别标准的认识有新的进展：一方面，适应气候变化技术必须紧紧围绕所针对的气候变化及其影响，同一项技术在不同地区不一定都具有适应效果，唯一的判别标准就是能否减轻气候变化所带来的不利影响/或利用气候变化带来的机遇；另一方面，在不同领域、不同区域，适应技术与减缓技术有的界限分明，有的则混淆不清，在明确气候变化问题的基础上，区分减缓与适应，是准确识别适应技术的重要标准。

3）适应技术体系的构建

针对不同的气候变化问题，结合不同的时间尺度，分领域、分类别对适应气候变化技术措施进行梳理，着力解决气候变化与适应气候变化技术的针对性问题；根据温度、降水、CO_2、风速等要素的变化趋势，从育种、农艺、生物、化学、工程等角度筛选农业适应技术，从栽种、抚育、苗圃、监测预警等角度筛选林业适应技术，从饲养、草地改良、畜舍改良、防疫、育种等角度筛选草地畜牧业适应技术。针对北方重点地区，尤其是东北与黄淮海地区主要农作物水稻、玉米、小麦所面临的关键气候变化问题，依托气候变化风险分析，按照农艺、灌溉、品种选育、基础设施、工程技术等不同类别，筛选适应气候变化技术，对农业适应气候变化技术进行分类、分级，改进与完善东北与黄淮海地区农业适应气候变化技术清单。以气候变化对农业影响为例，从气候变化长期趋势、极端气候事件、气候变化影响三个方面，梳理与明确气候变化风险评估流程与方法，为林、水、草等其他领域风险评估奠定基础。

5.3.2 粮食主产区适应气候变化技术

1. 东北粮食主产区适应气候变化技术

东北地区是我国玉米主产区和重要的商品粮生产基地，被誉为我国粮食生产的"稳压器"。由于我国地处东亚季风区，是世界上受气候变化不利影响最为严重的国家之一，而农业又是受气候变化影响最大的弱质产业，气候的任何波动和变化都会对农业生产造成严重的影响。研究表明，东北地区作为我国未来百年增温幅度最大的地区之一，未来的农业生产面临着严峻的气候变化问题。气候变化导致干旱洪涝灾害频发、水资源短缺和分布不平衡加剧、生物多样性锐减、生态安全受到威胁，给世界各国经济社会可持续发展带来了重大挑战。气候变化及极端事件与其他因素一起将对中国粮食安全构成威胁，适应气候变化已成为中国乃至人类社会的必然选择和共同需求。因此，加强适应气候变化工作，提高农业生产对气候变化的适应能力，是当前中国农业生产面临的必然选择。既是实现国家适应气候变化目标的需要，同时也是提高农业防灾减灾能力、实现区域农业可持续发展以及保障国家粮食安全的需要。

构建了以"淡化表层"节水创建技术为核心的盐碱地水稻应变栽培及土壤改良培肥集成技术体系，涵盖了水稻耐盐碱品种筛选、盐碱地水田环境友好型施肥、防霜冻营养调控技术、盐碱地水田病虫害综合生态防控、盐碱地水稻育秧技术及秧苗适宜移栽期等配套技术。开展了盐碱地水田"淡化表层"节水创建、盐碱地水稻品种气候适应性筛选、抗低温、增磷补锌防霜冻施肥技术与适宜移栽期等一系列技术研究工作，旨在解决东北盐碱土区因气候变化引发的干旱导致土壤盐碱加重，水稻品种选择盲目性大，盐碱地稻区春季低温、盐碱导致的土壤有效养分含量低、缓苗慢；夏季低温，秋季早霜冻害频发、水稻营养不均衡、抵抗力弱等问题。

构建了以玉米抗风保水新型栽培技术为核心的黑土区玉米高效种植及土壤定向培育集成技术体系，涵盖了高光效玉米品种筛选、土壤新型保护性耕作与定向培育、玉米水肥耦合及玉米秸秆还田条件下病虫害防控等配套技术，研发了黑土地玉米品种筛选、覆膜滴灌、栽培模式、水肥耦合以及新型保水抗风种植等一系列适应技术，旨在解决东北黑土区黄金玉米带因气候变化而产生的低温、干旱、早霜频发，自然降水和热量分布与作物生育需求规律偏差加大，土壤有机质矿化趋势增强、潜在肥力下降，春季大风、降水少等问题。

2. 黄淮海冬小麦适应气候变化技术

本研究是以黄淮海主要粮食作物冬小麦为研究对象，针对气候变化引起的干旱、晚霜冻害和病虫加剧等问题,研发与区域气候变化相适应的冬小麦栽培关键技术,构建适应区域气候变化特点的作物高效、安全和环境友好型生产模式及配套集成技术体系,并进行示范、推广,为提高黄淮海粮食主产区小麦生产的应变抗逆和防灾减灾能力、实现区域农业可持续发展以及保障国家粮食安全提供技术支撑。

1)抗冻品种筛选及冻后补救技术

(1)小麦抗低温胁迫品种筛选及实施效果分析。对照表 5-7 对小麦受冻程度进行分级,并观察幼穗分化与受冻状况,同一品种的抗冻能力随幼穗分化程度的增加而减弱。

表 5-7 小麦受冻程度分级表

冻害程度	冻害特征
1 级	叶片干枯、萎蔫占 30% 以下
2 级	叶片干枯、萎蔫占 30% ~60%
3 级	叶片干枯、萎蔫占 60% 以上
4 级	叶片全部干枯、萎蔫,茎部死亡

经低温处理 2 天后,不同小麦品种表现出不同的形态特征,但其叶片均出现不同程度的卷曲和萎蔫,在冻前不灌水的条件下郑麦 366、周麦 22 和开麦 21 叶片萎蔫程度较大,超过 60% 面积的叶片呈现出下垂披散,叶片失绿、色泽增深的状况。以郑麦 7698、周麦 27、平安 8 号和西农 979 叶片萎蔫程度较小,叶片仅为叶尖萎蔫失绿,其余品种表现 2 级受冻。结合幼穗分化状况,郑麦 7698、周麦 27 和西农 979 幼穗未冻死,其余品种幼穗均发生冻害,且周麦 27 和西农 979 幼穗发育至小花分化期,发育程度较高,但抗冻性变现仍优于其他品种。

冻前灌水条件下,各品种叶片萎蔫与失绿程度均小于等于不灌水处理,矮抗 58、周麦 26、豫农 211、豫麦 49 - 198 和衡观 35 受冻程度高于其他处理,从幼穗分化状况看(表 5-8),除西农 979 发育至小花分化期外,其余品种均发育至护颖分化期,且郑麦 366 和矮抗 58 幼穗发生冻害。综合分析我们认为郑麦 7698、周麦 27 和西农 979 表现出较强抗冻性,郑麦 366、矮抗 58 抗冻性相对较弱,其余品种抗冻性介于这些品种之间。

通过对低温处理后小麦叶片形态、幼穗的观察,初步认为郑麦 7698、周麦 27 和西农 979 3 个品种抗冻能力较强。

表 5-8 小麦冻害状况调查与幼穗分化状况

品种	冻前不浇水		冻前浇水	
	冻害等级	幼穗分化状况	冻害等级	幼穗分化状况
郑麦 366	3 级	护颖分化期(冻)	1 级	护颖分化期(冻)
郑麦 7698	1 级	护颖分化期	1 级	护颖分化期
矮抗 58	2 级	护颖分化期(冻)	2 级	护颖分化期(冻)
周麦 22	3 级	护颖分化期(冻)	1 级	护颖分化期

续表

品种	冻前不浇水		冻前浇水	
	冻害等级	幼穗分化状况	冻害等级	幼穗分化状况
周麦26	2级	护颖分化期（冻）	2级	护颖分化期
周麦27	1级	小花分化期	1级	护颖分化期
豫农211	2级	护颖分化期（冻）	2级	护颖分化期
豫麦49-198	2级	护颖分化期（冻）	2级	护颖分化期
平安8号	1级	护颖分化期（冻）	1级	护颖分化期
开麦21	3级	护颖分化期（冻）	1级	护颖分化期
衡冠35	2级	护颖分化期（冻）	2级	护颖分化期
西农979	1级	小花分化期	1级	小花分化期

（2）小麦冻后修复试验实施效果分析。由表5-9可以看出，小麦受冻后，株高、分蘖数、干物重、籽粒重均较正常对照处理降低。但采取修复措施后，冻后修复一、冻后修复二措施较低温对照的株高、干物重和籽粒重分别高出了5.78%、20.97%，90.47%、99.64%，26.51%、17.64%。两种修复措施相比，冻后水肥同补措施对小麦株高和干物重的修复效果优于冻后补水处理，但对籽粒重的修复效果冻后补水措施优于水肥同步措施。

表5-9　冻后措施修复对小麦株高、分蘖、干物重及籽粒重的影响

处理	株高/cm	每盆分蘖数	每盆干物重/g	每盆籽粒重/g
正常对照	59.67	11.67	24.67	11.00
低温对照	42.34	8.00	8.40	6.30
冻后修复一	44.79	6.67	16.00	7.97
冻后修复二	51.22	8.00	16.77	7.40

小麦受冻后补水、水肥同补措施均能降低干物重与籽粒损失，单就挽救籽粒损失来看，冻后补水措施效果最为明显，冻后水肥同补显著降低了株高和干物重的损失，但与冻后补水相比对籽粒损失的效果不明显。这可能是由于该试验中小麦受冻程度不够，没有造成死蘖现象，补充灌水已经能够对冻害产生一定的减缓作用，且该试验中土壤养分含量的本底值较高，对于小麦生长和冻后修复来说养分不是制约因素，所以冻后补肥对籽粒的挽救效果并不明显。但如果在更强程度的冻害水平下，冻害可能造成死蘖现象，分蘖节可能发生新的分蘖。而冻后水肥同补存在增加小麦新生分蘖，从而具有挽救产量的可能性。

（3）郑州大田冻害预防修复技术实施效果。本试验实施阶段，郑州试验区未遭到低温灾害，冬季最低气温-4.1℃，春季期间未形成霜冻，没有对小麦生长产生胁迫，所以该年试验只对各种挽救措施对产量的影响进行分析。此外，西农979在该试验后期大面积倒伏对产量及其构成因素造成一定影响，所以西农979品种数据只作参考。

分析不同防冻措施对百农AK58产量的影响（表5-10），发现以氯化胆碱处理产量最高，对照产量最低，但各处理间没有显著差异。观察产量构成因素可见镇压处理对小麦穗

数形成影响较大，百农 AK58 和西农 979 在镇压处理后穗数较对照分别提高了 5.8% 和 16.25%。但各处理对小麦穗粒数、千粒重影响不显著（西农 979 在后期倒伏对小麦灌浆籽粒形成影响较大，故不再分析）。推测镇压对小麦群体有促进作用，其余措施还需进一步试验验证。

表 5-10　不同防冻措施对小麦产量及构成要素的影响

品种	处理	穗数/（万穗/hm²）	穗粒数/（粒/穗）	千粒重/g	产量/（kg/hm²）
百农 AK58	对照	681.21±76.91b	36.40±1.15a	35.35±3.71a	8314.25±704.32a
	氯化钙处理	662.12±1.18b	35.35±4.16a	35.99±1.13a	8397.65±989.56a
	氯化胆碱处理	688.73±27.04b	31.90±0.69a	35.14±3.19a	8630.54±860.43a
	镇压处理	721.26±64.61ab	36.20±1.91a	33.15±3.75a	8394.25±1089.96a
	有机肥处理	697.25±30.94a	34.46±2.72a	34.34±1.61a	8571.75±908.46a
西农 979	对照	646.32±83.94b	33.80±0.51a	33.97±2.24a	7421.52±1011.79b
	氯化钙处理	686.27±8.72b	33.50±4.69a	21.25±0.38b	5500.64±47.19c
	氯化胆碱处理	671.72±53.62b	34.05±4.03a	19.76±2.17b	4516.57±284.72d
	镇压处理	751.27±10.19a	32.75±0.60a	22.38±1.85b	5507.65±257.31cd
	有机肥处理	665.32±62.60b	32.50±2.81a	17.84±1.01c	3828.12±261.64e

注：数据后的不同小写字母表示差异达 0.05 显著水平，下同。

2）不同感温性品种区域适应性适应技术示范与效果分析

（1）2013 年和 2014 年效果分析。2014 年 2 月 17 日和 19 日，分别调查了郑州点和安阳点各品种幼穗发育进程，结果列于表 5-11 中。从表 5-10 中可以看出，同一品种在郑州点和播期较早时发育进程较快；不同品种间比较，春性较强的品种发育进程加快。

表 5-11　不同区域各品种幼穗发育进程

试验点	品种	幼穗发育进程				
		第一播期	第二播期	第三播期	第四播期	第五播期
郑州	郑麦 9023	小花分化期	二棱后期	二棱中期	二棱初期	二棱初期
	04 中 36	小花分化期	二棱末期	二棱初期	二棱中期	二棱初期
	西农 979	小花分化期	二棱后期	二棱初期	二棱中期	二棱初期
	新麦 26	二棱末期	二棱中期	二棱初期	二棱中期	二棱初期
	周麦 22	护颖分化期	二棱后期	二棱中期	二棱初期	二棱初期
	矮抗 58	二棱后期	二棱中期	二棱初期	二棱中期	二棱初期
安阳	郑麦 9023	二棱中期	护颖分化	二棱中期	单棱期	单棱期
	04 中 36	小花分化	二棱后期	二棱初期	单棱期	单棱期
	西农 979	二棱后期	二棱中期	二棱中期	二棱中期	穗原基
	新麦 26	二棱后期	二棱中期	单棱期	单棱期	穗原基
	周麦 22	二棱中期	二棱中期	二棱初期	单棱期	穗原基
	矮抗 58	二棱中期	二棱中期	二棱初期	单棱期	穗原基

2013 年和 2014 年产量结果分别列于表 5-12 和表 5-13 中。可以看出，年际及不同播期间的产量表现趋势不尽一致，总体趋势表现为在纬度高地区，适当晚播产量水平高，且春性越强，播期易晚；春性强的品种，在纬度低区域适宜播种期较长。

表 5-12　不同区域各品种产量表现（2013 年）　　　　（单位：kg／亩）

试验点	品种	第一播期	第二播期	第三播期	第四播期	第五播期
安阳	郑麦 9023	530.32	523.16	479.09	319.23	
	04 中 36	503.41	560.19	458.72	379.59	
	西农 979	400.33	429.96	388.48	323.55	
	新麦 26	549.08	555.01	447.86	401.94	
	周麦 22	583.40	524.15	477.98	394.53	
	矮抗 58	503.04	456.25	458.97	460.82	
郑州	郑麦 9023	523.56	503.18	429.41	378.56	391.38
	04 中 36	650.92	443.44	445.29	455.80	366.54
	西农 979	573.11	466.79	421.24	507.57	376.68
	新麦 26	467.38	548.67	490.99	446.77	423.50
	周麦 22	384.25	492.53	482.09	441.33	430.36
	矮抗 58	553.68	510.80	442.01	461.69	371.33
信阳	郑麦 9023	354.70	363.20	393.60	308.70	283.70
	04 中 36	466.40	430.30	368.10	292.70	238.60
	西农 979	523.80	492.60	418.00	278.20	181.30
	新麦 26	470.00	390.30	370.00	260.60	240.30
	周麦 22	508.10	445.00	329.20	325.80	211.30
	矮抗 58	393.60	363.60	351.60	290.00	251.30

表 5-13　不同区域各品种产量表现（2014 年）　　　　（单位：kg／亩）

试验点	品种	第一播期	第二播期	第三播期	第四播期	第五播期
安阳	郑麦 9023	473.73	464.59	454.30	434.24	386.88
	04 中 36	436.02	493.54	528.38	462.56	454.18
	西农 979	467.13	422.94	422.18	408.21	427.00
	新麦 26	466.62	445.42	448.72	465.22	470.48
	周麦 22	522.74	529.33	431.58	485.03	499.89
	矮抗 58	444.27	435.64	424.08	393.10	458.11
郑州	郑麦 9023	379.76	623.92	667.31	681.42	535.12
	04 中 36	472.60	484.65	546.05	631.26	582.39
	西农 979	514.09	385.93	600.83	591.83	524.54
	新麦 26	323.33	752.76	752.89	463.87	652.42
	周麦 22	653.41	560.66	618.94	794.85	756.81
	矮抗 58	505.37	556.21	770.30	753.64	514.70

续表

试验点	品种	第一播期	第二播期	第三播期	第四播期	第五播期
信阳	郑麦 9023	419.7	456.0	413.2	324.4	252.0
	04 中 36	495.7	478.5	415.2	303.2	223.3
	西农 979	420.8	393.6	405.6	291.7	194.5
	新麦 26	449	449.7	368.5	251.2	203.3
	周麦 22	403.4	391.4	360.5	270.2	214.6
	矮抗 58	417.2	394.5	355.0	258.0	230.6

因不同纬度区域、不同播期小麦出苗温度差异较大，结合区域气温变化特征和品种特性，纬度高地区宜选用半冬性品种，晚茬搭配弱春性品种；纬度低区域宜选用弱春性品种和半冬性品种；春性强的品种宜适当晚播。

（2）2015 年效果分析。郑州地区的产量相关性状结果列于表 5-14 中。由表 5-14 可知，6 个播期的穗粒数差异不显著；在亩穗数上，S4 与 S1、S2、S3、S5、S6 差异显著，分别较其高出 12.23%、8.72%、13.47%、17.86%、8.87%。3 个品种间 A5、A4 与 A6 产量的差异显著，与 A6 相比 A4、A5 分别高出 10.69% 和 7.66%；在穗粒数上也表现出 A5、A4 与 A1、A2、A3、A6 间差异显著；在亩穗数上，A3、A4 与 A1、A2、A5、A6 间差异显著。对于产量而言，S2、S3 期与 S1、S4、S5、S6 差异显著，S3 在产量与 S1、S4、S5、S6 相比分别高出 9.72%、8.91%、16.27%、20.35%，S2 在产量上与 S1、S4、S5、S6 相比分别高出 9.67%、8.87%、16.22%、20.29%。

表 5-14　郑州地区不同播期各品种产量表现

处理		亩穗数/（万/亩）	穗粒数/（粒/穗）	产量/（kg/hm²）
播期	S1	43.08bc	42.13a	7973.17bc
	S2	44.47b	41.98a	8744.83a
	S3	42.61bc	40.32a	8748.67a
	S4	48.35a	42.33a	8032.33bc
	S5	41.02c	41.84a	7524.33b
	S6	44.41b	43.22a	7269.33b
品种	A1	44.78a	38.83c	
	A2	45.91a	40.48bc	
	A3	45.94a	41.64b	
	A4	46.45a	44.47a	8165.67a
	A5	42.19b	45.21a	8396.00a
	A6	38.63c	41.19bc	7584.66b

注：S1-S6 分别代表播期 10 月 7 日、10 月 14 日、10 月 21 日、10 月 28 日、11 月 4 日、11 月 11 日；A1-A6 分别代表小麦品种郑麦 9023、04 中 36、西农 979、豫农 211、周麦 22、矮抗 58。郑麦 9023、04 中 36、西农 979 由于倒伏严重，未对其进行产量分析，产量上只对豫农 211、周麦 22、矮抗 58 进行分析。

由表 5-15 可知，安阳地区的产量上，S1、S2、S3 与 S4 的差异显著，但 S1、S2、S3 间差异不显著，亩穗数、穗粒数的表现上，4 个播期表现都不显著，在千粒重上 S1、S2 间差异不显著，S3、S4 之间差异不显著，但 S1、S2 与 S3、S4 之间差异显著，因此在安阳地区适宜的播期应该在 S1 与 S2 之间，即 10 月 7 日至 10 月 14 日之间。在对千粒重的影响上，A1 与其他 5 个品种间差异显著，在产量上 A4、A5、A6 间差异不显著，但与其余 3 个品种间差异显著，综合数据得出最适品种应为豫农 211。

表 5-15　安阳地区不同播期各品种产量表现

处理		千粒重/g	产量/（kg/hm²）
播期	S1	49.75a	7743.15a
	S2	49.33a	7445.4a
	S3	47.08b	7934.25a
	S4	45.91b	6874.65b
品种	A1	52.85a	6710.55c
	A2	48.67b	7199.25b
	A3	45.25c	6552.00c
	A4	48.72b	7934.25a
	A5	47.05bc	8299.88a
	A6	45.57c	7764.38a

由表 5-16 可知，在对信阳地区产量性状的影响上，S2 与 S3、S5 差异不显著，但与 S4、S6 差异显著，在对亩穗数影响上，S2 与 S3 差异不显著，但与 S4、S5、S6 差异显著，在穗粒数与千粒重上，播期的影响不显著。则其适宜播期应在 S2 与 S3 之间，即 10 月 14 日到 10 月 21 日之间。品种对于产量及千粒重的影响上，6 个品种间的差异不显著，在对亩穗数的影响上，A1、A2、A4、A5 间差异不显著。但比 A3 与 A6 表现更好，对穗粒数的影响上，A2 与 A4 间差异显著，其他差异都不显著，则所应选择的品种应为 A2，即 04 中 36。

表 5-16　信阳地区不同播期各品种产量表现

处理		亩穗数/（万/亩）	穗粒数/（粒/穗）	产量/（kg/hm²）
播期	S2	24.95a	34.36a	4723.75a
	S3	23.63ab	34.96a	3843.00ab
	S4	22.53bc	30.10a	3312.12.49b
	S5	21.41c	30.78a	4176.75ab
	S6	18.15d	33.16a	3240.00b
品种	A1	21.94ab	32.22ab	3738.6a
	A2	22.40ab	37.60a	4297.5a
	A3	21.14b	35.08ab	3462.6a
	A4	23.52a	27.84b	4733.4a
	A5	22.66ab	32.36ab	3625.5a
	A6	21.16b	30.96ab	3298.5a

综上所述，安阳地区的适宜播期为 10. 07 ~ 10. 14，最适品种为豫农 211；郑州地区的适宜播期为 10. 14 ~ 10. 28，最适品种为豫农 211 和周麦 22；信阳地区的适宜播期为最适播期 10. 14 ~ 10. 21，最适品种 04 中 36。

3）水肥调控适应技术示范与效果分析

（1）土壤库容提升技术实施效果。2014 年试验的产量结果列于表 5-17 中，常规旋耕产量为 525.5kg/亩，促根剂和深耕均能增加产量，其中以深耕产量增加幅度大。这说明深耕和促根剂均能增加产量，其原理可能是促进了根系的发育，提高了对深层次养分和水分的利用，提高了抵御外界环境变化的能力。

表 5-17　不同处理下产量及其构成因素

处理	亩穗数/(万穗/亩)	穗粒数/(粒/穗)	千粒重/g	理论产量/(kg/亩)
旋耕	41. 67	33. 8	43. 9	525. 5
旋耕+促根剂	44. 19	35. 3	42. 3	560. 8
深耕 30cm	39. 09	37. 7	45. 1	564. 7

2015 年的测产结果表明，30 cm 深耕处理下小麦的产量最高，与另外两个处理相比，差异均达到了极显著水平；其次为 20 cm 翻耕，常规旋耕下产量最低。

（2）节水灌溉技术实施效果。由表 5-18 可以看出：大水漫灌和沟灌产量最高，其次为滴灌，喷灌产量最低。大水漫灌能显著提高小麦穗数，由于沟灌条件下穗粒数和千粒重较高，其产量和大水漫灌产量相同。

表 5-18　不同灌溉方式对小麦产量的影响（2014 年）

处理	小麦穗数	穗粒数	千粒重/g	亩产量/kg
大水漫灌	632. 00	22. 56	46. 386	660. 00
沟灌	559. 00	23. 23	50. 787	660. 00
喷灌	461. 33	23. 70	50. 028	546. 67
滴灌	545. 67	22. 52	48. 848	600. 00

对大水漫灌、喷灌、滴灌、沟灌四种不同的灌溉方式对小麦不同的生理生态指标和产量的影响进行了比较，结果如表 5-19 所示，沟灌、滴灌、喷灌用水量分别为漫灌 2/3、1/3 和 5/6 的情况下，产量分别为漫灌的 99%、93% 和 88%；沟灌和滴灌在用水量少的情况下具有很好的渗透性；沟灌、滴灌、喷灌的灌浆速率明显高于大水漫灌；沟灌和滴灌的穗部生物量在灌浆前期和后期较高，总生物量方面相差不大，喷灌的整体表现不如大水漫灌。

表 5-19　不同灌溉方式对小麦产量相关性状的影响（2015 年）

处理	亩穗数/万穗	穗粒数/（粒/穗）	千粒重	产量/（kg/亩）
大水漫灌	63.21	28.56	46.386	665.70
沟灌	55.92	35.23	50.787	662.32
喷灌	46.13	33.70	50.028	586.67
滴灌	54.57	31.52	48.848	621.54

两年的试验结果均表明，沟灌可以在适当减少灌溉用水的情况下，获得与大水漫灌大致相当的产量，从而同时实现高产和水分高效利用的目标。

研发了与区域气候变化相适应的黄淮海地区冬小麦种植关键技术，构建了适应区域气候变化特点的作物高效、安全和环境友好型生产模式及配套集成技术体系，进行了适应气候变化综合集成技术的示范、推广，为提高黄淮海粮食主产区农业生产的应变抗逆和防灾减灾能力、实现区域农业可持续发展以及保障国家粮食安全提供了技术支撑。

5.3.3　内蒙古草地畜牧业适应气候变化技术

本研究针对气候变化对草地生态恢复和畜牧业生产影响的关键问题，选择内蒙古草甸草原、典型草原、荒漠草原为研究区域，筛选适应气候变化的抗逆、高产牧草品种，研发适应气候变化的草地利用与管理技术，在典型区域进行技术集成示范和推广应用，并在此基础上提出内蒙古草地适应气候变化的可持续发展综合战略对策。围绕这一目标，本研究主要进行基于气候波动与草地生产力时空格局变化的定量放牧技术研发与示范；适应气候变化的高产优质牧草品种的筛选与种植示范；基于区域水资源配置及气候波动趋势的高效人工草地建植技术与草地灌溉技术研发与示范；适应气候变化的草地管理关键技术筛选与集成等 4 个领域的研究与示范。这一研究有助于提升草地畜牧业应对气候变化的能力，促进草地畜牧业的可持续发展。

1. 气候变化对内蒙古草原植被生产力影响的分析

系统分析了内蒙古地区近 50 年来年气候变化特征和极端气候，特别是极端干旱对内蒙古草原植被生产力的影响。

近 50 年来，内蒙古草地畜牧业地区气候变化主要表现为平均气温以上升趋势为主，与全球气候变暖趋势一致。其中冬季增暖贡献最大，冬季平均温度及平均最低气温的升幅大于年平均温度、夏季平均温度和平均最高气温；气候季节与年度波动性较大，且东部大于西部；极端气候增多。特别是降水的不确定因素较大，区域差异明显，并有周期性震荡；风速降低，蒸发量降低。总的来说，降水是草地类型分布格局变化的制约因子，在升温背景下降水制约效果更为显著。

近 30 年来，内蒙古高原干旱监测降水指数（PDSI）均值变化呈现了先增加后减少的变化特征。突变分析表明，突变点为 1999 年（通过 95% 置信度检验）。1999 年之后 PDSI

均值持续下降，85% 的年份 PDSI 均值下降到 −1 以下，尤其以 2005 年后下降趋势显著，其中 2001 年、2008 年、2009 年 PDSI 均值达到 −2 以下，受旱的程度相对较重。干旱发生（PDSI<−1）区域占全区面积 30% 以上的事件共有 13 年，其中 11 年发生在 2000~2011 年。13 年中，受旱区域占全区面积 50% 以上的年份占到 60%，说明全区性发生干旱的事件明显增多。

干旱平均发生面积以夏季最大，占全区面积的 72%；其次为秋季、春季和冬季，分别占全区面积的 67%、56% 和 54%。春季干旱高发生中心（二级）主要位于中温型草甸草原区、典型草原区、荒漠草原区，到了夏、秋季干旱高发生中心有扩展并向东部森林区位移的趋势（主要表现为Ⅲ级）、冬季干旱高发生中心回落到中温型草甸草原区、典型草原区、荒漠草原区域，与春旱的发生中心一致。

干旱对草原植被变化的影响主要表现在：中温型典型草原区和中温型荒漠草原区 NDVI 对干旱的响应较敏感；各个植被类型受旱时期主要集中在夏季，在生长季起始阶段的春季和秋季受旱影响较轻。干旱对植被的影响表现出明显的滞后效应，滞后期为 2 个月左右。

2. 适应气候变化的放牧模式

在划区轮牧上，首先，需要依据气候条件及局地的自然状况，构建动态的优化放牧技术体系，改变现在固定的牧事活动时间节点，总结和归纳各类表征牧事活动适宜开展的天气、气候、物候、生态学、生理学等指标，实现动态化放牧。其次，由空间异质性所带来的适应气候变化的天然资源的有效识别、量化和合理利用，如地势高低及阴阳坡分异能有效规避极端温度的影响等。

在春季休牧技术上，要因地制宜和因时制宜，根据当年的气候变化预测调整休牧的时间。

在适应气候变化的动态放牧技术上，基于草地生产力及草畜平衡的时空格局变化特征，针对北方草原区气候波动性增加、极端气候事件增多及暖干化的气候变化特点，以及中西部草地退化严重的环境特点，在吸收游牧及其他放牧技术优点的基础上，构建动态的优化放牧技术体系，主要为：扩大放牧空间，充分利用草场地形特征，划分春季、夏季、秋季及冬季放牧区，进行大尺度的景观放牧。并根据水热资源配置新特点探索不同景观与区域间划区轮牧、休牧、舍饲组合技术。

这一放牧方式针对我国北方草原生产力时空异质性较大，近年来草地退化严重的区域环境特征以及草原区气候波动性较大、极端气候事件增多等气候变化特点，改变现在固定的牧事活动时间节点及放牧强度，实行基于动态草畜平衡的放牧方式，构建了根据景观与区域草地生产力与利用现状实行景观与区域间划区轮牧、休牧、舍饲组合技术。该技术解决了北方草原气候年度与季节变幅较大，草地生产力不稳定且空间异质性较强而导致的过载或放牧不足问题，提高了草地的可持续利用性。

3. 适应性气候变化的牧草品种优选

筛选了羊草、驼绒藜、隐子草、克氏针茅、黄花苜蓿、偃麦草、无芒雀麦、大赖草、冰草、塔乌库姆冰草、羊茅、紫羊茅、新麦草、哈萨克斯坦新麦草、东方山羊豆、阿尔泰杂花苜蓿、紫花苜蓿、直立扁蓿豆等适应性强的乡土牧草品种和引种牧草。在此基础上进一步选取敖汉苜蓿、垂穗披碱草、肇东苜蓿、驼绒藜和杂花苜蓿共 5 种适应性强的典型牧草作为适应气候变化优良牧草的推荐品种。

4. 适应气候变化的人工草地优化配置模式和建植技术

针对我国北方草原地处干旱与半干旱区，水资源是畜牧业生产关键制约因子，且全球气候变化导致气温升高，干旱加剧特征，研发出根据水资源时空格局及气候变化的人工草地优化配置模式，构建了雨养条件下人工草地稳定建植技术。主要为补水条件下一、两年生饲草、多年生牧草的单混播建植技术及确定牧草水肥关键期的补水型灌溉模式等人工草地建植与管理技术体系。该技术基本解决了我国北方草原部分地区的冬季饲草问题，提高了适应气候变化的能力。

5. 内蒙古草地畜牧业典型适应技术和联户放牧的草地管理模式

在已有的研究基础上并经过两年的实验、示范与凝练，针对内蒙古地区气候变化的主要问题，初步提出了草地畜牧业适应气候变化的 10 项技术措施，这些技术措施仍需进一步的凝练、实验与示范，也需要进一步征求广大草地经营者、草地管理者及相关学者的意见与建议。

研究发现联户放牧是应对气候变化的有效途径。草场承包到户以后，由于草场面积的限制，几乎大多数的牧户都选择了定居生活，摒弃了传统的游牧放牧。然而，实行定居的牧户很难通过迁移来实现草料补给来应对气候变化、气候波动及极端灾害天气的胁迫。同时小范围过度放牧又极易加剧定居点周围的草地退化，导致草地退化逐年加剧，牧民的生计压力逐渐沉重。一旦出现灾害性天气或牲畜大规模死亡，牧民仅能依赖政府救济来应对，自身寻求生计发展的机会较少。通过联户放牧，联户的草场能整合起来，增大放牧的半径。同时，让一部分牧民从草地上解放出来，从事其他产业，调整收入结构，减少对草场依赖，从根本上减小草地压力，并且共同抵御灾害性天气的能力增强。这一放牧形式是景观尺度放牧的具体体现，实现了不同类型草场、不同季节草场的划区轮牧，是天然草地放牧畜牧业适应气候变化的具体体现。

上述适应技术不仅有效提高了北方草原适应气候变化的能力，增强了草地畜牧业的可持续性，同时也提供了重要的草地管理与政策参考，主要表现为如下三个方面：一是以家庭为单位的草地承包制在以天然草地畜牧业为主的草原区有一定的弊端，天然草地畜牧业需要较大的空间，利用大尺度划区轮牧来保障适应气候波动与气候变化，才能保持草地畜牧业及草地生态系统功能的相对稳定；二是目前我国北方草原部分地区全面禁牧、春季休牧政策需做一定的修正，需根据气候动态变化特征、区域草地生产力状况及时调整禁牧、休牧的时间；三是各地区可根据当地水资源实际情况、气候特征与变化趋势，因地制宜选择人工草地牧草品种、建植模式与标准；制定补水型人工草地的灌溉原则与方法。

5.3.4 林业适应气候变化技术

全球增温及其极端天气对珍稀濒危动植物保护、森林火灾与病虫害发生和生物入侵风险的影响尤为明显。本研究针对气候变化导致增加濒危物种生境和种群的威胁、森林火灾风险、病虫害发生和生物入侵等风险，以秦岭山区和东北林区等为研究区域，研发适应气候变化引发的森林火灾风险预警、有害生物防控、濒危物种保护和自然保护区适应性规划与管理等方面的关键技术，并进行实验示范，编制北方地区林业关键适应技术清单。林业领域适应气候变化技术研究与示范符合当前国家正在实施的天然林保护、退耕还林等生态工程，以及野生动植物保护及自然保护区建设工程的技术需求，对于指导天然林保护、人工林的可持续经营管理、珍稀濒危动植物的保护和自然保护区的适应性管理等都具有很好的指导作用。分析气候变化导致的森林火灾与生物灾害发生规律的变化，提高预警与防控能力，将有效减轻灾害损失和降低成本。再加上根据气候变化引起的生境改变，对敏感濒危物种采取的适应性保护措施，林业适应技术体系的构建将具有巨大的生态效益。

1. 珍稀濒危物种的保护技术

在珍稀濒危物种的保护技术研究方面，2014年4月初在长青自然保护区放置了100台红外相机，系统收集大型兽类的分布和活动信息。同时，收集了该保护区自1997年以来监测和巡护的野生动物遇见率历史资料，开展了气候变化对大熊猫和金丝猴影响分析。同时收集了区域气候变化数据、地形地貌、人类干扰等数据，并根据已有的数据研究了代表性物种潜在分布区受气候变化影响的趋势，分别选择了动物（驼鹿）和植物（红豆杉）做了案例研究。已收集全国的1km分辨率的IPCC4提供的当前和未来气候变化情境下19个生物气候变量的数据，为下一步预测气候变化对濒危物种的影响提供了基础的气候数据。

采集秦岭南北红豆杉样品，收集物种地理分布和生态学信息，结合环境变量，研究了红豆杉的区域发布与变化规律；为研究气候变化对红豆杉等濒危植物生境和种群的影响，开展了低温胁迫下红豆杉生理和转录组方面的研究，为下一步濒危植物的气候适应性筛选奠定了基础。为研究移栽过程中因品系、气候条件、生长环境不同而造成存活率低、生长缓慢等问题的相应保护措施，在北京建立了红豆杉近自然保护区，开展种群复壮关键技术研究。

在森林火灾风险预警技术方面，2014年对大兴安岭的5块样地进行了可燃物调查，同时，与其他项目相结合建立了2台自动气象站，气象站位于不同的海拔，可以为火险预警研究提供实时的气象数据和火险数据。

在森林病虫害风险预警技术方面，考察了待选实验基地，针对研究对象的分布和历史危害特征，分别在山西沁源、灵丘和北京怀柔按历史危害状况及海拔与环境特征选择并建立了红脂大小蠹、油松毛虫的标准观察与分析实验样地；对不同实验样地进行了环境、林分、虫口密度初步调查，并采集针叶与土壤样品拟进行实验室内的化学挥发物和水分指标分析测定。

2. 森林火灾风险预警技术

根据林火记录、气象数据、火气象指数（FWI）相关因子和火发生概率模型对大兴安岭森林火灾发生的特点和主要影响因素进行了分析，对气候变化背景下林火在时间和空间的响应特征进行了分析，给出了定量化划定防火期的方法。研究了利用日值数据计算 FWI 系统各组分因子的可行性，对日值数据计算的结果与时值数据计算的结果进行了相关性分析，结果表明由日值数据对 FWI 系统各组分因子进行计算是可行的。FWI 系统各组分因子的计算受初始值设定的影响，初始值对不同的组分因子影响的时间长度受其代表的可燃物物理性状、时滞、尺寸、深度等的综合影响，初始值对不同因子的影响时间长度不同。

3. 有害生物的防控技术

（1）整理 2002～2011 年全国病虫发生情况，根据县级监测站点的历史油松毛虫和红脂大小蠹监测统计数据，对主要分布于我国北方的油松毛虫和红脂大小蠹灾害发生情况进行统计分析，显示近十几年来中国油松毛虫和红脂大小蠹灾害发生总体规律呈现减轻趋势。以不同年度灾害进行空间分析，其中心点则呈现出一定的周期性规律变化。

（2）在山西灵丘、北京怀柔油松毛虫试验研究基地，继续进行了油松毛虫的样地的林地环境调查及信息素监测工作。根据地形与历史发生情况设置在两区域分别设置了 13 块 20m×20m 或线状固定标准样地。由于油松毛虫 1 年仅发生 1 代，目前仅进行了 2014 年的成虫期的监测，而 2014 年该设置区域油松毛虫灾害情况基本没有发生，样地间诱捕结果基本很少，未能显示出任何比较差异。

（3）利用历史灾害数据集气象数据对影响油松毛虫与红脂大小蠹灾害发生的气象因子筛选。在尺度上选择有油松毛虫和红脂大小蠹灾害发生的山西省为研究区域，以县级灾害为尺度进行筛选。结合油松松毛虫在山西的生活史和已有的研究成果，利用山西基站日数据值等共筛选衍生得出和油松毛虫幼虫期、蛹期、成虫期、卵期、越冬和上下树期相关的气象物候因子 80 个，包括温度、湿度、降雨、风速和光照等，结合油松毛虫重度发生情况和物候因子，用运主成分分析和逐步回归法筛选出并和油松毛虫重度发生最相关的物候因子 7 个。

（4）继续进行试验基地油松及灾害分布区固定样地环境及林分因子的调查，分析灾害样地因子与虫情关系。调查记录各固定试验样地的坡度、坡位、坡向、海拔、林分生长状况、温湿度和虫口密度。在与之对应的松毛虫暴食期、羽化产卵期和下树期分别采集针叶挥发物、针叶和表层土壤进行比较分析灾害的环境影响因子。

（5）根据灾害与气象因子筛选出的气象因子为依据，应用基于熵最大原理和生态学理论 MaxEnt 软件，针对 ipcc5 最新发布的两种外排情景（rcp45 和 rcp60）、三种气候模式（BCC-CSM1-1、HadGEM2-ES 和 MIROC-ESM-CHEM）下的和昆虫生活史有关的 19 个衍生物候因子数据作为其未来环境变量，以 1950～2000 年的作为其当前环境变量，用 2002～2011 年我国油松毛虫重度发生点作为当前灾害数据，对我国未来两种情景下的 3 种模式做模拟预测，其模拟结果显示具有较高的准确性。

通过本研究获得区域人为火、雷击火模型和定量确定火险期的方法，这些模型和方法适用于评价气候变化对研究区域的长期影响，也可以基于此不同时空的长期影响确定研究区域不同的适应策略和方法，对于可燃物管理、消防设施的分布和消防队伍的布局等均有重要意义。由于火灾次数受到火源管理的影响，且这种影响很难定量分析，从长期来看，目前的林火发生水平尚处于正常的范围，因此很难单独用林火次数对气候变化对林火发生影响进行评价，而火险和火险期主要特征的变化将是一个合理的指标对气候变化对森林火灾的影响进行评价。

未来的森林火险评价依赖于不同的气候变化情景的模拟，虽然区域性气候变化情景已经尽可能地提高模拟的精度以满足气候模拟的需要，但这种精度相对于目前日益破碎化的森林和森林火灾发生的尺度而言，仍然难以满足森林火灾实际模拟的需要。气候变化对森林火灾的影响不是单向的，而是一个具有反馈作用的复杂过程，如何将这种复杂的机制与植被、经济发展、人类活动等关键因素结合起来，在气候变化背景下全面研究森林火灾与气候变化的交互过程将是我们未来长期的任务。在中长期尺度上将气候变化对植被的影响，纳入到气候变化对火发生影响的综合评价中去，无疑将更加全面和深入。

林业病虫的灾害预警技术如何适应气候变化，国内外一直以来都围绕着灾害的可能影响的风险分析来进行，但如何对全局尺度灾害进行评价却难以用统一指标来衡量，因为不同局部的变化非常不一致，而本研究提出的灾害中心概念则化繁为简，利用地理信息系统空间分析手段建立气候因素与灾害的相关联系，可在多类灾害中应用推广，可明确评价气候变化的影响规律。而应用信息素监测历来是林业病虫害监测的有效措施，但如何根据气候变化的灾害新的格局去布局布点实施监控和调整，却缺乏有效的理论指导，本研究以两类不同类型的害虫为对象，提出了其及时监控的适应方法，可在生产中提高病虫灾害预测的及时性和准确性，可及时提前采取控制，避免重大灾害的发生。

5.3.5　沿海地区适应气候变化技术

海平面上升已对我国沿海地区防洪、地下水及环境等产生重要影响，同时对国家经济社会的可持续发展产生了重要的影响，并且随着全球逐渐变暖和海平面逐步上升，这种影响会越来越明显。如何在气候变化的情况下，确保区域防洪安全，对中国水资源开发和保护领域提高气候变化适应能力提出了长期的挑战。沿海地区是中国人口稠密、经济活动最为活跃的区域，中国沿海地区大多地势低平，极易遭受因海平面上升带来的各种灾害威胁。目前，沿岸防潮工程建设标准较低，抵抗灾害的能力较弱。未来中国沿海由于海平面上升引起的海岸侵蚀、海水入侵等问题，对中国沿海地区防洪、水资源和生态环境等应对气候变化提出了现实的严峻挑战。

为全面提升我国沿海地区应对未来海平面上升、风暴潮变化的能力，保障沿海地区水资源安全、防洪安全和生态系统安全，针对沿海地区，着重研究了海平面上升模拟和评估技术，沿海地区台风、风暴潮变化趋势分析方法，海平面上升、风暴潮变化对沿海防洪安全、水资源安全影响的评估方法以及海岸带典型退化生态系统修复的关键技术等，并开展了适应技术的示范应用研究。

1. 中国沿海海平面、台风、风暴潮的演变规律

（1）分析了近50年来中国海平面上升的时空演变特征。中国沿海海平面整体呈上升趋势，20世纪80年代中期后上升加快。1980～2012年，中国沿海海平面上升速率为2.9mm/a，高于全球平均水平，其中2012年海平面为1980年以来最高位，较常年高122mm。中国沿海海平面变化具有明显的区域特征，渤海西南部、黄海南部和海南岛东部沿海上升较快，而辽东湾西部、东海南部和北部湾沿海上升较缓。

（2）分析了近60年来中国台风频数、生成点分布、登陆情况、强热带气旋比例的历史变化以及登陆中国台风的降水影响的变化趋势和台风风暴潮的变化。总体而言，台风生成个数呈减少趋势，但强台风个数和占总数比例均呈上升趋势；登陆中国的台风个数所占比例呈显著增加趋势；台风生成点从纬度看有向北移的趋势；登陆台风降水量呈明显增加趋势；台风暴雨灾害风险也在增加；强风暴潮发生的强度和频率都有增强的趋势。

（3）分析了典型沿海地区台风暴潮的历史变化规律。江苏、浙江、上海沿海的海平面季节变化、长期变化规律以及周期性变化特征，分别从风暴增水、极值潮位、重现期极值水位等三个方面，分析了江苏、浙江、上海沿海的风暴潮特征。海平面上升使中国沿岸潮位升高、极值水位重现期缩短、潮流与波浪作用增强，导致沿海防护、水利、港口等工程设施的设计标准降低、功能下降。

2. 海平面上升对典型沿海地区防洪安全的影响

通过建立中国东部沿海风暴潮数学模型，分析海平面上升对中国沿海堤防水位的影响；以长江口为重点，通过长江感潮河段数学模型研究海平面上升和风暴潮变化对两岸防洪水位的影响。

（1）预估了未来沿海海平面上升趋势。建立了2′×2′的西北太平洋天文潮潮波数学模型，根据IPCC-AR5预测的未来海平面可能变化，预测了2050年和2100年外海海平面分别上升0.45m和0.90m的情况下我国近海海平面的变化，并分析了海平面上升对我国沿海主要海域堤防水位的影响。结果表明，外海海平面上升对我国影响最大的海域是北部湾、福建沿海和杭州湾海域。

（2）分析了海平面上升对中国东部沿海风暴潮高水位的影响。构建了中国东部沿海风暴潮数学模型，计算分析了海平面上升对中国东部沿海风暴潮高水位的影响。计算发现，风暴潮最高水位的增加幅度往往超过相应海平面上升的幅度，最大变幅可达20%（相对海平面上升值），体现了风暴潮、天文潮和海平面的非线性作用。

（3）分析了海平面上升和风暴潮变化对沿海典型地区防洪的影响。建立了长江下游感潮河段潮流数学模型，分析了海平面上升和风暴潮水位变化对长江下游防洪水位的影响。海平面上升和风暴潮对长江下游的影响与径流有关，上游径流小则对上游影响范围大；海平面上升的幅度越大对上游的影响范围越大。洪水条件下，海平面上升后，沿江堤防水位

在河口段存在非线性叠加现象。在风暴潮、洪水和海平面上升共同作用下，河口局部地区非线性叠加效果更加明显，需要在堤防设计中给予考虑。

3. 海平面上升对典型沿海地区水资源安全的影响

河流径流量变化和海平面上升是导致河口盐水入侵的主要因素。以受海平面上升和咸潮上溯对水资源安全构成威胁较大的长江口和珠江口两个区域为例分析了海平面上升对区域水资源安全的影响。

（1）分析了海平面上升对长江口供水安全的影响。研究了海平面上升对长江口感潮河段海平面、堤防水位和盐度的影响，分析了典型年份咸潮入侵对典型地区供水安全的影响，结合未来海平面上升趋势，评估典型沿海地区海平面上升对供水安全的可能影响。初步构建了海平面上升、风暴潮变化对沿海典型地区水资源安全影响的评估方法体系。长江径流较大，盐度从河口到上游盐度衰减较快，正常条件下，长江口外进入口内后，盐度衰减很快，南支至杨林口以下落潮时可以取到淡水。徐六泾受盐度的影响很小，枯季影响大于洪季，盐水对上游影响止于江阴。海平面上升对长江河口的影响主要在吴淞口以下，影响的幅度为①，对其上游的盐度影响幅度在 30% 左右，其绝对幅度不会大。例如，海平面上升 90cm 时，盐度增加 0.2ppt 的范围在吴淞以下，对上游的影响较小。

（2）分析了海平面上升对珠江三角洲供水安全的影响。分析了珠江三角洲咸潮上溯的基本规律。珠江口是广东沿海受咸潮上溯影响的主要地区。每年的 10 月至翌年 5 月，是珠江三角洲潮区咸潮上溯期。珠江三角洲地区虽然地表水丰富，但每当涨潮，咸潮上溯，水质咸化，导致咸潮期不能满足工农业生产和居民生活用水的需要。位于鸡啼门的珠海市斗门区，常年受咸达 7 个多月，严重的年份能达到 9 个月。海平面上升，增大了盐水入侵的距离和强度，必然加剧城镇供水的供需矛盾。根据珠江三角洲河口区的特点，建立了网河及河口的一维动态潮流–含氯度数学模型。对盐水入侵的现状研究表明，枯水年受咸潮的威胁较严重，盐水线上边界东江可达东莞—新塘一线，一般而言，在其他要素不变的情况下，咸潮入侵距离将随着水位的上升而增大，因此未来海平面的上升，势必会引起咸水入侵的进一步扩展。海平面上升加大了海水入侵的程度，对三角洲地区城镇、乡村供水极为不利。三角洲各城镇的供水主要是三角洲江河水源，按照饮用水源水质标准的要求，氯度应小于 0.25 才可饮用。一旦海平面持续上升，网河区水体氯度增大，三角洲地区 1500 多万人的饮用水必将遭到威胁。

4. 海岸带典型退化生态系统演变及修复关键技术

中国沿海的辽河三角洲、黄河三角洲、苏北滨海、长江三角洲、珠江三角洲等湿地都会受到海平面上升的严重影响，引起湿地面积大幅度缩减，沿海潮滩和海岸湿地生态系统遭到破坏。

（1）分析了海平面上升对长江三角洲湿地的影响。全球变暖引起海平面上升和湿地向

---

① 1ppt $= 1 \times 10^{-12}$。

陆演化，但多数地区由于人为修建的防潮堤、防波堤等海防工程设施将限制向陆湿地发展，部分滨海湿地将因此消失。中国沿海的辽河三角洲、黄河三角洲、苏北滨海、长江三角洲、珠江三角洲等湿地都会受到海平面上升的严重影响，引起湿地面积大幅度缩减，沿海潮滩和海岸湿地生态系统遭到破坏。

（2）构建了典型海岸带湿地生态系统脆弱性评价指标体系及评价方法。结合盐城地区海岸带湿地生态系统特点，构建了气候变化及海平面上升背景下海岸带湿地生态系统对敏感性湿地生境因子变化的脆弱性评价方法，评估了海岸带退化湿地生态系统的生态安全现状、变化过程及未来海平面上升情景下的生态安全形势，分析了气候变化及海平面上升对海岸带湿地生态系统生产力、生态结构等方面的影响。

（3）初步建立了典型海岸带生态修复技术体系。选取盐城海岸带中部为典型研究区，分析了典型海岸带退化湿地生态系统演化及其退化驱动因素，探讨了气候变化及海平面上升背景下陆/海界面水分交换、蒸散发和盐分迁移对湿地系统水热平衡以及湿地生境的综合影响；建立了湿地系统关键生态特征与敏感性生境因子的定量相关关系，分析了海岸带湿地系统生态特征对敏感性湿地生境因子的响应；在此基础上，提出了典型海岸带生态修复技术体系。

在沿海地区适应海平面上升方面，针对沿海地区，通过分析典型地区适应气候变化的能力与障碍因素，研究了海平面上升模拟和评估技术、沿海地区台风、风暴潮变化趋势分析方法，海平面上升、风暴潮变化对沿海防洪安全、水资源安全影响的评估方法以及海岸带典型退化生态系统修复的关键技术等，提出了沿海地区适应海平面上升的适应性对策措施，并在江苏沿海典型地区开展了适应技术的示范应用，对沿海地区减缓气候变化和海平面上升的影响，适应气候变化，保障沿海地区的防洪安全、水资源安全和生态环境安全，保障沿海地区人民群众带来的生命财产安全，保障沿海地区经济社会的可持续发展等具有重要意义。

5.3.6　太湖流域适应技术

太湖流域洪水风险演变及适应技术以太湖流域为对象，在"十一五"期间科技部中英国际合作重大项目"流域洪水风险情景分析技术研究"的基础上，形成具有自主知识产权的流域洪水风险情景分析系统，具备对气候变化、海平面上升与快速城镇化背景下流域洪水风险演变情景量化分析的能力，对流域中现行治水方略的长远有效性进行分析与评价，围绕抑制与减轻流域水灾风险与支撑可持续发展的目标，从健全防洪体系、增强对气候变化的适应与承受能力等方面提出流域治水方略调整的对策建议，形成可示范的模式。

1. 未来气候变化情景分析与陆地水循环对气候变化的响应

定量分析和评估 IPCC《第四次评估报告》所推荐的二十余个 GCM 以及《第五次评估报告》所推荐的其他相关 GCM 在研究区的适用性，筛选研究区适合的 GCM、RCM 以及统计降尺度技术，生成研究区气候变化情景，并分析其不确定性；提出适合平原河网、城镇化程度高地区特点的分布式水文模型，并依托气候变化情景模拟成果，定量分析和评估未来气候变化对水循环的影响。

2. 台风影响下的流域降雨量预测模型

应用 GSI 同化技术及云分析，结合雷达、卫星等非常规观测，构建高分辨台风中尺度数值预报业务系统，得到基于精细化台风暴雨预报的太湖流域雨量预测模型，定量评估台风短时强降雨对流域水情变化的影响。

3. 平原河网地区大尺度水力学模型

在现有基础上，研发具有自主知识产权的大尺度水力学模型，更好地反映出平原河网区多级圩堤及城镇化过程中流域洪水特性的变化，在气候变化背景下，合理把握降雨分布变化与海平面上升对流域洪水危险性分布的影响。

4. 流域防洪工程系统可靠性评估

对流域防洪工程进行系统调研和分类，针对不同工程类别，研究防洪工程水力荷载和工程结构抗力参数的分布规律，提出防洪工程主要破坏模式的解析或数值表达式及防洪工程系统的可靠性评价方法，进而研究太湖流域防洪工程系统可靠性的演变趋势。

5. 流域经济社会发展与水灾损失评估

依据国际上最新气候变化排放情景，结合太湖流域经济发展及快速城镇化的特征，建立流域不同的社会经济发展情景。研究流域中分类资产的脆弱性，修正分洪水类型、分区域、分受影响资产类别的洪灾损失率关系，进一步考虑流域城市化背景下间接损失的评估方法，评估太湖流域在气候变化与城镇化进程中的洪涝灾害损失状况及发展趋势。

6. 洪水风险情景分析集成平台建设

进一步增强基于 GIS 技术的太湖全流域洪水风险情景分析系统的空间分析功能，为各相关模型的运行并将其研究成果集成为一个有机的整体提供良好的工作平台，以模拟不同气候与经济社会发展情景下流域洪水风险的演变趋势与各种适应性对策的实施效果。

7. 流域洪水风险演变趋势与应对方略

分时段辨识气候变化、快速城镇化背景影响洪水风险变化的驱动因素，为流域洪水风险情景的设置提供依据。建立流域防洪减灾能力评价指标体系，构建流域防洪减灾能力评价模型。提出不同情景下能够有效减轻风险、保障经济社会可持续发展的对策建议。

研究的创新点涵盖了原始创新、集成创新与引进消化吸收再创新三个层次：①原始创新。针对我国快速发展的特点，构建分流域、区域、区内三个尺度与分时段的洪水灾害系统概念模型；降尺度的经济发展预测方法与损失评估方法；具有自主知识产权、能够更好地反映流域未来洪水风险动因响应关系的大尺度水力学模型等。②集成创新。基于地理信息系统技术，综合集成气候变化、水文、水力学、经济社会发展预测、水灾损失评估、堤防工程可靠度评估等各个模型或信息处理软件，形成流域未来洪水风险情景预见系统。③引进消化吸收再创新。结合我国的国情与太湖流域自身的特点，对于动因响应分析方法的改进，气候温暖化基准期的延伸，分布式水文模型在平原水网区的运用、堤防可靠性评估方法的改造等，都将具有引进消化吸收再创新的特点。

太湖流域是气候变化敏感区域，台风暴雨增强与海平面上升等对其洪水特性影响显著。台风影响下的流域降雨量预测模型引入多源观测资料，特别是云分析技术的引进，可有效改善区域模式初始场，改进台风强度和结构的模拟，从而提高对台风降水的预报能力；该高分辨率区域台风预报系统对台风极端降水具有一定的预报能力，尤其是对影响太湖流域的台风精细化降水分布预报有较明显的优势。该区域为全国经济最为发达的区域之一，城镇化速度快，经济发展迅猛，人类活动对陆地水循环影响深远。在气候变化与快速城镇化的背景下，基于对太湖流域洪水风险演变的情景分析，合理制定并实施各种适应性对策，可有效抑制流域洪水风险的增长态势，减轻洪灾经济损失，有利于化解流域内区域之间基于洪水风险的利害关系，消除恶性的水事纠纷，可最大限度地发挥好洪水的资源效益与环境效益，支撑经济快速发展，维持社会稳定和谐。

5.3.7　干旱、半干旱区域水资源调配技术

针对干旱、半干旱区域气候变化对水资源利用影响的重大科学问题，以新疆水资源安全和黄河流域水资源调配作为切入点，开展大型灌区旱情实时监测、大型水库群优化调度、洪旱监测与衍生灾害预警、山区水库-平原水库调节与反调节、水库无效蒸发消减等关键技术集成与示范；建立黄河流域大型灌区实时旱情分析系统、黄河流域适应气候变化的水资源调配系统、新疆冰雪径流监测与衍生灾害预警系统等；提出干旱半干旱区域抗旱水源调度、洪旱灾害监测与预警等综合适应技术体系，对于显著提高干旱半干旱区域适应气候变化的水资源调配能力，具有重大的经济、社会和环境效益。

1. 新疆适应气候变化的水资源利用技术

新疆水资源匮乏、生态环境脆弱，在气候变化背景下水资源短缺问题日益突出、冰川加速融化与洪旱灾害频发，严重制约了新疆经济社会的可持续发展和生态环境的良性维持，危及我国粮食安全和国家生态安全。受社会经济发展阶段和资源禀赋的制约，新疆水资源安全将面临更多气候变化风险，升温趋势还将持续，气候极端事件还将加剧，与快速城镇化、工业化发展阶段不尽合理的人类活动相叠加，水资源安全与生态安全的气候变化风险加大。减缓气候变化对水资源利用的不利影响，为新疆实现跨越式发展提供水资源安全保障，急需研究新疆气候变化的重大科学问题，集成适应气候变化的关键技术，提高新疆适应气候变化的水资源调配能力。

1）创新性成果

（1）建立了典型流域融水型洪水及其衍生灾害监测网络。选取了几个典型年份

（1978 年、1998 年和 2002 年）对冰湖的演化过程进行了遥感监测反演（图 5-8）。三个年份冰湖溃决发生时间分别为 9 月 6 日、11 月 5 日和 8 月 13 日，选择了上述日期之前的遥感影像对冰湖扩张过程进行了跟踪监测。由于 20 世纪 70 年代遥感影像质量差，对 1978 年 7 月 18 日前的冰湖变化过程未能获取，仅仅给出了 1976 年和 1977 年几次影像监测的结果。而对于 1998 年和 2002 年，可以通过多个影像对冰湖溃决前期的演化过程连续监测，两个年份的冰湖面积变化过程如图 5-9、图 5-10 所示。

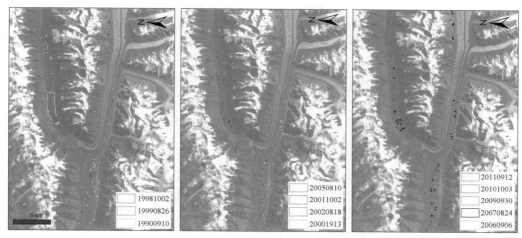

图 5-8　不同时期南伊利切克冰川冰面湖遥感调查结果

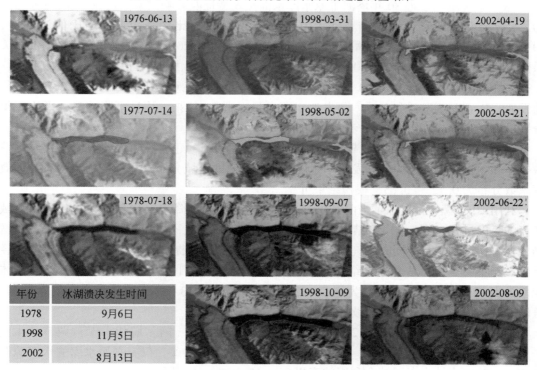

年份	冰湖溃决发生时间
1978	9 月 6 日
1998	11 月 5 日
2002	8 月 13 日

图 5-9　典型年份克亚吉尔冰湖溃决前演化过程

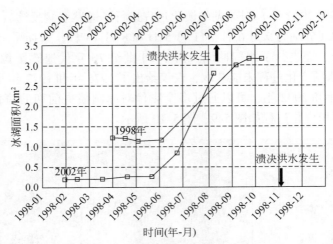

图 5-10　1998 和 2002 年溃决前克亚吉尔冰湖面积变化过程

（2）系统分析了近 50 年来新疆降水随海拔变化的区域分异特征。新疆最大降水高度的分布依气候的干湿程度和季节变化，各区的最大降水高度及降水量具有明显差异，1 区最大降水高度带约为 3190m，年平均降水量 226.9mm；4 区最大降水高度带约为 3332 m，年平均降水量为 86.9mm，6 区最大降水高度带约为 3840 m，年平均降水量为 36.4mm。降水量越少（干旱）的地区，最大降水高度越高。

（3）系统阐明了近 30 年塔河平原水库水面蒸发特征及影响因素。近 30 年阿克苏绿洲 20 cm 口径蒸发皿年蒸发量与其 4～10 月蒸发量之间的比例系数，平均比值为 0.87；20 cm^2 径蒸发皿 4～10 月蒸发量与同期的 E-601 蒸发器和 20 m^2 蒸发池蒸发量之间的相关系数分别为 R^2 = 0.83 和 R^2 = 0.80，由于相关程度很好，由此，可用 4～10 月蒸发量/0.87，推算 E-601 蒸发器和 20 m^2 蒸发池蒸发全年的蒸发量；阿克苏绿洲的 20 cm 口径蒸发皿、E-601 蒸发器和 20 m^2 蒸发池年蒸发量，近 30 年来，均呈下降趋势，平均每年分别下降 5.92 mm、19.73 mm 和 9.08 mm；

（4）估算了麦兹巴赫冰川湖的最大库容为 1.4 亿 m^2，建立了阿克苏河流域实时水情数据库和预报专用数据库，开发了基于度日因子算法的流域分布式冰雪产流模型，模型效率系数分布为 0.72 和 0.65，模拟结果可靠。

利用 HBV 模型，模拟了当前气候背景下及多种气温和降水变化条件下托什干河流域径流的年内过程（图 5-11）。结果表明，气温上升后，流域径流在 5 月份开始出现明显增加，一直持续到 9 月。同时，气温上升 1℃，流域径流峰值提前约 15 天。而降水对流域径流的影响不明显。2003 年模型结果的体积差为 14.2%，纳什效率系数为 0.76；2004 年体积差为 18.5%，纳什效率系数为 0.72；2005 年体积差为 23.1%，纳什效率系数为 0.64。整体上看，模拟结果好，为后续深入研究奠定了基础。

（5）构建了叶尔羌河流域 2 座山区水库（下板地水库、阿尔塔什水库）调节和 4 座平原水库反调节技术体系 1 套，该技术与以往不考虑山区水库，仅有平原水库的水资源调度相比，叶河流域水资源综合利用效率提高了 15.26%；与现在考虑 1 个山区水库（下板

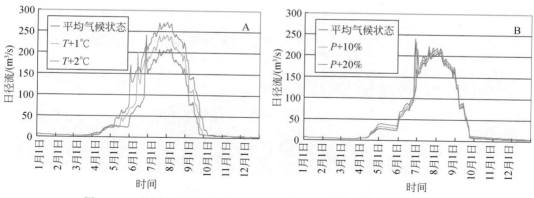

图 5-11   平均气候状态下和不同气温降水变化背景下年径流过程对比

地水库）和 6 座平原水库的水资源调度相比，叶河流域水资源综合利用效率提高了 11.21%（表 5-20）。

表 5-20   四个方案对比分析结果

水利工程	方案 1	方案 2	方案 3	方案 4 推荐方案
山区水库	2 座（下坂地水库和阿尔塔什水库）	1 座（下坂地水库）	无	2 座（下坂地水库和阿尔塔什水库）
平原水库	24 座	24 座	40 座	16 座
反调节平原水库	无	6 座	无	4 座
水资源利用效率	61.68%	54.35%	50.30%	65.56%
方案 4 水资源效率提高值	比方案 1 提高了 3.88%	比方案 2 提高了 11.21%	比方案 3 提高了 15.26%	

（6）开展了苯板、高分子膜消减平原水库水面蒸发技术示范，研发了山区–平原水库群联合调度、苯板与高分子膜削减水面蒸发的综合技术体系（图 5-12）。

在相同气候条件下，苯板覆盖平均抑制水面蒸发效率为 46.88%，5～8 月平均值为 67.49%，9～11 月为 50.01%。从总体趋势来看，在蒸发量较大的 5～8 月，没有覆盖的情况下，最大日蒸发量为 1.1cm，为 7 月 14 日，所对应的最高气温为 35℃；经苯板覆盖之后，最大日蒸发量为 0.58cm，为 7 月 14 日，所对应的最高气温为 35℃，所对应的最高水温为 29.5℃。

山区–平原水库群联合调度可较现状消减蒸发 663 万～936 万 m³；苯板全覆盖平原水库群后可较现状消减 3604 万～3908 万 m³，苯板覆盖山区–平原水库群联合调度可较现状消减 2936 万～2981 万 m³，最大消减率可达 59.7%（图 5-13）。虽然苯板覆盖能够

图 5-12 苯板覆盖消减平原水库水面蒸发技术示范

削减平原水库蒸发损失，但由于平原水库过于宽浅，蒸发损失仍高于山区水库，故在进行山区-平原水库群联合调度时仍应尽可能将水量蓄存在山区水库，平原水库应尽可能少蓄水量。

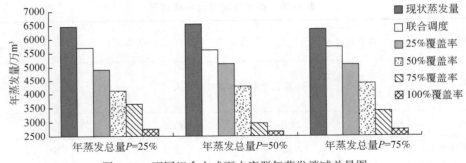

图 5-13 不同组合方式下水库群年蒸发消减总量图

（7）研究了气候变化影响下绿洲系统水盐平衡规律，开展了保持渭干河绿洲适宜规模的水盐调控技术示范。按照渭干河绿洲灌区多年灌溉引水量为 25.59 亿 m^3，满足灌区水盐平衡所需最少排水量为 2.29 亿 m^3，绿洲最适宜排灌比为 10.48% ~ 19.44%。排灌比是一个变量，在灌区开发初期，土壤含盐量较高，应实施较大的排灌比；随着土壤盐分含量的降低，灌区盐碱化程度得到控制，则应减少排灌比至临界。

（8）系统阐明了气候变化下荒漠河岸植被生态格局与水文过程的相互作用机制，揭示了胡杨生长对洪水漫溢、人工灌溉的响应与适应机制，丰富了荒漠河岸植被生态水文学理论。

从模拟结果（图 5-14）可以看出，经过 10 次应急输水，在距离河道 1000m 以内地下水位呈上升趋势；自英苏、阿拉干、库尔干观测断面分别上升速度为 1.5 m/a、0.74m/a、0.03m/a。自 2000 年到 2009 年共实施了十次向塔里木河下游生态输水，自大西海子水库泄洪闸向塔河下游共输水 22.7 亿 m^3。地下水补给量累计增加 10.442 亿 m^3。

结合塔河中游的耗水用水特点、生态分布和规模等因素，以各生态闸设计控制生态面

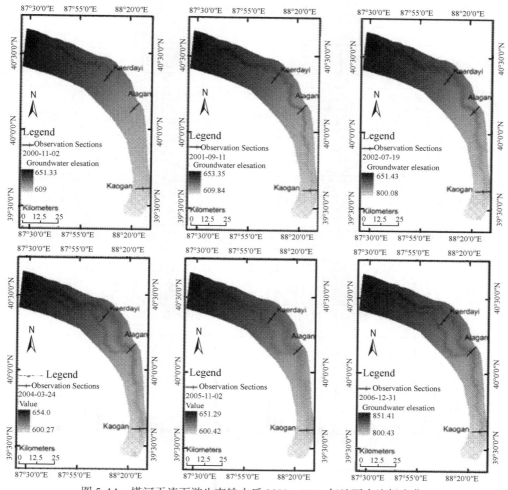

图 5-14   塔河干流下游生态输水后 2000～2006 年地下水流场变化

积为基础，采用"定额计算法"计算气候变化下塔河中游的生态需水量，以设计流量放水，计算拟放水的时间（图 5-15）。

基于气候变化下塔河中游的生态需水量的变化，对英巴扎以下 326km 防洪堤坝上已建的 43 座生态闸，进行生态闸调控管理。各生态闸在气候变化情景下的引水量调控如图 5-16 和图 5-17 所示。

2）技术示范情况

研究具有产—学—研相结合的优势，注意将研究成果进行应用，并在应用中得到检验。主要成果已在新疆地区洪旱灾害监测、水资源调度和管理中应用，建成了示范基地，使研究成果得到广泛推广和检验。

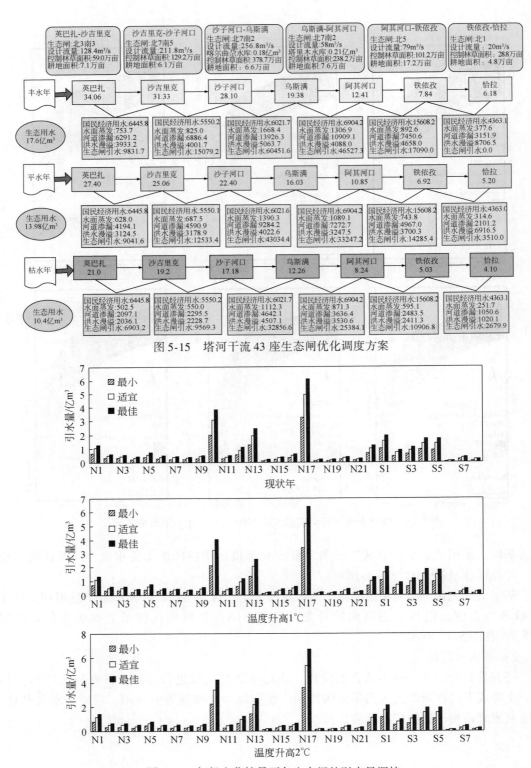

图 5-15 塔河干流 43 座生态闸优化调度方案

图 5-16 气候变化情景下各生态闸的引水量调控

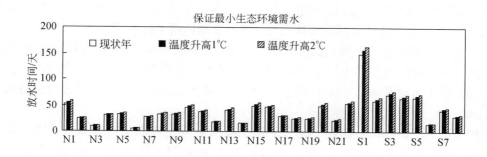

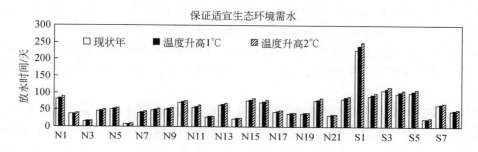

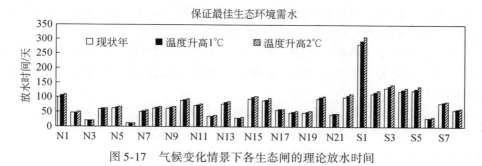

图 5-17　气候变化情景下各生态闸的理论放水时间

（1）适应气候变化的山区水库–平原水库调节与反调节示范基地。在玛纳斯流域，建立了肯斯瓦特山区水库与大泉沟平原水库群的调节与反调节技术示范基地，研究结果表明：相比于参与调度前节约水量比例为 33.2%、33.5%、30.6%，相比于参与调度前增加年末水库群蓄水比例为 49.3%、47.0%、43.2%，节水效果显著。

在叶尔羌河流域，建立了以发电、灌溉、生态为目标山区–平原水库多目标的山区水库–平原水库联合调度模型，研发了能消减平原水库水面蒸发的山区水库与平原水库联合调度模型及应用技术。结果表明：与以往不考虑山区水库，仅有平原水库的水资源调度相比，叶河流域水资源综合利用效率提高了 15.6%。与现在考虑 1 个山区水库（下板地水库）和 6 座平原水库的水资源调度相比，叶河流域水资源综合利用效率提高了 11.2%。

（2）建立了塔河干流生态闸适应洪水变化的人工灌溉优化调控示范基地。在塔河干流，建立了洪水漫溢下生态闸优化调控技术示范基地，优化了生态闸人工灌溉参数（灌溉量、灌溉时间、灌溉频次），实施了塔河干流 43 座生态闸人工灌溉优化调控方案与运行管理模式，累计推广面积 15 万亩，优化调控水资源量 5.7 亿 m³，保障塔河向下游每年生态输水约 3.5 亿 m³，为塔里木河胡杨林生态系统的管理提供了科学依据。

（3）建立了平原水库苯板、高分子膜水面蒸发消减技术示范基地。根据平原水库周边气象、水文、地理环境、林带与水面蒸发的消涨关系，在玛纳斯河流域大泉沟水库，建立了苯板覆盖技术示范基地，开展了不同技术的无缝衔接模式试验，集成了苯板消减水面蒸发技术体系。

在阿克苏河多浪水库，建立了高分子膜消减水面蒸发技术示范基地，采用复配的方法，将十六醇、十八醇与短链正丙醇、正丁醇在 AEO 系列乳化剂的作用下进行乳化过程，并开展一系列相应的自然环境下的实验，得到最适合于南疆平原水库水质的阻蒸发抑制剂，实现平原水库单分子膜水面蒸发年综合消减率达 30%~40%。

（4）建立了气候变化下保持渭干河绿洲适度规模的水盐调控技术示范基地。在渭干河绿洲，建立渭干河绿洲适度规模的水盐调控示范基地 1 个，示范面积达 500 亩，降低耕层土壤盐分含量 15%~20%。

适应气候变化山区水库—平原水库调节等技术可有效降低未来干旱区气温升高带来的冰湖洪水灾害，减少平原水库的蒸发水量损失，保障下游生态输水，最终提高新疆源综合利用效率，提高了内陆河流域适应气候变化的水资源调配能力。气候变化适应技术如果在塔里木河流域推广使用，可以在叶河、阿克苏河、和田河、开都河四源流新增水资源约 16 亿 m³，干流生态闸优化调控技术新增水资源 3.5 亿~5.7 亿 m³。

研发的实时冰雪融水监测、预估、预警技术研发，可以准确预测洪水及其衍生灾害发生，可提高新疆水资源利用适应气候变化能力，为地方政府提供决策依据，为国家气候变化发展战略提供案例。

2. 黄河流域调配技术

黄河流域历史上就是旱灾最严重的地区之一。随气候变化和人类活动加剧，气候变化带来的极端水文事件发生的频度和强度不断升级，增加了黄河流域洪旱灾害，导致水资源供需矛盾更加尖锐，对流域水资源安全和能源、粮食、生态安全保障带来了极大风险，进一步危及经济社会可持续发展，因此急需开展旱情监测与水资源调配等关键技术研究。本研究针对黄河水资源短缺、旱灾频发等重大问题，以应对干旱的黄河流域水资源调配作为切入点，开展大型灌区旱情实时监测、大型梯级水库群优化调度等关键技术集成与示范；建立黄河流域大型灌区实时旱情分析系统、黄河流域适应气候变化的水资源调配系统等；提出黄河流域抗旱水源调度、旱灾监测与预警等综合适应技术体系，建立应对干旱的响应机制，提高适应气候变化的黄河水资源调配能力。

1）创新性成果

A. 黄河中下游大型灌区实时旱情监测与分析系统开发

（1）构建了适用于黄河流域旱情监测的指标体系。分析包括 Palmer 干旱指数（PDSI）、修正 Palmer 干旱指数（PDSI_CN）、自我矫正 Palmer 干旱指数（scPDSI）、地表湿润指数（SWI）、标准化降水指数（SPI）、标准化降水蒸散发指数（SPEI）、土壤湿度等

7 种干旱指数的适用性，构建适用于黄河上中下游不同灌区的干旱评价指标。

（2）基于陆面模式的黄河流域土壤墒情的模拟。采用陆面过程模式 CLM3.5 基于中国气象局 700 多个观测台站的降水、气温、风速、气压、湿度观测和大气驱动场，模拟了黄河流域 1951～2010 年的土壤墒情。黄河流域土壤墒情的时空变化，多年平均的空间特征，总体上东南湿西北干，源区和中、下游湿，中上游干。尤其是陕西北部和宁夏中南部一带总体土壤湿度最干。从变化趋势来看，除下游外，黄河流域总体呈显著的土壤墒情干旱化趋势，最明显的区域是中上游。

（3）大气降水–土壤墒情多源信息耦合的干旱监测系统。采用多源信息融合技术，以区域气候模式 WRF 为基础平台，构建具有同步模拟大气降水和土壤墒情的灌区旱情监测系统，开展降水、风场、径流和土壤墒情模拟，促进干旱监测和预报系统从统计方法向物理模型的发展，并以 1979～2010 年为输入，开展黄河流域干旱的监测和预报模拟，系统的可靠性和稳定得到了验证。

（4）灌溉需水对干旱响应定量分析方法。采用关联度和相关系数研究并定量分析灌溉需水与干旱指数之间的关系：上游青铜峡灌区干旱每增加一个等级（RDI 指数减少 0.5），灌溉需水平均增加约 0.68 亿 m^3；河套灌区干旱每增加一个等级，灌溉需水平均增加约 1.41 亿 m^3；中游汾河灌区干旱每增加一个等级，灌溉需水平均增加约 1.90 亿 m^3；中游渭河灌区干旱每增加一个等级，灌溉需水平均增加约 2.48 亿 m^3；下游引黄灌区 RDI 指数每减小 0.1，灌溉需水量增加 1.243 亿 m^3，干旱每增加一个等级，灌溉需水平均增加约 6.22 亿 m^3。

B. 黄河骨干水库入库洪水/径流预报关键技术研究

（1）龙羊峡水库中长期入库径流预报。利用统计相关方法，建立了龙羊峡水库入库非汛期旬、月等时间尺度的径流预报模型和汛期总量预报模型，构建了基于 BFS–HUP 框架的黄河源区中长期径流概率预报模型，开展龙羊峡水库中长期入库径流预报，为龙羊峡水库的运行调度提供技术支撑。

（2）多源信息同化技术。采用基于自适应卡尔曼滤波对雨量站观测、卫星观测、雷达观测的多源降雨信息进行同化，在对各种来源降雨信息的时间、空间特征分析基础上，生成时间、空间连续的降雨场。

C. 基于 HIMS 的流域分布式径流预报模型开发

研究基于 HIMS 定制开发的径流预报模型，构建分布式水文模型，开展泾渭河流域洪水/径流预报。

（1）小浪底入库洪水预报。研究泾渭河短期降水定量预报、多源信息同化技术，开发泾渭河分布式洪水/径流预报模型、潼关站洪水预报系统，通过开展泾渭河流域洪水预报及潼关站洪水预报，提高了三门峡/小浪底水库入库洪水预报的技术水平和能力，实现了三门峡水库洪水预报预见期从目前的 12h 提高到 18h 的目标。

（2）洪水预报不确定性分析。采用 BFS 理论，建立了基于贝叶斯预报系统（BFS）的洪水概率预报模型（图 5-18～图 5-20），通过对黄河干流潼关站 43 场洪水的应用研，对洪水概率预报模型进行了预报检验，表明将预报量的后验分布中位数作为概率预报的定值预报结果，较确定性预报在洪峰相对误差上平均预报精度有所提高，研究取得预期效果。

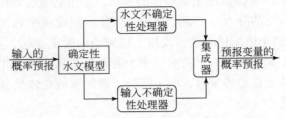

图 5-18　BFS 的逻辑结构图

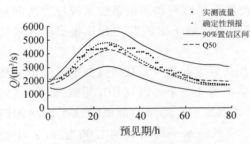

图 5-19　19810716 号洪水预报过程线

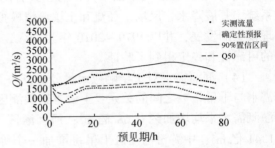

图 5-20　20001013 号洪水预报过程线

D. 龙羊峡水库旱限水位控制技术集成

（1）龙羊峡入库径流变化规律研究。采用小波分析技术研究了龙羊峡入库径流变化规律，基于 Morlet 小波函数分析表明龙羊峡水库年入库径流变化周期特性明显，存在 3a、6a 和 32a 的主周期，最小主周期为 3a，第一主周期为 32a（图 5-21）。

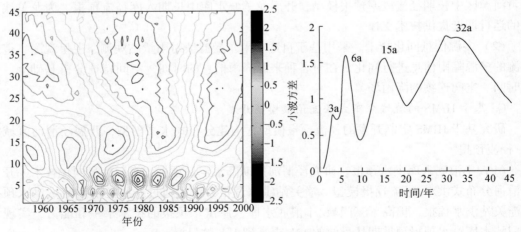

图 5-21　龙羊峡水库入库年径流序列 Morlet 小波分析图

（2）建立了水库调度运行最优控制模型。从控制论观点出发，采用自适应技术，构建多年调节水库的最优控制模型，以多年调节水库作为可调系统，基于前期来水规律，通过对后期来水预报和下游需水的分析,通过自适应控制使得目标性能指标值达到最优。控制论模型见图5-22。

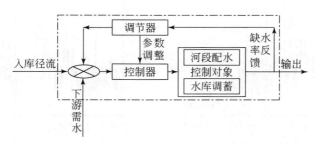

图5-22 多年调节水库自适应控制系统结构

(3) 优化提出了龙羊峡水库旱限水位控制策略。通过龙羊峡水库多年调节的出库水量的最优控制,提出的旱限水位可实现水量的跨年互补,提高枯水年份流域的供水能力。从枯水年份河道内生态环境水量、干旱年份缺水量以及缺水地区之间缺水量管理三个方面对比,实施水库最优控制,减少干旱年份缺水量和缺水程度,增加河道内生态环境水量,在缺水地区的缺水分配上按照效益最大化配水可显著提高全流域的供水效益(图5-23)。

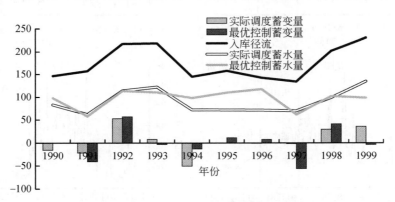

图5-23 龙羊峡水库入库径流及蓄水量变化对比

(4) 多年调节水库旱限水位技术集成。根据1956～2000年系列优化结果,建立一个多年调节水库旱限水位控制曲面,表达水库入库径流、年度用水需求以及水库年末控制水位三者之间的关系。在水库旱限水位控制曲面上,可根据入库径流预报、下游旱情监测,以及水库的当前水位快速地定位出水库的最优控制水位,为水库的运行提供参考。

E. 小浪底水库汛限水位优化技术集成

(1) 识别了黄河中下游汛期洪水分期点。分析了黄河中下游暴雨洪水泥沙特性,采用气象成因分析、数理统计法、模糊聚类法、分形分析法、圆形分布法、历史洪水论证等多种方法,对小浪底水库上下游主要洪水来源区进行洪水分期点识别(图5-24)。

(2) 小浪底水库汛限水位优化调整策略。针对拦沙期和正常运用期,考虑到不同运用阶段小浪底水库的库容演变特点和防洪减淤运用方式的差异,拟定了基于水库逐步淤积调

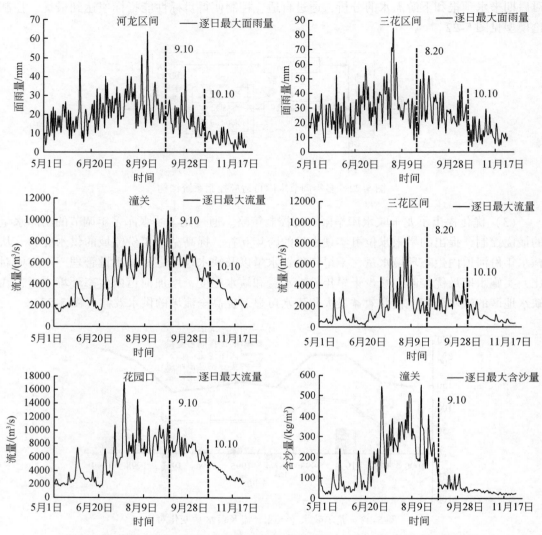

图 5-24 黄河中下游主要站、区间逐日最大降雨量、流量、含沙量时程分布图

控的汛限水位调整策略、基于分期运用及干支流水库群联合防洪调度的汛限水位优化策略。

（3）构建了小浪底水库汛限水位优化模型。基于系统分析理论，考虑多目标综合效益最大化，以防洪风险最小、减淤影响最小、供水效益最大、灌溉效益最大、发电量最多等综合利用效益最优为目标函数，以防洪控制条件、防洪特征水位等为约束，构建了小浪底水库汛限水位优化模型并研究求解方法。

（4）小浪底水库不同时期汛限水位优化方案。创建了洪水分期的防洪风险计算方法，开展不同时期防洪减淤调度计算及兴利效益分析，基于模糊优选理论及误差反馈人工神经网络的多目标评价方法，推荐提出了基于分期优化的小浪底水库正常运用期分期汛限水位以及拦沙期合理淤积水平的汛限水位。

F. 应对干旱的黄河大型水库群联合蓄泄规则研究

（1）复杂流域应对干旱的梯级水库群优化调度技术。通过划分全流域用户优先级和确定各类用户干旱需水优先序，构建用户与水库分层优先级的直接联系，协调流域梯级水库群的各个水库、分层之间的供水蓄泄次序，通过模拟优化获得流域应对干旱的梯级水库群调度规则，为解决复杂流域干旱提供技术支撑。

（2）黄河流域应对干旱的梯级水库群优化调度模型。统筹黄河防洪、防凌、减淤、供水（灌溉）、生态环境、发电等综合要求，结合龙羊峡旱限水位控制、小浪底汛限水位优化，建立黄河流域应对干旱的梯级水库群优化调度模型；构建流域系统的需求反推、水库配水、供水正推、循环迭代，实现长系列的模拟、评价、优化、推荐。

2）示范工程建设

研究成果应用建成了黄河干流水量调度、黄河三花间水文预报和黄河流域灌区旱情监测 3 个示范基地。

A. 黄河三花间水文预报示范基地

三花间洪水预报系统的改进与完善，标志着黄河三门峡—花园口河段水文预报示范基地建成，系统安装在黄委会水文局，用于三花间洪水预警预报、洪水仿真计算及洪水作业预报日常化工作。

（1）洪水作业预报日常化。根据水利部水文局要求，黄委水文局每年开展洪水作业预报日常工作，并在全国水情综合业务系统上发布，2014 年汛期（截至 8 月 31 日）共发布三花间日常化洪水预报 340 站次。

（2）调水调沙期小花间径流预报。2014 年 6 月 29 日开始，黄河进行了基于水库联合调度的第 16 次调水调沙，自 6 月 29 日 8 时开始至 7 月 9 日 8 时结束。调水调沙期间，黄委水文局采用洪水预报系统滚动制作并发布头道拐、潼关站和小花区间径流预报/预估，发布径流预报 11 期，预报精度满足水情预报规范和水库调度要求，为黄河调水调沙的顺利进行提供了很好的决策依据和技术支撑。

（3）洪水实时作业预报。洪水预警。根据小花间定量降水预报、实时雨水情信息、三花间下垫面和防洪工程运用现状，利用降雨径流模型进行流域产汇流计算，预估花园口站洪峰量级，预见期达到 30h。降雨径流预报。依据三花间下垫面实况、实时雨水情信息、后续降雨预报、小浪底水库出库洪水过程及四库调度方案，利用降雨径流模型进行流域产汇流计算，预报花园口站的实时降雨径流，预见期为 14～18h，精度达到乙级以上，为黄河防汛提供重要依据。

B. 黄河干流水量调度示范基地

本研究构建的黄河梯级水库调度系统，已在 2014 年黄河水量调度中得到示范性应用，指导了黄河干流水库的联合调度和蓄泄规则的制订，对于提高黄河防汛抗旱和水量调度技术水平提供了重要科技支撑。应用示范项目如表 5-21 所示。

表 5-21 主要成果应用已开展的示范项目

序号	示范项目	完成时间	主管单位
1	黄河干流梯级水库群综合调度方案制定	2014 年 3 月	水利部
2	宁蒙河段防洪防凌形势及对策研究	2014 年 5 月	黄委会
3	黄河干流抗旱应急调度预案	2014 年 7 月	黄委会
4	黄河流域及相关地区粮食基地用水战略研究	2014 年 8 月	黄委会
5	黄河水量调度管理系统（部分软件）	2014 年 8 月	黄委会

C. 黄河流域灌区旱情监测示范基地

研究分别针对黄河流域上游内蒙古河套灌区、中游渭河陕西洛惠渠灌区以及下游河南赵口引黄灌区的地理区位特征、历时干旱情况以及作物种植情况，通过分析干旱指标的适用性筛选适用的干旱评价指标，建立灌区干旱监测系统。以 1970~2008 年序列的干旱评估与历史检验，对模型参数进行了率定并检验系统的稳定性，并对 3 个主要灌区的干旱开展了预测。

在全球气候变化的作用下，流域径流量持续减少而干旱发生的频度和强度不断深化，流域干旱应对面临重大技术挑战。本研究将信息技术、模拟技术以及空间分析技术等前沿技术融合，在干旱的监测、洪水的预报、干旱演变规律的识别以及应对干旱的调度与管理领域取得多项创新性成果，为推动流域干旱应对及水资源调配水平的提升提供科技支撑。

5.3.8 城市适应气候变化技术

在城市气候环境保障方面，随着全球变化趋势的增加，城市的快速增长严重影响了城市生态系统结构、过程和功能，城市空间布局混乱，传统的城市空间规划没有考虑到应对气候变化的因素，现有的城市建设和规划无法有效应对气候变化的影响。针对全球气候变化对沿海城市的负面影响，在城市空间规划中减缓和适应气候变化，为提高城市应对气候变化的能力，急需将减缓和适应气候变化的需求结合到传统的城市规划技术中，保障城镇化与城市发展领域与气候变化相适应。因此，开展沿海城市应对气候变化的空间规划关键技术研发是十分迫切和必要的。同时，开展沿海城市应对气候变化的空间规划关键技术研发有助于完善我国城乡规划方法、提高城市应对气候变化的能力。

基于沿海地区城市气候特点，通过开展沿海城市应对气候变化的环境质量保障和空间规划关键技术研究，建立了城市空间规划应对气候变化的新技术和方法，取得了如下主要成果：

1. 土地利用、住区和绿色开放空间的规划技术体系

在土地利用方面，通过案例城市厦门的研究，提出减缓气候变化的控制指标（建成区绿地率、工业用地率、城市非农产值密度、紧凑度指数、土地利用混合熵指数），制定了城市空间结构效应减碳和城市空间联系效应减碳相结合的规划方案；同时，模拟分析了海

平面上升与风暴潮对沿海城市造成的风险损失，制定了城市适应海平面上升和风暴潮影响的适应策略。

在住区规划方面，对建筑体特征、建筑环境体周围环境、耗能倾向、家庭社会情况四个因子做单因素方差分析，得出社会情况为主要影响因素，再对主要因素进行主因子分析找出其主因子，随后对建筑体特征进行研究分析其与住宅能耗的关系，从一般性的角度考察城市减缓气候变化策略。同时，构建了住区形态变化对应的居民碳排放核算技术体系，针对厦门研究区建立了住区形态变迁的碳排放系统动力学模型，并对影响研究区住区碳排放因素进行了提取和敏感性分析。

在绿色开发空间方面，实现了不同类型绿地系统碳汇的模型计算，对比分析了其与城市主要碳源在减缓气候变化方面作用的大小；同时分析了各类绿色开放空间（林地、农田、湿地）对气候变化的适应作用，筛选出了绿色开放空间影响区域增温效应的主要景观格局因子，以及绿色开放空间的冷岛效应的影响因素。

以上研究成果已经基本摸清城市土地利用、住区和绿色开放空间与气候变化减缓与适应的机理关系，明确了影响城市减缓与适应措施的主导因子，可以指导将气候变化因素融入城市空间规划中。

2. 气候质量评价方法、观测试验方法和技术、空间规划技术导则

在沿海城市规划设计中的气候质量评价方法研究方面，开发了基于 CTTC 的城市热环境集总参数评价方法和基于 ENVI-met、EnergyPlus 的长时间尺度的城市热环境与建筑能耗的耦合模拟方法，并采用现场实测结果对上述方法进行了验证。研究发现，CTTC 模型可用于预测低纬度湿热地区建筑室外空气温度；基于 ENVI-met、EnergyPlus 的长时间尺度的城市热环境与建筑能耗的耦合模拟方法能够定量预测和评价动态背景气象条件下建筑周围空气温度、空气湿度、风速、风压等微气候要素对建筑空调能耗的影响，该方法针对目前无法实现长时间尺度（数月或全年）动态室外微气候模拟的关键问题，采用对气象风矢量分类的办法建立了全风速风向下建筑周围风速风压数据库，引入基于主成分分析和聚类分析的客观天气分类方法和神经网络集成预测技术建立了建筑周围空气温湿度数据库，从而使定量预测和评价长时间尺度动态室外微气候对建筑空调能耗的影响成为可能。

在沿海城市气候质量的观测试验方法和技术研究方面，建立了热湿气候风洞实验台，实现了室外空气温湿度、风速、太阳辐射强度的动态模拟，并增加了连续补水装置，实现了对连续降雨过程的模拟。在此基础上，开展了多种多孔材料饰面砖复合墙体的蒸发降温实验研究。此外，自主研发了无人飞艇城市热环境观测实验平台并实现了系统升级，该航拍系统是国际上首个以遥控飞艇为飞行载体的城市微气候大范围快速观测系统，具备稳定性高、安全性好、易于拆装运输、可无线自主巡航等性能特点，目前已完成了对广州大学城、中新广州知识城等多个建成环境的室外热环境大范围检测。

在沿海城市应对气候变化的空间规划技术导则及应用研究方面，基于现有研究成果，编制完成了中华人民共和国行业标准《城市居住区热环境设计标准》（JGJ286—2013），该标准已于 2014 年 3 月 1 日起实施。此外，编制完成了广东省地方标准《建筑材料和构

件动态热湿传递性质试验方法——热湿气候风洞法》（报批稿），并已于 2014 年 6 月通过专家鉴定。

5.4 小　结

1. 适应气候变化关键共性技术

基于气候变化影响和风险评估结果，分析行业和区域适应气候变化的能力和障碍因素，识别重点行业和重点区域适应优先事项；确定适应的生态、社会、经济效益目标，修订气候变化条件下农业水旱灾害防御标准、基础设施建设标准、城市生命线建设维护安全运行标准等，研发适应性规划技术，制定分步骤的适应行动方案；综合集成社会经济数据、资源环境数据、气候数据、适应方法学与工具模型、实用适应技术，构建适应决策支持系统。探索增强适应能力的技术途径，制定适应技术中长期发展路线图。

2. 减缓与适应协同的转型技术

选择典型适应区域，开展适应案例研究，揭示适应方式抉择的内在驱动因素与适应机制；研发适应气候变化的区域产业结构调整与功能优化技术，研发减缓技术的成本效益分析方法；研究保障区域适应和减缓能力不断提高的合作机制、法律与制度、评估体系；研究地区间贸易、金融、技术转移对减排和适应气候变化行动的影响；提出区域中长期低碳化发展路线图。

3. 重点领域适应气候变化综合技术和能力优化

研究气候变化影响下农业用水、生态用水、工业用水与水资源供给的多尺度耦合关系，开发水资源高效利用实用技术，开展典型示范；研发光热资源高效利用技术，冰雪融水的资源化、能源化综合开发利用技术，风能开发利用技术，雨洪资源开发利用技术，气候智慧型农业技术，气候智慧型城市建设与规划技术，开展典型示范；研发适应气候变化的重大工程建设与安全运行风险评估技术，评估南水北调西线工程、沿海地区防护工程、生态脆弱地区和生态屏障区生态建设工程建设、运行和维护期对气候变化和极端事件的适应性及风险，提出规避和应对策略；研发农业干旱的风险规避与抗旱能力提升技术，生物灾害的预警与防控技术，城市内涝灾害的风险管理与规划技术，沿海地区海洋灾害的预警与防御技术等，开展典型示范。

4. 重点区域适应气候变化综合技术和能力优化

评估气候变化影响的重点区域、脆弱人群与优先适应事项；研究沿海地区（包括海岸带）、生态脆弱区、生态屏障区、重大工程区对气候变化与极端事件的敏感性；开展重点区域适应行动规划；筛选满足区域适应能力建设需求的基础设施和重大工程；开展适应气候变化的城市和重点地区社会经济发展规划，优化基础设施的综合布局；研发适应行动和适应规划的监测与效果评估技术，评估适应行动和适应的实施效果。

5. 未来极端天气气候变化模拟及风险预估技术

发展极端天气气候模拟模式，模拟不同社会经济情景下中国未来不同时段极端天气气候变化；研发气候变化风险预估系统，发展气候变化风险定量预估技术；预估未来 10 ~ 30 年水、粮食、能源、生态安全形势演变趋势与系统整体风险，开展中国气候变化风险区划；构建灾害风险评估技术体系，评估未来极端天气气候变化可能导致的灾害风险；预估极端天气气候带来的重大工程建设与运行风险；编制国家和地方未来 10 ~ 30 年气候变化风险管控预案，为国家和地方管控气候变化风险提供决策依据。

第6章 气候变化谈判、政策与发展战略

6.1 总体形势与研究进展

全球气候变化作为科学事实已经成为共识，IPCC 先后进行了 5 次对气候变化问题的大规模科学评估，逐步确认了全球气候变化是一个正在发生的客观事实，最近三个十年比 1850 年以来其他任何十年都更热，自 20 世纪 50 年代以来观测到的许多气候系统变化在过去上百年乃至上千年时间里都是前所未有的。低碳发展已经成为 21 世纪国际社会的必然发展趋势，低碳发展关乎国家竞争力，国际社会也意识到今后数十年里即使采取最为严格的碳减排措施，也难以避免地球变暖所带来的负面影响，推行适应气候变化措施十分紧要。当前处于国际应对气候变化治理制度构建的关键时间节点，2015 年底联合国应对气候变化公约巴黎谈判会议将推动德班平台谈判，就提高 2020 年前减排努力和 2020 年后减排目标和措施达成有法律约束力的协议。

中国是遭受气候变化不利影响最为严重的国家之一。国家气象局观测数据显示，1961～2010 年，我国地表平均温度、平均最高和最低温度均呈现较为明显的上升趋势，我国的各个地区均不同程度的受到气候变化带来的不利影响。21 世纪以来，气象灾害直接经济损失占国内生产总值比重为年均 1.07%，是同期全球平均（0.14%）的 7 倍左右。我国每年因极端天气气候事件造成的直接经济损失 2700 多亿元，人员死亡约 2400 人。我国碳排放总量超过美国与欧盟的总和，年排放增量占全球增量 50% 以上，备受国际瞩目。习近平主席明确指出，应对气候变化是中国可持续发展的内在要求，也是负责任大国应尽的国际义务，"这不是别人要我们做，而是我们自己要做"，深入浅出地阐明了中国对气候变化问题的基本立场。李克强总理强调：中国推进绿色、低碳发展不仅有决心而且有能力，与世界各国一道应对全球气候变化并采取实实在在的行动。张高丽副总理在出席联合国气候峰会时宣布：今后中国将以更大力度和更好效果应对气候变化，主动承担与自身国情、发展阶段和实际能力相符的国际义务。向联合国气候变化框架公约秘书处提交了《强化应对气候变化行动》——中国国家自主贡献（INDC），提出了 2020 年后国家自主决定贡献的减排目标，包括到 2030 年单位国内生产总值的二氧化碳排放强度下降 60%～65%、非化石能源比例提高至 20% 左右、二氧化碳排放尽早达峰以及森林蓄积量增加等多方面减缓气候变化指标。

在国际积极应对气候变化和国内加强生态文明建设的大形势下，"十二五"国家科技支撑计划"气候变化国际谈判与国内减排关键支撑技术研究与应用"项目取得了重要的研究成果，支撑了我国应对气候变化工作的相关决策。

应对气候变化是一项综合性的系统工作，需要动员决策层、科学界、企业、公众的全面参与，需要多学科、跨领域的全面合作和系统整合。当前，气候变化的研究正从关注应对的成本转向应对气候变化的多重效益。近年来，越来越多的研究开始关注应对气候变化的多重效益，特别侧重应对气候变化在促进经济发展、保障能源安全、改善环境质量和提高产业竞争力等一系列领域可能带来的正面影响。正如《中美气候变化联合声明》所指出：与此同时，经济证据日益表明现在采取应对气候变化的智慧行动可以推动创新、提高经济增长并带来诸如可持续发展、增强能源安全、改善公共健康和提高生活质量等广泛效益。应对气候变化同时也将增强国家安全和国际安全。无论是从国际还是国内，气候变化经济学的焦点问题正从减缓成本转向以研究应对气候变化的多重效益为核心。中国的能源和温室气体减排政策也急需从这一新的视角进行更为全面的研究，以为我国未来的气候变化政策制定提供更为坚实的支撑。

应对气候变化的行动在经济发展、社会就业、能源安全和环境健康等领域存在着多重效益。例如，减少温室气体排放和提高能源使用效率的技术及措施，会分别在不同方面带来多重效益，包括提高行业竞争力、增加绿色就业机会、提高能源安全和增加实际收入以促进减贫，以及减少有害气体的排放增加健康收益和社会福利。近年来，越来越多的研究表明，实施积极的二氧化碳减缓行动并不会使企业因付出额外的成本进而导致竞争力下降，同时在国家层面也没有明显证据显示国家因增加了相应的减排成本而使整体福利或整体经济生产力造成损失。严格的控制措施从某种程度上是对积极减排企业的隐形补贴，进而在更严格的减排目标的前提下鼓励技术创新，实现资源优化配置，并在一定程度上可以提高整体经济效率和福利。研究表明，减缓气候变化行动会对环境质量和人类健康造成影响，最大程度的多重效益来自因减缓行动带来的污染物排放的减少，这种效益又直接和人类健康损失相关。减缓行动带来的污染物排放减少和货币化的避免环境损害成本是显著的，虽然不同测量和评估方法不同，但多重效益的存在对于降低减缓行动的成本，促进各国减排行动的积极性有正面意义。应对气候变化的其他发展目标也会出现一定取舍和权衡，但总体而言多重效益大于代价。

6.2　气候变化谈判关键技术

为气候变化谈判已经和即将兴起的重大议题或问题进行研究，为我国政府代表团参加公约及其《京都议定书》谈判提供技术支撑和具体对策建议、服务于我国和平发展的长远战略目标是一项长期的任务。"十一五"期间，中国社会科学院牵头的课题组针对发达国家《京都议定书》第二承诺期承诺指标、公约下新机制、航空航海谈判、利用碳汇履约减排义务的方式、参与行业减排承诺方案设计、IPCC相关研究及其影响、基于历史人均累积排放的公平理念和"碳预算"方案等重大问题进行了深入研究，为我国稳步参与和推进《京都议定书》二期和"巴厘路线图"谈判奠定了基础。

"十二五"开端，《京都议定书》谈判尚未结束，"德班增强行动平台"谈判即拉开帷幕，其目的是在2015年形成国际气候变化合作新安排，2020年后开始生效。2012～2015

年谈判是决定我国在全球气候治理中新角色和地位的极为关键的时段，课题组将针对我国中近期参与国际气候谈判的立场和整体方案提出建议；研究国际气候制度发展走向，深入分析制度重建过程中我国的定位、核心利益以及中长期谈判战略，为我国在国际谈判中推动形成公平、有效、合理的应对气候变化国际制度提供关键技术支撑。

本研究对全球长期减排目标及排放峰值时间框架、"三可"和国际磋商与分析、技术转让、资金机制、"基础四国"磋商机制、"土地利用、土地利用变化和林业"、适应机制等气候公约谈判中重大、热点和难点议题的相关理论基础、形势分析、综合对策和可能方案进行前瞻性和战略性研究，提出我国积极参与气候变化国际谈判，加强气候变化领域国际合作，发挥积极、建设性作用的基本立场和对策建议。

6.2.1　气候变化谈判综合模型

气候变化谈判综合模型的构建是一个崭新的领域。在"十二五"国家科技支撑计划的支持下，课题组构建的综合模型包含以下几个组成部分：气候变化谈判整体形势分析框架、全球气候治理机制变迁分析模型、基于"合作型博弈"的气候变化谈判战略分析模型。

1. 气候变化谈判整体形势分析框架

研究认为，为准确研判气候谈判形势和制定谈判方案，必须对以下几个要素进行深入和持久分析（图6-1）：

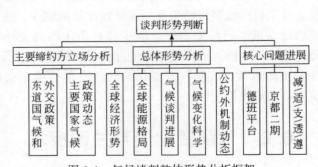

图6-1　气候谈判整体形势分析框架

（1）总体形势分析：国际经济格局、地缘政治格局以及与其密切相关的排放格局都在不断发生变化，公约内外因素交织；能源科技发展所带来的技术突破和潜在减排潜力，气候变化科学研究对减缓、适应相互作用、社会成本等的研究进展、国际低碳发展绿色增长趋势也对谈判走向有重要影响。

（2）主要缔约方立场分析：气候谈判最终仍将服从"大国政治"或"大国治理"的国际政治法则，少数缔约方对谈判进程能起到决定性作用，同时在气候地缘政治中有特殊地位的集团也能起到在其他国际进程中起不到的作用。此外，外交能力强的东道国也将协助公约秘书处促进谈判进展，如法国。

（3）核心问题进展：随谈判阶段有所变化。譬如在"巴黎路线图"谈判中，谈判的重点在于《京都议定书》二期的延续、非议定书发达国家缔约方的减缓可比性、发展中国家的 NAMAs、透明度问题等；在德班平台谈判中，关键议题/问题是公约原则的解读、缔约方分类、长期目标、责任分担、循环审评等更加原则性、长远性的问题。

2. 全球气候治理机制变迁分析模型

为更客观地归纳和分析全球气候变化治理机制的变迁，本研究先确立一个分析框架，而这个框架是从克拉斯纳关于国际机制的那个著名定义受到了启发：机制是国际关系特定领域里隐含或者明示的原则、规范、规则和决策程序，行为体的预期围绕着它们进行汇集。原则是对事实、因果关系和公正的信念；规范是根据权利和义务界定的行为标准；规则是行动的具体限制或禁令；决策程序是制定和实施集体选择的通行做法。

由此，我们将国际机制的要素简化成原则和规则，就可以更清晰和直观地看出国际机制的变迁及其与原则和规则的关系，如图 6-2 所示。

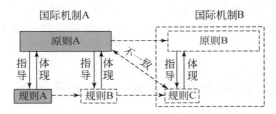

图 6-2　原则、规则与国际机制的变迁

从图 6-2 中可以看出，国际机制的变迁有三种可能的情况：

第一，国际机制内部的变迁。即在原则 A 保持不变的情况下，规则从 A 转变到 B。规则 A 和规则 B 虽然内容不同，但它们共同体现了原则 A。

第二，国际机制本身的变迁。即原则从 A 转变到 B，原则 A 下的规则 A、规则 B 也相应地转变成规则 C。原有国际机制的原则和规则都发生了变化。

第三，国际机制的弱化。即在原则 A 保持不变的情况下，出现了规则 C。这时的原则 A 面临着两个挑战，即规则 C 和规则 C 背后的原则 B。这样，原有国际机制的原则和规则就不再一致，那么原有的国际机制就弱化了。但如果一个崭新的原则 B 得以出现，则一个新的国际机制也就出现了，也就成为上述第二种变迁。

3. 基于"合作型博弈"的气候变化谈判战略分析模型

合作博弈研究人们达成合作时如何分配合作得到的收益，即收益分配问题。合作博弈采取的是一种合作的方式，或者说是一种妥协。妥协其所以能够增进妥协双方的利益以及整个社会的利益，就是因为合作博弈能够产生一种合作剩余。这种剩余就是从这种关系和方式中产生出来的，且以此为限。至于合作剩余在博弈各方之间如何分配，取决于博弈各方的力量对比和技巧运用。因此，妥协必须经过博弈各方的讨价还价，达成共识，进行合作。在这里，合作剩余的分配既是妥协的结果，又是达成妥协的条件。

合作博弈强调的是集体理性（collective rationality），强调的是效率（efficiency）、公正（fairness）、公平（equity）。非合作博弈强调的是个人理性（individual rationality），个人最优决策，其结果可能是有效率的，也可能是无效率的。事实上，在博弈中，合作与非合作相辅相成，合作只不过是理性人在非合作竞争后的产物。

合作博弈也称正和博弈，其结果必须是一个帕累托改进，博弈双方的利益都有所增加，或者至少是一方的利益增加，而另一方的利益不受损害，这是因为合作博弈能够产生一种合作剩余。至于合作剩余在博弈各方之间如何分配，取决于博弈各方的力量对比和制度设计。因此，合作剩余的分配既是合作的结果，又是达成合作的条件。

在气候变化谈判战略上采用和转向合作型博弈的前提是，（大多数据或主要的）参与者有组成"联盟"的意愿，或期待合作会对已方带来更多或更好的效用及利益。因为主要的参与者（player）或利益攸关者（stakeholder）各方如果要是还像以住那种采取"不合作"的或"对抗"的博弈策略，则最终的结果将是，对已方的国家政治利益、国家总体形象、世界舞台上的领导地位带来不利的影响，同时对全球环境这一外部性也会带来不利的后果。而其他参与者或利益相关方也会采用类似的立场或对抗态度来作为相应的应对策略，而这样最终的结局就是对已方、对方和全球环境及温升目标来说都会带来不利的损害，可以说没有一方是"赢家"。

6.2.2 巴黎会议前景和中国谈判整体方案及战略

1. 国际气候制度变迁大背景下的巴黎会议和协议

国际气候制度在二十多年来发生着机制内变迁，并且有国际机制弱化的发展趋势，即出现了图 5-2 中规则 C 所示路径。国际气候制度的原则尚未发生根本性变化，而其具体规则，在二十年间发生了明显的演进和重大改变。部分改变仍遵循了公约所确立的公平、"共同但有区别的责任和各自能力"等原则，因此这些演进和改变体现了全球气候变化机制的机制内变迁。但是，发达国家和发展中国家承担减缓目标的规则、承担提高透明度义务的规则正在趋同，也就是向着违背"共同但有区别的责任和各自能力"原则的方向发展，从而削弱公约的原则及其所构建的既有国际气候制度。而这两项规则与减排温室气体、实现全球应对气候变化目标的关系最为密切。这一趋同极有可能导致既有国际气候制度逐渐向新的国际机制过渡。

国际气候制度遵从着权力结构模式，因而主要缔约方的权力及其相对权力关系等方面的权力结构决定着国际气候制度的性质、内容与机制。特别是欧盟、美国等重要缔约方借助强制性权力、制度性权力、讨价还价权力以及议程控制权力主导着国际气候谈判的议程、方案，发展中国家的力量也在增长但分散。国际气候制度在很大程度上反映了最强大国家的制度偏好、中欧美大国之间的竞争与合作及其两大集团之间的斗争。

从国际气候制度变迁的趋势和大国权力结构来看，2015 年气候变化协议将有以下几个特征：①根据不同国情反映共同但有区别的责任以及各自能力的原则；②着重于缔约方的全面参与，确立以规则为基础的多边机制，寻求较强法律效力，试图使其在范围上超过以往的法律协议（《京都议定书》）；③在如何满足科学对全球应对气候变化的要求方面，另辟蹊径，开辟循环审评的路径，并发挥公约外各种机制、非国家行为体的作用。

2. 巴黎会议谈判整体形势预估

1）世界低碳发展现状和趋势分析

IPCC《第五次评估报告》指出，全球温室气体（GHG）排放仍在快速增长，特别是21世纪第一个十年中GHG排放总量以年均增长10亿t的速度上升，不论是增长绝对数量还是增长速度都创下1970年以来的四个十年期的纪录。尽管如此，各个国家的表现不尽相同，部分国家在社会经济发展到一定阶段的基础上，依靠低碳政策的累积效应，低碳发展已经有了长足进展，不仅为社会注入新的活力，更为气候谈判直接提供了实践支撑。其中欧盟的表现尤为突出。

1990年以来，欧盟先后经历了总量峰值（1990年）和人均峰值（1979年），GHG总量和人均排放都处在了明显的下降通道。2014年欧盟28个成员国（EU-28）的整体排放约为42.8亿 tCO_2e，比1990年降低了23%，而同期GDP增长率46%；人均排放约8.5 tCO_2e，比1990年降低28.7%。老牌成员国（EU-15）的总体排放也在同期降低了15%以上，其中降幅最高的德国、丹麦、英国和瑞典。就能源排放而言，2014年欧盟的能源活动 CO_2 人均排放约为6.5t，低于同期我国能源活动人均排放水平。除此之外，美国2014年的温室气体排放总量也达到了1994年以来的最低值，金融危机以来排放降低的趋势并没有因为经济复苏而反弹（图6-3）。

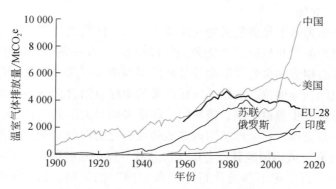

图6-3 主要国家/集团温室气体排放图示

以欧盟为代表的低碳进展并不能简单以"发展阶段"为理由进行解释，研究发现，目前观察到的低碳发展更多地依赖气候变化政策环境下的激励和创新，包括：①理性引导下的科学和理论基础；②跨政党的政治基础；③勇于反思和创新的社会基础；④健全的政策和制度基础；⑤长期研发积累的技术基础。

美国和日本看似在整体目标和步伐上稍逊于欧盟，但"自下而上"形成的地方行动及意识、对产业更新/技术创新的敏锐把握以及雄厚的研发资金，使他们的低碳技术发展方

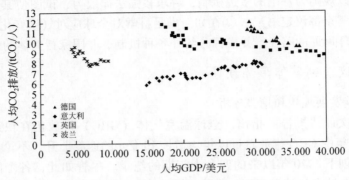

图 6-4 欧盟主要成员国人均排放

面处于不败地步，如页岩气开采技术及其更注重环境整体效益的发展、智能电网、第二代生物燃料、氢能技术、天然气水合物技术等。

通过对世界低碳发展现状和趋势的分析，可以判断"低碳发展"绝对不是所谓"陷阱"和海市蜃楼，而是实实在在发生并将引领 21 世纪的发展模式。作为后发国家，如果看不清形势，一味锢于发展阶段和传统发展内容，将再次错失良机落后于民族之林。因此，通过国际谈判积极推动全球和国内的低碳发展，促进国内发展转型提升国际影响力；通过有效参与气候治理来提升中国在全球治理中的地位的渠道，通过积极应对气候变化实现自身利益与国际社会共同利益的结合。这应该是我们参与"德班谈判"的出发点。

2）主要缔约方立场

奥巴马第一任期为基于经济危机的气候政策，第二任期则为能源型气候政策。奥巴马第二任期将实行更为务实和积极的"能源型气候政策"，在逐渐企稳的经济和就业背景下，奥巴马气候政策核心则借助页岩气革命等带来的美国能源创新和能效革命，提升美国减排能力和气候变化国际领导地位。奥巴马气候政策的地缘政治含义逐渐增加：一是从气候变化的大国互动来看进一步逼迫中国、俄罗斯、印度等新兴大国做出让步，同时还可来换取其他外交领域的利益交换。在全球范围内造成传统石化能源的过剩，促使价格走低。奥巴马"能源型气候政策"或将影响其产业的能源基础，削弱这些国家的国际竞争优势。在气候谈判方面，美国一直坚定不移地执行"捆绑中国"的策略。这种策略在"德班平台"谈判中体现的淋漓尽致。

欧盟积极推动国内低碳发展的同时，也积极推动国际气候治理。虽然其背后的动机和动因多种多样，但这种积极的立场足以使其获得先发优势和话语权，在国际关系中占据道义制高点，为其他国家施加压力。

从历史上看，欧盟重视在国际法和多边机制框架内协商解决各国"责权利"问题，追求区别于美国的特征。这使得欧盟始终坚持以公约为主体推动全球气候治理，在美国退出《京都议定书》的情况下通过提出文本草案并积极寻求与发达国家和发展中国家的妥协与合作，推动和领导了《京都议定书》的生效。2011 年德班会议上欧盟力促"德班增强行动平台"的通过，即从 2012 年起就 2020 年后包括所有缔约方的"议定书"、"其他法律文书"或"经同意的具有法律效力的成果"（简称"2015 年协议"）进行谈判，最晚于 2015 年结束谈判，2020 年起生效。欧盟的领导力得以回升。2012 年多哈会议欧盟和发展中国家一起推动达成《京都议定书》二期，随后全力投入到德班平台谈判中。

对正在谈判中的"2015 年协议"，欧盟延续了既有的立场，但在与美国和"基础四国"的较量中，不得不在某些方面做出妥协。对于基本原则，欧盟与其他发达国家的立场基本一致，即不应固守公约附件Ⅰ和非附件Ⅰ缔约方的二分法，而应动态适用"共同但有区别的责任和各自能力"原则，打破二者之间的"防火墙"。但在相关谈判策略上，由于美国、日本等"伞形"国家打破二分法的呼声很强烈，欧盟采取了较保守的姿态。对于协议的模式，欧盟主张新协议应该是一种在力度和广度上均有所加强的《京都议定书》模式，即要求所有缔约方承担同样性质的减缓责任，并且建立目标调整机制来加强减缓力度，在一定程度上体现"自上而下"的要求。欧盟放弃了根据或参考"2℃"目标"自上而下"确定主要排放国家减缓责任的理想模式，但依然希望协议能以具有较强法律约束力（legally-binding）的形式体现，这与美国有本质区别。关于协议的内容，欧盟与发展中国家的立场较为一致，认为新协议应当包括减缓、适应、资金、技术等公约各方面的内容，但欧盟也特别强调透明度、核算、遵约等与减缓直接相关、确保各方履行减缓公约义务的机制。

在谈判进程中，除了加强与集团内部的其他发达国家的沟通外，欧盟特别善于"拉拢"小岛国集团和最不发达国家，分化发展中国家阵营。这在"德班平台"通过的谈判中表现得尤为明显。在目前的谈判中，欧盟继续和扩大这种结盟策略，在道义上为排放大国施加压力。

3）"巴黎协议"核心问题

围绕 2015 年"巴黎协议"的核心问题是那些充满"模糊性"的问题：一是是否需要以及如何对"共同但有区别的责任"进行与时俱进的解读；二是"共同但有区别的责任"如何合理地反应到协议的各个要素中；三是协议法律性质的不确定性。课题组对这些问题进行了有针对性的研究，提出了建议性的理解或方案。

第一，是否需要以及如何对"共同但有区别的责任"进行与时俱进的解读。当谈判着眼于 2020 年后时，这个问题显得尤为模糊。当前的附件一缔约方是否仍是造成气候变化的主要责任方？是否有其他国家应该对全球气候变化负责，并承担更大的、与附件一缔约方类似的义务？附件一名单能不能动态调整？历史责任和发展水平是我们理解公约原则的基础，也是维护发展中国家阵营团结的基础：发达国家对当前的全球气候变化负有历史责任，因而应当承担公约所规定的率先减排义务；要实现全球可持续发展，发展中国家需要获得发达国家的支持。然而，当谈判着眼于 2020 年时，各国温室气体排放的历史责任和发展水平可能发生重大变化；如果考虑全口径温室气体以及土地利用变化的温室气体排放，目前发展中国家和发达国家的历史责任也可能已经发生很大的变化。

研究认为，"共同但有区别的责任"已经成为国际环境法的一项基本原则，不容否认。但它还是一个处于发展中的原则，一成不变地看待《京都议定书》所阐述的共同但有区别的责任内涵无疑是不科学的。坚持"共同但有区别的责任"原则但深化对它的理解并与时俱进地发展其内涵是推进谈判的必由之路。正如哈佛肯尼迪学院的 Robert 教授所说:"We cooperate on Common, but not on Differentiation。"首先,"共同责任"是"共同但有区别的责任"的前提和基础。共同责任意味着,无论国家大小或能力差异,各国都负有保护和改善气候的一份责任,这源于温室气体的快速扩散特点和气候变化的全球性。因此保护气候不只是发达国家的责任,也不只是发展中国家的责任,而是需要通过各国通力合作和协调完成的。另外,"区别责任"是共同但有区别的责任的重要内容。共同责任并不意味着"平均主义",由于历史责任不同、发展阶段不同和国情不同,责任在各国之间应当有所区别。责任的区分可以体现在不同的减排时间、减排程度以及资金和技术援助上。因此,在共同责任和区别责任的关系上,前者是前提和基础,后者是关键要素和核心内容。从另一个角度看,共同责任具有目的性和意义性,区别责任是实现共同责任的最重要手段。先有共同,后有区别。变"共同但有区别责任"为"有区别的共同责任"将更有助于对"共同但有区别的责任"内涵的发展。"有区别的共同责任"原则不仅强调各国对全球问题均负有不可推卸的责任,也是为了各国更加公平、有效率地承担责任和解决问题。没有区别责任,片面强调共同责任将有违公平理念,而没有共同责任,区别责任也就失去了根基,成为无本之木。

第二,"共同但有区别的责任"如何合理地反应到协议的各个要素中。发达国家在各个要素上均倡导"统一"或"趋同"机制,以 LDMC 为主的发展中国家坚持目前的"二分法",其他发展中国家立场各异。课题组认为,在减缓、适应和透明度领域,各缔约方行动的性质和约束力基本一致、行动力度符合"国情"、透明度规则渐进趋同;在资金、技术和能力建设领域,保持传统"二分"状态有可能性,但可能允许有能力的国家自愿承担提供支持的义务,如表 6-1 所示。

第三,法律形式问题。这个问题在四年的谈判中很少涉及,将在巴黎会议集中讨论。如果只考虑已经出现和公约提及的法律形式,研究认为"议定书"和"其他法律文本"指向相对明确,"经同意的具有法律效力的成果"含糊其辞。基本判断"巴黎气候协议"的法律形式将有以下特征:第一,不会是类似《京都议定书》那样的带有明确减排指标的"议定书";第二,它必须隶属于公约,在公约之下,但高于"决定",比"决定"更能加强公约的执行;第三,适用于所有缔约方;第四,不需要国家立法机构批准,由国家授权的代表签字即可生效,缔约方可依靠行政力量执行。这样看来,缔约方大会的成果呈现方式很可能是一种新的形式,或被冠以"执行协议"(Executive Agreements)的名目,使其法律地位高于决定,但逊于《联合国气候变化框架公约》,强制力与"决定"类似,逊于《京都议定书》。

3. 巴黎会议我国应对方案

总体思路:针对具有争议性的主要问题,或在不同阶段及层面可能会出现的分歧性局面,通过实施"非合作型"博弈的策略或战术,经过动态过程,努力争取向"合作型"博弈状态进行转变和逐渐过渡,努力实现在这种"合作式"格局下的双赢或多赢效果,并最终寻求打破零和博弈的困局,同时形成对各方都会有利和满意的局面。

表 6-1 "CBDRRC" 在目前机制中的体现以及在 "2015 协议" 中应有的体现

核心要素	《京都议定书》第一承诺期（2008~2012 年）		目前机制（2013~2020 年）		巴黎气候协议（2020 年以后）	
	"共同"	"区别"	"共同"	"区别"	"共同"	"区别"
减缓	无	议定书附件 B 缔约方 "自上而下" 承担有约束力的量化减排目标	"自下而上" 提出目标或行动	形式上, 发达国家都是经济范围量化减排目标, 并且《京都议定书》附件 B 缔约方承担第二承诺期的减缓义务; 发展中国家是 NAMAs; 法律性质不同	"自下而上" 提出, 法律性质相同	目标/行动呈 "光谱" 化分裂, "区别" "弱化"
适应	国家行动为主	附件 II 国家提供资金资助	国家行动为主	附件 II 国家提供资金资助	国家行动为主	附件 II 国家提供支持
资金/技术/能力建设	无	附件 II 国家提供支持	无	附件 II 国家提供支持	允许非附件 I 国家自愿提供支持	发达国家有法律义务; 发展中国家无
透明度	无	附件 I 缔约方: NC, 四年一次; NIR + CRF, 每年提交; 接受审评。非附件 I 缔约方: 视资金支持情况提交 NC, 无审评	NC: 四年一次; BR/BUR: 两年一次	发达国家: NIR + CRF; NC; BR; 接受审评; 发展中国家: 资金支持下提交 NC 和 BUR; 磋商和分析	建立统一框架, 发达国家和发展中国家有明确的同差	发达国家有法律义务; 发展中国家无。BR-附件 I 国家双年报; BUR-非附件 I 国家双年更报

注: NAMAs 表示国家适宜减缓行动; NC-国家信息通报; NIR-国家温室气体清单报告; CRF-统一数据表格; BR-附件 I 国家双年报; BUR-非附件 I 国家双年更新报

1）处理好大国关系以及与其他发展中国家的关系

中美欧三者之间的关系是关键。任何二者形成"G2"都会对第三方的立场不利，易引发对立。随着《中美气候变化联合声明》、《中美元首气候变化联合声明》和各自 INDC 的宣布，中美形成了明显的"G2"格局，《中欧气候变化联合声明》不痛不痒。这似乎并不是一个最佳选择。在中欧美三方中，中欧在节能减排低碳转型的急迫性上有更多共同点；在"共同但又区别的责任"这一重大争议问题中，欧洲也不像美国那么急迫的想要完全推翻共区原则，而是强调其解释要与时俱进，中欧之间的差异显然要小于中美之间的差异。中欧差异小于中美差异不但表现在气候谈判之中，也表现在经济技术贸易等领域。

深刻充分认识发展中国家集团的分裂，坚持广泛国际合作，保持周旋余地。谈判阵营的"碎片化"是难以避免的趋势，发展中国家内部的分裂尤为明显。而发展中国家内部集团分化多达近十五个，利益诉求差别之大、立场分化之严重甚于发达国家和发展中国家两大阵营的区别。集团越多分歧就越多越大，实际上目前发展中国家内部的实质团结已无从谈起。勉力维持这个视之为"战略依托"的集团，特别是充当某些保守集团的"领头羊"往往自缚手脚，吃力不讨好，难以独立地提出自己的目标、行动和理念。这种策略削弱了"以我为主"的原则，从而使长远利益受到损害。

2）适时适度调整谈判策略

结合国内发展模式转型与国际气候制度变迁趋势，以是否符合国内发展模式转型和维护新时期大国关系与改善地缘政治需求为判断依据，适时适度调整谈判立场。在议定书和巴厘路线图谈判中，中国积极维护"共同但有区别的责任和各自能力"原则，维护以公约为主渠道的国际气候制度基本框架，维护了国家根本利益，团结了广大发展中国家，树立了负责任的大国形象，发挥了建设性作用。然而随着国内发展模式转型，节能、环保、低碳已经成为我们自己要努力克服困难去推动的重大转变方向，并且由于国际气候制度也在朝着更广泛应对气候变化的趋势变迁，因此建议我国适时适度调整谈判立场，以有利于国内发展模式转型为根本准绳，充分考虑国际政治需求，积极灵活推动在减缓、适应、长期目标、透明度方面的谈判进展。

进一步明确自身道德领导的战略定位，坚持"共同但有区别的责任和各自能力"原则，采取以公平规范为基础的道德立场的战略，缓解战略压力，强调发展中国家经济与社会发展和减贫的第一要务及其平等地获得可持续发展与减贫等发展目标的权利，以国际公平正义为发展中国家的共同利益代言。应该坚持区分实质性议题与语义性争论，避免陷入欧美国家所主导的议题陷阱之中。应该改变以往较为被动地参与讨论欧美国家所提出的谈判方案的状况，侧重从我国自身利益出发积极有为地提出中国的具体方案。

统筹考虑并灵活运用公约下与公约外机制，推进大国共识与气候合作。快速崛起使我国客观上与主要发达国家在应对气候变化问题上存在利益趋同，而与发展阶段相对落后的发展中国家拉开了差距。如果我国在公约下不得不维护发展中国家整体的团结，那么应充分利用公约外各种机制，以之作为和发达国家加强沟通的平台，寻求均为排放大国的利益共同点，形成相互谅解，反过来促进在公约下达成于我国有利的结果。

结合"一带一路"战略，创新性地为国际气候谈判创造有利的战略环境。将气候变化议题纳入"一带一路"战略设计中，倡议"一带一路"沿线国家能源与气候高层论坛、部级能源与气候伙伴关系，以此加强谈判前气候变化立场的沟通与协调，支持国际气候谈判并且促进应对气候变化的合作。

6.2.3 气候变化谈判关键议题

1. 联合国气候变化谈判议题实时支撑

课题组密切跟踪当前气候谈判中的七大核心议题进展，目标指向巴黎气候大会 2015 新协议达成最终成果，结合联合国气候峰会、历年缔约方大会、中美联合声明、中欧联合声明、中印联合声明、中巴联合声明、递交国家自主决定贡献（INDC）文件等重大事件节点，按阶段、按步骤落实研究计划，集成国内外谈判相关研究进展和最新研究结果，研判谈判总体形势，提出涉及热点和难点谈判问题的综合谈判对策和可能方案，为中国政府谈判代表团制定中长期气候变化谈判战略及参与各个工作组会议相关议题谈判提供了实时技术支撑。

（1）全球长期减排目标及排放峰值时间框架关键问题谈判应对方案研究专题已开展的研究任务包括：系统地梳理了主要利益集团对全球长期减排目标及排放峰值时间框架问题的主要观点和主张，评估 IPCC 第五次评估报告中有关历史排放和长期目标的内容，分析了欧盟、美国、日本等主要国家 INDC 目标及和中国的比较，全球长期目标和峰值时间框架对我国的影响，并初步提出我国应对的考虑。

（2）"三可"和国际磋商与分析关键问题研究专题已开展的研究任务包括：分析了主要发达国家和发展中国家 INDC 中减缓承诺的力度、公平性及其对减缓的贡献，跟踪了减缓行动 MRV 的谈判进展，评估了气候协议中透明度内容的演变趋势，提出了巴黎会议有关透明度如何技术性体现"共同但有区别原则"以及长期渐进趋同的方案。

（3）技术转让关键问题研究专题已开展的研究任务包括：总结回顾了公约下技术议题的总体进展以及气候技术中心网络（CTCN）的运行情况及效果，识别存在的问题与障碍，论证如何改进其工作模式，在知识产权问题上尝试提出更好的处理气候技术转让机制与 WTO 机制关系的方案，提出绿色专利制度方案和绿色专利保险方案，以及探讨建立面向发展中国家的技术领域南南合作的构想和行动。

（4）资金机制关键问题研究专题已开展的研究任务包括：追踪了发达国家快速启动资金、中期资金的进展情况，评估了发达国家出资规模和贡献，分析了绿色气候资金运行管理机制及筹资方式中的关键因素，探讨了 2020 年后发展中大国出资问题，提出了中国适时适量参与出资及南南合作双轨并进的策略，确保中国在新兴的国际绿色金融机制中的地位和话语权。

（5）"基础四国"磋商机制关键问题研究专题已开展的研究任务包括：总结了基础四国机制自哥本哈根会议以来的发展与演变，梳理了二十次基础四国部长级会议在各议题下的立场变化，盘点和评估了基础四国部长级磋商和专家研讨会双轨机制在当前谈判中的历史作用、发展瓶颈和挑战，从基本国情和发展阶段、对外贸易和经济模式、工业化和城镇化发展趋势、能源消费和温室气体排放情况等方面对基础四国的情况进行了全方位的梳理和分析，对基础四国在应对气候变化的共同立场、潜在分歧进行了研究和判断，分析了基础四国机制在未来谈判中的发展方向、合作模式、可包容性、对我国的意义、未来协调对策，就基础四国机制下的具体关键问题进行了研究判断，包括基础四国对《中美气候变化联合声明》的回应、基础四国有关 INDC 目标的可能方案及其风险等，结合金砖国家机制为基础四国从松散化走向实体化提出合理化建议，从一般的议事平台打造成更广泛的合作平台，使四国在低碳发展领域形成更为紧密的实质性关联，尽可能通过制度化进程减少因灵魂人物、特定事件的推动力起伏而造成的影响，并使之成为发展中国家凝聚力的核心。

（6）"土地利用、土地利用变化和林业"（LULUCF）谈判问题研究专题已开展的研究任务包括：分析 IPCC 关于 LULUCF 核算技术指南，分析我国森林资源清查和调查的相关技术规定，研究异同并提出我方的提案，分析了 LULUCF 核算规则、额外性评估对我国的实质性影响，以及 LULUCF 核算对发达国家与发展中国家的历史排放责任的影响，在我国自主决定贡献的林业指标中利用目前的国际核算规则，为我国如何利用提出合理林业目标提出了建议。

（7）适应机制及相关问题研究专题已开展的研究任务包括：分析了新气候协议中减缓与适应的关系，评估了长期适应愿景或全球适应目标，分析了适应活动的监测、评估和信息共享，讨论了适应机制安排，开展了发展中国家适应气候变化资金需求评估，梳理了当前全球 7 项适应成本估计的进展与存在的问题，对海岸带、农业、水资源、人体健康等部门的适应成本核算进行了探索，评估了全球适应资金的供给能力，分析了损失与危害问题形成的背景以及气候变化损失与危害问题的内涵，评估了全球主要损失与危害应对机制设计方案，并提出了气候变化损失与危害问题对国内相关工作的启示。

2. 对"国家自主决定贡献"（INDC）的认识和预断

一个更为全面、平衡和可行的"国家自主决定贡献"方案的最终落地，仍然需要我们统筹考虑国内、国际两个大局，统筹考虑近期和长远两个目标，统筹考虑责任和能力两种因素，需要我们对我国经济发展新常态、全球治理新格局和发展中大国新贡献有更为深刻的认识、更为本质的判断和更为正确的把握。

1）多元化将成为国家自主决定贡献的最大特征

一是"国家自主决定贡献"的提出具有较大的灵活性。从华沙和利马两次会议的决议内容中有关"国家自主决定贡献"（INDCs）的表述来看，该方案目前与 2015 年新气候协议的关系并不明确，是否纳入协议、以何种形式纳入协议、具有何等强度的法律约束力等都还存在一定的不确定性，这样的不确定性使得"国家自主决定贡献"的提出更具有灵活性。这在之前的一轮"国家适当减排行动"（NAMAs）方案提交时就有体现，不同的参考基年、绝对量减排目标、碳强度目标、相对于照常情景的偏移目标、节能目标、非化石能源目标、碳汇目标等不一而足。

二是多元化成了消减自上而下模式的最大特征。随着谈判焦点的转移，近期全球气候治理自上而下的集权模式几乎成为不可能,以欧盟为主的"左派"对此做出了妥协,其潜在的条件是"两分法"在德班平台谈判中的适度弱化,各国将越来越多地把精力放在本国贡献利与弊的权衡上,贡献的形式和内容必将更趋于多元化。很少有国家在自主的情况下按照《京都议定书》的常例用相对于1990年的总量目标减限排来统一表述,多元化减限排承诺目标或行动成了消减自上而下减排模式的最大特征。况且在目前的"国家自主决定贡献"中,除了减排外,还包括适应、资金、技术、透明度等一揽子要素的多元化。

三是"国家自主决定贡献"的评判将越来越难。可以预见的是,在未来新协议中只会出现少量的涉及透明度等基本规则的规定动作,大量的将会成为自选动作,其评判的最大的原则是各自国情的差异。而且在目前的联合国气候谈判机制下也很难实现如同欧盟对成员国提交的自下而上的国家分配计划提出修改的强势权力。"国家自主决定贡献"的提出或宣示,更多地是一种"道德"评判,而道德其实是很难量化的。至于出资和技术产权问题,从20多年的谈判历史看,发达国家承担的实质性的义务是非常有限的,而且这种义务往往取决于体制本身,绿色气候基金将有可能取代世界银行或国际货币基金组织在全球环境金融事务中的主导地位,国家出资本身就意味着国际金融体系的话语权。

2)"我们要做"就是国家自主决定贡献的最大根本

一是积极应对全球气候变化是我们自己要做。国家主席习近平在会见美国国务卿克里时提及的"应对气候变化是中国可持续发展的内在要求,也是负责任大国应尽的国际义务,这不是别人要我们做,而是我们自己要做"是"国家自主决定贡献"含义的最好诠释。我们应该结合国内当前的发展阶段,当下最大的国情是新常态,是环境承载能力已经达到或接近上限,是要开启能源生产和消费革命的新时期,是要走绿色低碳发展新道路。政府当前通过简政放权、深化行政审批制度改革正在最大限度退出微观经济事务的管理,重大经济结构协调和生产力布局优化主要通过宏观调控、环境容量管理等手段来实施,国内强化低碳发展的政策措施,是服从和符合国家深化改革精神的,也有利于健全防范和化解产能过剩的长效机制。因此将我们在国内要做的相关工作计划通过应对气候变化行动目标的口径表述出来,展现了我国从源头上扭转生态环境恶化趋势为人民创造良好生产生活环境的雄心,也为全球生态安全做出贡献。

二是低碳发展需要有一个逐步推进的过程。务实地看,低碳发展在国内目前还未上升到很高的位势,其政策和市场的部署仍然需要一个渐进的过程,目标也需要在2020年前后有所衔接。"三个显著和一个峰值"的排序很说明问题,先是碳排放强度要显著下降,再是非化石能源比重要显著提高,然后是森林蓄积量要显著增加,最后才是努力争取 CO_2 排放总量尽早达到峰值。"三个显著"是实现"一个峰值"的支撑手段和路径。从工业化国家的历史看,峰值目标都不是政策安排的,而是达到后才观察到的。未来十五年我国仍存在很大的不确定性,所以在现阶段宣布"国家自主决定贡献"总体上要进取,但也要考虑灵活性,并留有适量余地,类似"左右并争取尽早"。同时应该加强提前部署和制度安排,特别是对阶段性目标和任务有规划,并在方案中注明再调整的条件和机制。

三是低碳发展必须明确"三步二线"战略目标。首先，显著降低二氧化碳排放强度是全面建成小康社会的新要求，也是我国在控制温室气体排放方面迈出的第一步。应该清醒地认识到，争取到 2020 年实现二氧化碳排放强度下降 45% 以上，需要显著提高碳要素的产出率，这既是全面建成小康社会的新要求，也是为应对气候变化做出的实实在在贡献。其次，有效控制二氧化碳排放总量是大力推进生态文明建设的新任务，也是我国在控制温室气体排放方面迈出的实质性一步。生态文明建设的实质就是要以绿色国土比重、资源环境承载力和碳排放空间为基础，以可持续发展为目标，建设生产发展、生活富裕、生态良好的文明社会，需要我们在"十三五"期间适时开展二氧化碳排放总量控制的试点，探索并建立国家二氧化碳排放总量控制制度，这既可以形成促进经济结构、能源结构和消费结构转型升级的倒逼机制，也可以从源头上有效控制二氧化硫、氮氧化物等大气污染物的产生。再次，尽早实现二氧化碳排放峰值是我国建设现代化国家的新目标，也是我国在控制温室气体排放方面迈出的战略性一步。中国的现代化必然是低碳的现代化，必须将二氧化碳排放峰值目标纳入到现代化国家建设目标体系，这既为我国温室气体排放总量控制划定了一条"生态红线"，也为参与全球气候治理机制划定了一条"谈判底线"，确保既对中国人民负责，又对世界人民负责。

3）国家自主决定贡献方案提出的谋略性考量

一是综合方案提出的目标要体现"区别"。尽管当前的气候谈判中重显大国共治的特征，但这并不排除我们仍然需求某种程度的区别，这样的区别可以通过原则问题的宣示、具体合作行动的性质来界定，如同中美联合声明等跨阵营的双边或多边合作。除了彼方是绝对量减排目标，我方是有增长的强度和总量目标之外，其在形式上仍有很多种选择，比如美国选择 2005 年作为其行动的基准年，而不是像欧盟那样以 1990 年为基准年。中国完全可以在目标基准的选择上体现出发展阶段、历史责任和能力的区别，建议所有量化目标的基年为 2015 年，并预判增量、增幅或增速，这样的基准点选择：①能技术性地体现出我国作为发展中大国贡献的区别，更晚进入绝对量控制的阶段；②也能缓解我国在当下经济、能源数据调整的情况下提出量化峰值目标的压力，淡化过大的总量目标数值；③该提法还为国家元首可能参与巴黎会议进一步宣示政治意愿提出更为全面的目标留出空间；④从操作上转换基年和增量与目前国家已确定的量化目标方案并不冲突，仅是等价的数学计算。

二是综合方案提出的形式要体现"自主"。目前峰值时间和非化石占比的目标是以中美联合声明的方式宣布的，我国在提出综合方案时应统筹考虑其他发展中国家提出的时间和方式，特别是基础四国。可以考虑先以"国家应对气候变化领导小组"或国务院常务会议决定方式发布，同时通报秘书处，从而充分体现"以我为主"的形式。顺势而为，主张各国的自主决定贡献不正式纳入 2015 年新气候协议中，并反对在新协议中正式出现某种形式的全球量化减排或峰值目标。

三是综合方案提出的目的要体现"贡献"。尽管是国家行动，但方案的提出仍然要显示中国负责任大国形象，展现中国应对气候变化的决心和力度。在除了减缓目标之外，作为一个全面和平衡的综合方案，应尽可能提出量化目标，没有目标拟以任务或行动替代，并阐释量化目标背后的假设和方法学信息，同时还要找到某种分析方法或研究指标能适当地评估出我国量化目标的显示度，特别是与欧、美、印等大国的比较，既不超前也不落后，突出中国特色。

3. 对"国家自主决定贡献"的设计和评估

中国政府向联合国提交"国家自主决定贡献"（INDCs）《强化应对气候变化行动》，展现了中国作为发展中国家至 2030 年的低碳发展蓝图，以及对国内人民和国际社会负责的自主、自信与自强。积极应对气候变化是中国加快推进生态文明建设、实施国家绿色化战略的主动作为。中国希望和国际社会一道，变气候挑战为发展机遇，促进绿色可持续发展、维护全球生态安全。

1) 低碳转型：维护气候安全的贡献

应对气候变化是一项系统工程，控制温室气体排放涉及经济社会发展诸多方面，需要从发展全局统筹考虑、分阶段实施。中国根据自身国情、发展阶段、可持续发展战略和国际责任担当，分别确定了到 2020 年、2030 年的四大控制温室气体排放的量化行动目标并付诸实施。2014 年中国单位国内生产总值能耗和二氧化碳排放分别比 2005 年下降 29.9% 和 33.8%，2005 年至 2013 年累计淘汰落后电力机组 9562 万 kW、落后炼铁产能 16 888 万 t、炼钢产能 11 867 万 t、水泥产能 8.9 亿 t。中国积极推动低碳转型，已成为世界节能和利用新能源、可再生能源第一大国，为全球应对气候变化做出了实实在在的贡献。

首先是推动经济低碳转型，以世所罕见的速度大幅提高经济效率，到 2030 年单位 GDP 二氧化碳排放比 2005 年下降 60%～65%。"十一五"期间，中国以年均 6% 碳排放增长速度，支撑了经济年均 11.2% 的增长速度，碳排放强度下降约为 21%，经过努力"十二五"碳排放强度下降目标可能超额完成，预计为 19% 左右。如果要实现 2030 年目标，今后三个五年计划的下降幅度仍要保持在 18%～19%，这意味着中国碳强度下降率将连续 25 年保持年均 3.6%～4.1%，这样的下降速度在当今世界绝无仅有。美国和欧盟 1990 年以来的碳强度年均降幅都仅为 2.3%，即使表现突出的英国和德国，也仅分别为 3.0% 和 2.5%。如果考虑到发展阶段比较，从欧洲 1950 年和美国 1970 年起计算的数据也几乎一致。根据经合组织的经济预测分析，美国如果能实现 2025 年相比于 2005 年温室气体下降 26%～28%，其年均 GDP 排放强度下降率为 3.5%～3.6%，而欧盟如果能实现 2030 年相比于 1990 年温室气体下降 40%，那么 2005 后年均 GDP 排放强度下降率约为 3.2%，两者下降幅度仍都低于中国。

其次是加快能源低碳转型，以极大力度部署推动能源生产和消费革命，到 2030 年非化石能源占一次能源消费比重达到 20% 左右。中国 2005 年和 2014 年非化石能源比重分别为 7.4% 和 11.2%，消费量分别为 1.9 亿 tce 和 4.8 亿 tce，根据国际能源署等机构预测，2030 年中国非化石能源消费量将达到 13 亿 tce，分别是 2005 年和 2014 年的 6.7 倍和 2.7 倍，非化石能源消费量将连续 25 年保持年均 8% 左右的增速。自 2005 年以来，中国的水电、风电、太阳能发电装机容量分别增长了 3 倍、90 倍和 400 倍，新增可再生电力消费量已经超过经合组织成员增量的总和，占到全球的42%左右。如果中国最终实现2030年目标，那么可再生能源消费增量将是经合组织成员增量总和的2~3倍。受核事故影响，全球2010年以来核电新增装机容量仅为90万kW，经合组织成员则出现负增长，而中国增量则为950万kW，预计到2030年中国核电新增装机容量将是美国的3倍左右。未来中国的非化石能源消费增量预计将占全球增量总和的1/3以上。

最后提升有限的土地和自然资源的综合生态服务能力，到2030年森林蓄积量比2005年增加45亿m^3。中国2014年森林蓄积量相比于2005年增加了21.9亿m^3，森林面积增加了2160万hm^2，相当于13个北京市或接近1个英国的国土面积。中国是目前少数几个提出量化碳汇目标的国家，到2030年森林面积和蓄积量将在现有基础上翻一番，预计森林碳储量将增加25.5亿t。同时该举措协同的生态效应显著，根据国家林业局相关机构预测，由此新增的年涵养水源将达到约1200亿m^3，年固土量约为70亿m^3，年滞尘约12亿t，年吸收污染物8000万t。

根本目标是实现发展模式的低碳转型，二氧化碳排放2030年左右达到峰值并争取尽早达到峰值。中国"十一五"期间排放增量约为20亿t，"十二五"期间约为15亿t，"十三五"期间预计为10亿t，增量逐个五年计划下降一个台阶。通过上述三大支撑目标，初步测算从2005~2030年中国累计相对减排量将超过300亿t二氧化碳，预计占全球累计相对减排量（约570亿t）的50%以上。预计中国二氧化碳达到峰值时人均GDP水平约为1万美元（2005年不变价），而美国和欧盟达到峰值时的人均水平已经分别超过4万美元和2万美元（2005年不变价），达峰时中国的人均二氧化碳排放约为8.6t，而美国、德国和英国达峰时的人均水平超过19.5t、14.1t和11.3t，应该说中国通过努力将实现比发达国家阶段更早、水平更低的排放峰值，为减缓全球气候变化做出重大贡献。

2）低碳发展：寻求绿色增长的动力

中国要完成工业化、城镇化等现代化进程，一方面从发展阶段看，随着经济的增长，中国的碳排放量仍会有所增长，但通过努力排放增速会显著减缓，并争取在2030年左右实现经济增长和碳排放的脱钩。另一方面，传统观念认为控制温室气体排放增加经济社会发展成本，阻碍经济增长，但在中国越来越多的实践证据和研究结论日益表明推进低碳发展的智慧行动可以推动创新、提高经济增长并带来诸如可持续发展、增强能源安全、改善公共健康、提高生活质量、增强国家和国际安全等广泛效益，并完全有可能成为新常态下经济新的增长点，让每个百分点的GDP包含更多的科技含量、就业容量和生态质量。

首先是有效增加低碳投资，提高绿色供给。根据彭博新能源财经（BNEF）发布年度数据报告称，2014年中国可再生能源投资895亿美元，占全球总投资3100亿美元的29%。据国家气候战略中心初步测算，中国"十二五"期间全社会新增节能投资预期将达到2.7万亿元（2010年不变价，下同），新增低碳能源（非化石能源和天然气）投资则将达到3.1万亿元，仅上述两大产业总产值约为8.4万亿元。预计到2030年，两大领域累计投资将突破41万亿元，产业规模将达到23万亿元，对GDP的贡献率将超过16%。按照中国国家自主贡献目标，至2030年每年非化石电力大致需新增2500亿kW·h左右（即每年新增装机约6000万kW），其中核能新增装机容量约为2亿kW（约220个反应堆，平均每年 14 个）、太阳能新增装机容量约为 3 亿 kW（约 1.7 万个光伏电站，平均每年 1100 个）、风电新增装机容量约为 4 亿 kW（约 22 万台风机，平均每年 14 000 台），工程投资量非常可观，这还不包括中国通过"一带一路"等国际合作推动的"绿色投资"。

其次是有效增加低碳就业，推动绿色创新。根据国际可再生能源署（IRENA）发布报告称，2014 年中国可再生能源行业就业人口约为 339 万人，占全球总就业 770 万人的 44%。据国家气候战略中心初步测算，中国"十二五"期间全社会预计新增节能和低碳能源领域就业人口 1400 万人。一些新兴的职业、部门和企业正在被创造出来，如碳金融、碳审计、碳盘查、企业碳战略、合同碳管理、碳资产托管、可再生能源智慧解决方案提供商、新能源汽车制造商、能源互联网、气候大数据等。预计到 2030 年，仅上述两大低碳发展领域的就业规模就将达到 6300 万人，更多的就业岗位将出现在对传统产业的低碳化改造和升级中。随着产业体系的逐步形成，社会低碳创新的动力正在被孕育和唤醒，2014 年全球可再生能源专利数量已达 20 655 个，中国排名仅次于美国。低碳发展将有效倒逼能源生产和消费革命，电力、油气等体制改革的活力将在未来 15 年逐渐释放出来，新的产品、服务、模式、市场将会不断涌现，特别是碳排放权交易有望引领我国生态治理市场化进程，发挥绿色资源有效配置、绿色价值流通、降低环境治理成本的市场功能。

最后有效构建倒逼机制，形成协同效应。我国改革开放以来的高速发展形成了有竞争力的工业基础和优势产业，但同时也产生了高耗能、高排放、高污染和产能富余过剩的问题，传统的依靠高额投资、规模出口的经济发展方式与资源环境的矛盾日趋尖锐，大气、水、土壤等污染加剧，生态承载力已经达到或接近上限，必须顺应人民群众对良好生态环境的期待。气候变化问题与上述经济、能源和环境等发展困境同根同源，低碳发展必然成为经济转型、能源革命和生态保护的战略选择。有研究表明，峰值的实现将大大有助于改善我国空气质量，2030 年 SO_2、NO_x 及 $PM_{2.5}$ 的排放相应可以比 2010 年下降 79%、78% 和 83%。低碳发展还有可能带来大众消费模式的改变，减少人们活动的碳足迹，提高生活方式绿色化水平，培育绿色低碳的生态文化。

3）低碳治理：构建合作共赢的制度

2015 巴黎气候协议应该是一个合作共赢的协议，也是推进全球绿色低碳发展的一份行动纲领，需要凝聚共识、落实行动、构建合作共赢的全球气候治理体系，共同分享绿色低碳转型的经济和社会效益，而非简单地将气候保护放在发展的对立面、将一些国家放在另一些国家对立面的零和博弈。

首先，全球合作应对气候变化的目标是最终实现人类可持续发展，国际气候制度的核心也应是促进各国低碳转型的良性竞争而非对抗机制。应对气候变化引发新的技术和产业革命，也将带来新的经济增长点、新的市场和新的就业机会。2015 年即将确立的新气候制度要着眼于推动世界低碳发展的潮流，形成新的竞争机制和规则，使低碳发展不仅是国际气候协议下的要求和承诺，更是提升自身可持续发展竞争力的主动行为，从而变负担和挑战为发展机遇。

其次，各国应当基于各自的国内优先发展目标及经济社会效益制定其自主决定的国家贡献，"我们自己要做"是最好的制度动机。这种以各国低碳效益为出发点的自主决定贡献可以有效吸引更多的发展中国家自愿加入减排的行列，在充分考虑自身发展需求的情况下因地制宜的制定符合各国国情的目标和行动。各国基于自身效益制定的目标具有更为坚实的实施基础，可以最大限度的保障各国目标的切实履行，从而为充满争议的法律形式问题寻找一个新的出路。

最后，各国应该客观理性地看待中国的角色和贡献，中国在应对气候变化问题上扮演的始终是积极的建设者。当前正值中国发展的关键历史时期，按照国家"两个一百年"目标，中国到 2020 年基本完成工业化、全面建成小康社会，但距离 2050 年建成现代化国家（达到中等发达国家水平）仍有 30 多年的时间，较长一个阶段还面临着增长速度换挡、结构调整阵痛和前期刺激政策消化"三期叠加"的困难和挑战。尽管如此，中国仍从全局出发经过反复论证提出了 2030 年左右达峰的目标，并敢于主动释疑解惑、充分沟通、了解关切，自去年以来，中国先后与美国、印度、巴西、欧盟、法国等发布了气候变化联合声明，展望了在合作应对气候变化和推动低碳发展方面的愿景和行动部署，展现了亲诚惠容、互利共赢的积极建设性姿态。

如果真要说《联合国气候变化框架公约》通过 20 多年来世界发生了较大变化，那么中国人不希望这样的变化仅仅发生在 GDP、能源消费和温室气体排放等数据上，也发生在各国看待绿色低碳发展的包容理念和携手应对人类挑战的正能量上。

4. 基础四国 "国家自主决定贡献" 的分析与建议

围绕"巴黎气候协议"谈判以及根据缔约方相关决议，"基础四国"先后向公约秘书处提交了其"国家自主决定贡献"（INDC）的文本。对四国的 INDC 文本进行分析，有助于研判该机制在构建国际气候制度中的新动向与新发展，更好地贡献于构建全面、平衡、有效且确保实施可持续的"巴黎气候协议"。

1) 基础四国 INDC 的基本概况

在利马缔约方会议第 1/CP. 20 号决议所给出的重要时间节点前，基础四国均向公约秘书处递交了其 INDC。这不仅体现了发展中大国对多边机制及其谈判结果的尊重，也表明各国均全力投入到其 INDC 的准备进程中，并使随后秘书处的汇总工作以及公约机制内外开展的各种关于公平与雄心的评估成为可能。

根据华沙会议所启动的 INDC 进程以及在利马会议上的谈判进展，各缔约方并没有就 INDC 应有内容达成一致，因此缔约方会议决议并未就此做出规定。相比发达国家 INDC 几乎只提及减缓的内容，基础四国与广大的发展中国家保持了较好的团结，提出各国贡献还应该包括适应，以及资金、技术与能力建设等实施方法等信息。

基础四国一致认为，其各自的 INDC 应当在公约之下，遵循共同但有区别的责任原则、公平原则、各自能力原则。与此同时，基础四国也繁简不一地阐述了各自国情与优先发展议程，南非和印度还明确表明其 INDC 的实施将依赖于所获得的支持，而巴西提出了无条件的 INDC，但也表示欢迎来自国际的支持。在此基础上，基础四国分别表达了各自在 2015 年协议中拟做出的气候贡献，不同程度地提出各自对 2015 年协议谈判的意见，促进巴黎会议成功举行。

2）基础四国 INDC 的内容分析

基础四国 INDC 内容丰富，不仅包括减缓，也包括资金、技术与能力建设等实施方法等信息，不仅集中反映了发展中国家的核心关切，也有利于促进巴黎会议达成一份全面、平衡、能持续实施且有力度的协议。

在减缓内容方面，基础四国提出了内容丰富、形式多样的贡献，如表 6-2 所示。在减排目标形式方面，巴西采取相对于基准年水平的绝对量减排，这也是发展中大国提出的第一个绝对量减排目标；南非和中国则提出各自排放峰值时间或期间，且南非还进一步明确了峰值时的排放量区间；印度和中国提出了 2030 年相对于基准年的碳强度减排目标，以及向非化石能源转型的目标比例、增加林业碳汇的目标。在目标年选择上，中、印、南均考虑 2021～2030 年作为"巴黎气候协议"的实施期，并将目标年设定为 2030 年，选取 2005 年作为基准年，而巴西则选取 2025 年作为目标年，但也给出 2030 年的意向性目标。在目标的涵盖领域方面，巴西和南非的目标涵盖所有经济部门和六种温室气体，且对目标核算方法做出了说明。中国和印度缺乏对减缓目标的详尽说明，也没有提供目标核算方法。

表 6-2 基础四国提出的 INDC 内容

基础四国	减缓目标形式	覆盖范围	温室气体*	基准年	目标年/时间段	减控排目标值
巴西	绝对量减排	所有部门	六种	2005	2025	37%
					2030	43%（意向性）
南非	绝对量控制	所有部门	六种	2005	2025～2030 年间	排放总量 3.98 亿～6.14 亿 tCO_2e
	峰值			2020～2025 年间达峰，稳定约十年，随后下降		
印度	碳强度减排	所有部门	不明	2005	2030	33%～35%
	非化石能源	电力	CO_2	—		40% 左右（装机量）
	森林碳汇	林业		2005		增汇 25 亿～30 亿 tCO_2e
中国	峰值	所有部门	CO_2	CO_2 排放 2030 年左右达峰，并争取尽早达峰		
	碳强度减排			2005	2030	60%～65%
	非化石能源	能源		—		20% 左右
	森林碳汇	林业		2005		增加 45 亿 m^3 蓄积量

* 六种温室气体包括：二氧化碳、甲烷、氧化亚氮、氢氟碳化物、全氟化碳、六氟化硫

在适应内容方面，基础四国都认同适应是全球应对气候变化行动的核心内容，并且在各自 INDC 文本中以较大篇幅提出了适应的目标、领域，甚至是拟采取或者进一步强化的计划与行动。此外，作为发展中国家普遍关注的资金、技术开发与转让、能力建设等实施方法方面的信息，基础四国的 INDC 也给予了全面的体现。其中，提出有条件贡献的印度和南非对于其 INDC 实施所需的气候资金进行了初步分析，对技术和能力建设等内容也提出诉求；巴西明确其 INDC 的实施并不以得到国际支持作为条件，但是欢迎发达国家对其气候行动提供支持，并且指出额外的行动将有赖于大幅度提升支持力度；中国和巴西还表达了扩大发展中国家之间南南合作的意愿，并提出具体的合作领域和实施工具。

关于各国 INDC 是否公平、是否足够有力、如何助力国际社会共同实现公约目标，基础四国均有不同程度的论述。其中，巴西、南非和印度还分别以专章或专栏加以阐述。从各国的视角来看，四国基本上是从历史责任或者国际责任担当、各自国情、发展阶段、可持续发展战略等角度，阐述其对于公平和雄心的理解，南非还从可持续发展的碳排放空间需求以及全球目标下的国家碳排放预算两个层面，对比讨论了其气候贡献的公平与力度。

3）基础四国机制面临的挑战和对策

基础四国同为新兴发展中大国和国际地缘区域大国，近些年来经济社会快速发展，全球环境责任与国家实力也有所增长，是全球发展过程中协调环境与发展的一股代表性力量。在此过程中，四国不仅面临着来自发达国家要求其承担更多气候责任的压力，也越发需要平衡发展中国家次级集团逐渐分化的诉求。与此同时，纵观历次基础四国部长级会议的联合声明，以及四国先后提出的 INDC 文本，基础四国机制的作用和发展都面临不小的挑战。

基础四国需更好协调其全球气候治理的立场，这有赖于更为广泛和深入的全方位关联。地域上相隔遥远、文化上差异巨大的基础四国，在气候变化议题上的合作源于共同的自身发展利益和对发达国家义务的明确认定与要求，以及对广大的或者是其各自所代表区域内的发展中国家诉求的考量。然而由于缺乏更为广泛和深入的政治、经济、社会文化理念上的关联，基础四国在气候变化议题上表现得更接近于松散的政治联合，而并非紧密的谈判集团。这在四国部长每年定期会晤并发表的联合声明中也有所体现，相关的立场陈述以原则性的政治申明为主，缺乏具有创新性和实质性的具体提案。基础四国应当考虑以当前已有的多方合作机制为契机，如金砖国家领导人会晤、金砖国家开发银行等，以务实的经济贸易合作、深入的政治与政党交流、广泛的文化社会纽带，紧密打造基础四国的全方位关联。基础四国还应考虑在中国提出的"一带一路"倡议基础上，联系非洲复兴、印度的"东向政策"等战略，完善和建立新的跨领域合作机制，进一步扩大和深化四国发展战略的对接以及发展优势的结合，形成"一带一路"域内重要的枢纽节点和命运共同体。

四国 INDC 体现出基础四国机制进一步松散化的趋势，对于"巴黎气候协议"谈判的各个不同要素，基础四国分别地、实质性地推动着国际气候制度的发展。从减缓来看，中国和巴西提出的无条件贡献全面超越了公约 4.7 条的安排，是对"二分法"下缔约方权利义务界定的实质性发展。此外，中巴减缓贡献的形式与力度水平也超越了许多高收入发展中国家，巴西的绝对减排力度甚至超过了许多发达国家。在适应以及关于资金、技术、能力建设等实施方法方面，巴西和印度用更长的篇幅识别了适应的领域、行动与需求，指出其贡献是有条件的，强调发展中国家适应行动与所获得支持的关联。在气候行动的透明度方面，巴西和南非严格地执行了利马会议决议的要求，通报了为促进透明度和便于理解而提供的信息，包括核算方法信息，与众多发达国家的提法在形式上保持了一致。可见，在"巴黎气候协议"的诸多核心要素方面，四国各自的立场逐渐分散化，缺乏就未来全球气候治理体系的整体一致的立场。因此，基础四国应当以共同利益为出发点、将气候议题置于更高层面的发展战略框架之下，建立共同的全球气候治理理念。

就未来气候治理制度的具体议题而言，资金应当成为基础四国紧密凝聚共识和维系发展中国家权益的焦点。中国的 INDC 已经提出发达国家需要明确 2030 年的资金支持量化目标，并且自 2014 年宣布建立气候变化南南合作基金以来，在扩大发展中国家间的合作方面迈出实质性步伐。基础四国应当紧抓国际气候资金以及发达国家向发展中国家提供支持的公约义务，秉承国际气候协议核心要素中对缔约方区别的政治共识，确立未来国际气候治理制度的重要支柱；与此同时，建立合理的合作机制，推动有能力的发展中国家提出双边或公约外其他多边框架下的自愿性资金支持和气候合作，作为公约主渠道的有益补充，保障最不发达国家和受气候变化影响最为脆弱的国家的权益，借此推动公约的全面、平衡和持续实施。

6.2.4 行业减排与市场机制中关键问题

本研究的目标在于：针对行业减排和市场机制的一些关键问题进行深入探索，为我国应对气候变化公约谈判中行业机制议题、国际海事组织公约、国际民航组织公约、农业减缓谈判以及有关 HFC-23 议题的国际谈判中的温室气体减排议题提供技术和决策支持；在此基础上综合分析碳关税以及国际航空、国际航海等国际行业减排机制对中国社会经济影响，结合我国中长期发展规划，提出相关的国内综合对策。

1. 应对气候变化市场机制

主要结论：《联合国气候变化框架公约》下新市场机制与多样化框架措施均存在技术和政治上的障碍；国际碳市场存在经济和政治因素驱动和国家碳市场的连接问题；碳价对于电力的成本有直接的传递影响；碳市场机制替代现有风力发电电价补贴政策还存在一定的风险；到 2020 年三个主要高耗能部门的碳价格若增加 2~2.5 倍，则会提高我国的碳减排目标到降低 50%~55%。

（1）目前缔约方关于市场机制的讨论有两种方法：一是新市场机制；另一个是多样化框架措施。两种市场机制的设计目的相同，但是均存在技术和政治上的障碍。新市场机制的设计需要更多关注政治和技术细节，如排放数据核查的透明性和各国能力不一，实际具有可信程度的基准线设定等。多样化框架措施则更具有较大的不确定性，其参与的形式也具有较大的不确定性，在新市场机制中存在的一些技术问题，在多样化措施框架下依然存在。

（2）碳价对于电力的成本有直接的传递影响。模型测算结果显示 CO_2 成本传递率介于 0 到 1 之间，其根据市场结构以及需求弹性等具体情况而改变，而且在电力价格弹性较高并且市场竞争性较强的情况下，这种传递率会比较低。基于投入产出模型的计算表明，2005~2007 年，我国出口产品成本中的能源成本占每年出口额比重为 13%~16%，若扣除掉消耗进口中间产品的因素，仅仅考虑国内中间投入产品的能源成本，则出口产品中的能源成本比重下降至 10%~13%。电力的成本约占整个能源成本的 60% 以上，因此国内电力价格的变动会对出口产品的能源成本产生重要影响。

（3）我国提出 2020 年单位 GDP 温室气体排放比 1990 年降低 40%~45%，非化石能源比重达到 15% 的政策目标。一方面通过引入市场机制，以成本有效的方式控制温室气体排放；另一方面则大力发展可再生能源，降低能源结构中化石能源的比重，但是这两个政策目标并不是相互独立的。利用风电作为案例分析结果显示：若利用碳市场机制替代现有风电电价补贴政策，并且保持补贴水平不变，则 CO_2 价格至少要达到 93 元/t（广东省最低 92.33 元/t），CO_2 价格最高的省份是新疆，达到 377 元/t，从整体上看，全国各省份的 CO_2 价格要求有一定的波动性，主要集中在 100 ~ 200 元/t 范围。风电并网标杆电价补贴能够确保 15 ~ 25 年稳定的售电收益现金流，而通过出售 CO_2 作为补贴则要求 CO_2 价格具有长期的稳定性，因此碳市场机制替代现有风力发电电价补贴政策还存在一定的风险。

（4）全球碳市场的发展与实践受到了空前的关注，目前接近全球 30% 排放的区域正在实施或者启动碳市场的建设。若全球统一碳市场，则碳价格对各个国家的经济影响不同，发达国家产业发展基本稳定，而发展中家由于经济发展的特定阶段，碳定价机制对后者经济影响会较大，同样碳价水平下，我国产业竞争力受影响的部门占 GDP 的比重是发达国家的 10 倍以上。模型模拟结果显示，三个主要高耗能部门的碳价格增加 2 ~ 2.5 倍，则会提高我国的碳减排目标到降低 50% ~ 55%。碳市场的建立不仅有助于提高节能降碳潜力，还有助于建立我国碳市场所需基本要素的构建，包括温室气体的排放统计报告制度，碳市场机制会催生新兴的服务业发展，如通过政府购买服务等方式，带动一批低碳咨询服务，可以有效促进服务产业业务的升级。

2. 发达国家气候壁垒及其影响和对策

主要结论：2015 年之后即将启动的全国性碳市场将从根本上扭转我国在全球碳治理中的利益格局。关税和非关税气候壁垒对我国的影响会产生较大的变化甚至逆转，从而改变我国对碳关税、碳标签等的根本立场。应对气候变化的绿色补贴，特别是新能源产业的发展需要政府的远见和投入，补贴宜早不宜迟。贸易规则不会也不可能代替环境规则，贸易措施既不能合理解决碳泄漏问题。

（1）通过对发达国家碳关税壁垒的理论与实证研究发现：第一，2008 年国际金融危机以后，发达国家实行日益严苛的贸易保护政策，同时伴随着全球碳排放交易体系构建的日益推进，发达国家单方面开征碳关税可能性日益提升。第二，发展中国家希望借助向 WTO 诉讼，提出碳关税的不合法性以反对碳关税的可能性并不大。发达国家在边境采取贸易措施，并未脱离 WTO 现行框架，且有法可依，WTO 禁止的可能性极小。第三，碳关税并未正式实施，因此发达国家是否会以此收入资助发展中国家，碳关税是否能矫正市场扭曲，避免外部性问题尚不得而知。对碳关税合理性的争论并不能阻止发达国家实施碳关税。第四，发达国家开征碳关税将对中国出口规模和结构均将产生影响，具体结论包括：①在现有的贸易条件下，美国对中国分别征收 20 美元、40 美元和 60 美元的碳关税，均将对我国出口数量产生负面影响，总体出口量将分别下降 1.57%、2.95%、3.42%。②一旦美国连同欧盟、日本共同向中国征收 32 美元每吨的碳关税，我国出口将受到更大影响，出口数量将可能下降 6.1%。③如果美国对我国征收碳关税，我国各主要行业出口量和销售价格均将受到影响，其中，高碳部门所受冲击和影响尤其显著；并可能在某种程度上促使我国产业结构发生变化。

（2）通过对发达国家在气候领域中的碳关税壁垒与非关税壁垒进行的比较研究发现：①气候壁垒对中国均会产生一定的负面影响，碳关税对中国宏观经济的冲击力比碳标签更大，因此，在二者必取其一的情况下，碳标签更值得在气候谈判前期和过渡阶段实施，能够起到缓解出口压力、引导国内产业调整的作用；②碳关税对中国煤炭、能化、矿产品、金属业、汽车制造业等部门的负面影响较大，在制定应对气候壁垒的国内措施时，应对相关部门酌情考虑；③综合考虑短期和长期的影响，建议在碳标签的试点时，应同时试水终端消费品行业和高耗能行业，从而起到短期政策过渡、中期结构调整、长期提高竞争力的效果；④坚持与金砖等新兴发展中国家的合作能使中国在应对气候壁垒的过程中受益，坚持基础四国作为气候谈判的利益集团对中国是有利的；⑤与碳关税相比，金砖国家在碳标签政策上更容易达成统一行动，因为这种合作能够带来金砖五国的共同受益；⑥无论何种气候壁垒，如果中国能够提前在国内进行适当的减排行动，引导国内产业积极调整，将会有效缓冲气候壁垒带来的负面影响，有助于应对气候壁垒时国内经济的平稳过渡。

（3）通过对美国应对气候变化政策的最新进展进行的跟踪研究发现：①政府应出台全方位、广覆盖、系统性的应对气候变化政策，涵盖经济、社会、能源、环境等多重目标，建立政府、企业、社会的长效综合互动机制，形成整体联动；②制定清晰具体的长期能源发展战略，明确新能源的发展重点。在新能源产业显现产能过剩的情况下，应从补贴生产环节转向补贴研发环节，减少对进口技术、设备的依赖；从生产端补贴转向消费端补贴，引导新能源消费，挖掘国内市场潜力，减少对海外市场的依赖；③政府与市场携手，形成推动新能源发展的合力；④引导企业加速低碳转型，提高产品能效；⑤密切跟踪、积极参与国际标准的制定，加快中国标准体系的建设与完善。

（4）通过日本在应对气候变化领域的绿色补贴政策进行的研究发现：①应对气候变化的绿色补贴，特别是新能源产业的发展需要政府的远见和投入，补贴宜早不宜迟。虽然WTO 的《补贴与反补贴措施协议》（简称 SCM 协议）是规制补贴的重要法规，但是目前SCM 协议对于各国的新能源补贴的约束存在局限性。因此，我国不应错过这一政府扶持可再生能源发展的大好时机。更加值得关注的是，随着美国、日本的新能源产业在政府政策扶持之下苗壮成长，日渐成熟，一些初期的补贴和优惠政策已经渐渐退出，一旦美国、日本的相关产业不再需要政府扶持、昂首阔步走入国际市场之日，也就是他们对我国反补贴诉讼高潮到来之时，对此我们要早有预见，早做防护。②规划技术路线，摒弃"撒胡椒面"式的补贴，明确重点。美国和日本共同的经验表明，一个新兴产业的发展，一定要集中精力、有所侧重。因此，政府应该集中投资，集中优惠，集中政策鼓励，官、产、学三方形成合力，主攻一项或几项关键技术和领域，否则以我们的经济实力、技术实力、起步晚的现状，想与美日欧同场竞技都难，实现追赶更是妄谈。③绿色补贴需要全局性的规划，摒弃"头痛医头、脚痛医脚"、"走一步、看一步"的发展思路，重视补贴政策的完整性和协调性。美国、日本在确定各自发展重点的同时，不约而同地采取了补研发、补生产、补消费、补配套的基础设施，各种补贴齐步走的姿态，这是值得中国借鉴的。④美国和日本的绿色补贴经过了精心设计，技巧性地规避了遭遇反补贴诉讼的风险。对此，中国应有选择的借鉴，对绿色补贴政策进行梳理和完善，在表述上更加准确慎重，避免授人以柄。

（5）通过对欧盟在应对气候变化领域的绿色补贴政策进行的研究发现：①虽然不可诉补贴制度尚未重新启动，但支持发展中国家加大环保研发的投入仍然是未来发展的方向。因此，中国未来应当加大对研发投入的支持力度。②根据 SCM 协议，补贴对汽车进口国国内产业造成损害是采取反补贴措施的前提条件，因此对新能源汽车的国内消费者给予补贴，将国内市场作为新能源汽车的主要利润增长点，可以有效防范新能源补贴面临的法律风险。③新能源补贴应避免构成事实上的专向性，需要建立相应的审核制度，确保申报审批环节的公正公开，以及财政专项资金落实到位。④在审慎出台扶植政策的同时，中国应当切实贯彻 WTO 透明度原则，并对已终止实施的补贴项目及时声明失效，避免贻人口实。⑤探索灵活多样的激励政策，摆脱可再生能源产业"政府补贴依赖症"，激活和完善市场激励机制的作用。

（6）通过对"基础四国"在应对气候变化领域的绿色补贴政策进行的研究发现：①在补贴环节上，南非光伏补贴主要集中在终端利用环节。中国应选择合理的补贴环节。与补贴生产者相比，补贴研发与终端利用环节更为有效，这是未来补贴政策调整的重要方向。②在补贴对象上，南非光伏补贴有一定的本地化要求，可能构成世贸组织协定禁止的进口替代补贴。中国应严格避免禁止性补贴，同时合理巧用可诉性补贴。③在补贴机制上，南非补贴逐步降低补贴比例，通过不断调整补贴政策，以达到取消补贴的最终目的。中国应逐步适度减少补贴力度，鼓励技术创新以实现成本的下降。

（7）通过对德班平台谈判中关于贸易措施的最新进展进行的追踪研究发现，在国际气候谈判中，中国应该：①密切跟踪谈判进展，及时分析贸易措施的各种方案。②通过加强各国智库之间的交流与研究合作，建立起沟通信息和协调立场的磋商机制等协调"基础四国"的立场，联合发展中国家共同反对贸易措施。③加强区别责任合理性的宣传，营造有利的舆论氛围。④强调贸易措施带来的问题将比解决的问题更多。贸易规则不会也不可能代替环境规则，贸易措施不能合理解决碳泄漏问题，还可能破坏德班平台将达成的减排责任的合理划分，加大发达国家和发展中国家的分歧，影响国际气候谈判的进展。

3. 国际航空温室气体排放问题

主要结论：测算出不同情景下的中国民航排放峰值及实现路径，建立了中国民航碳排放统计制度和监测体系以及管理方法，并在基于我国民航航空燃料预测的基础上，测算了民航对生物燃料需求的预测，并就航空燃料的供应提供了政策建议。

（1）结合中国民航的单位吨千米油耗变化以及实际的技术管理环境，提出基于弹性分析的我国民航能耗趋势，指出中国未来航空运输单位能耗下降的幅度和空间十分有限，中国航空运输的总能耗和国际航空运输的能耗仍将在未来 20 年左右的时间维持稳定的显著增长。预测我国国际航空运输排放达到峰值的年份（指国际航空运输周转总量首次连续 5 年增长 4% 以下，或排放总量首次连续 5 年增长 2% 以下的中间年份）为 2038 ~ 2042 年。

考虑到未来民航业节能减排技术应用，包括飞机发动机技术进步、空管、机场和航空公司运行、运营管理水平提高等因素对民航业燃油效率的影响，即使以年均燃油效率提高 1.5% ~2% 这种最乐观的情景估计，我国国际航空运输峰值年份的排放仍然达到 5000 万 t CO_2 e（基准情景下的峰值排放预计在 7000 万 t 以上）。

（2）同时，提出构建民航碳排放指标体系的原则：①系统全面；②连续稳定；③操作简便。解决了中国民航温室气体排放统计、监测与管理体系主要技术难点，完成了包括中国民航温室气体排放统计指标的确定、基于计算方法、以能源消费为基础的中国民航温室气体排放统计制度的建立、中国民航温室气体排放监测指标的建立和中国民航业统计、监测管理体系的制定。通过大量调查研究、征求各利益相关方意见、试点填报和完善等过程，建立了中国民航碳排放统计制度和监测体系以及管理方法。

（3）另外，在基于我国民航航空燃料预测的基础上，测算出民航对于生物燃料需求的预测，并就航空燃料的供应提供了政策建议。我国航空生物燃料需求除了跟运输量、航空燃料总需求量密切相关外，还受到民航领域未来各种减排技术措施的影响，不确定性很大。在国际航空运输受 ICAO 相关决议的影响下，在不考虑市场机制措施下，完全通过民航业自身减排能力实现 ICAO 减排目标，可能导致我国航空企业对航空生物燃料的需求暴发。2025 年我国航空燃料消耗基数大（5500 万 t 左右），届时我国民航对航空生物燃料需求在 700 万 ~800 万 t，已超过我国届时航空生物燃料产能上限。

（4）预判欧盟仍然极有可能会在 ICAO 全球 MBM 方案制定并实施前，通过修改其 EU ETS 指令将 EU ETS 对航空业的适用范围调整为进入欧盟领空范围的航班排放，以此达到强推其 ETS 在国际航空业的减排制度，并推动国际社会按照 ICAO 38 届大会确定的时间表建立并实施国际航空全球 MBM 方案的进程。

4. 国际海运温室气体排放问题

主要结论：在现有的技术及营运减排措施下，到 2050 年国际航运 CO_2 排放量可以控制在 2010 年的 1 ~2 倍，采取较温和的进一步提高能效措施就能够实现航运业的减排目标。课题组起草了《船舶节能减排管理规定》，对船舶能效的准入、营运以及市场退出进行了规定，明确了监督检查职责和法律责任。由于我国在国际贸易谈判中的弱势地位，市场机制带来的航运成本的增加更可能转移到我国相关企业上，从来对我国航运业、进出口贸易等行业产生冲击，对于利润率低、附加值较小的商品影响尤其明显。

（1）我国国际海运温室气体排放的模型及趋势研究。课题组梳理了 1996 年和 2006 年 IPCC 国家温室气体清单指南中关于水运排放统计的方法学，调研掌握了 2010 年我国国际航行船舶登记情况，利用五种不同的参数方案计算了我国国际航行船舶二氧化碳排放量。根据海洋环境保护委员会（MEPC）第 59 次会议提出的方案赋值估算，2010 年我国登记的国际航行船舶燃油消耗总量可取值为 663.778 万 t，折算 CO_2 排放量为 2077.624 万 t。相对 2009 年，2010 年 CO_2 排放总量增加 15.1%。

通过分析国际海事组织在 2000 年和 2009 年两次国际海运温室气体排放统计研究，对其预测模型进行优化，应用国际权威研究的数据，对我国国际海运 2010~2050 年中长期 CO_2 排放量进行了预测。根据研究结果，在现有的技术及营运减排措施下，到 2050 年国际航运 CO_2 排放量可以控制在 2010 年的 1~2 倍，采取较温和的进一步提高能效措施就能够实现航运业的减排目标。

（2）海运船舶能效管理体系研究。课题组分析了目前我国对海运业进行节能减排能耗统计的报告制度，研究了各制度的目的、内容以及存在的不足，并结合各公司对海运排放统计监测制度的反馈意见，制定了我国海运排放监测、报告和核实机制的框架和要素。在此基础上进一步分析已有的法律、政策和公约后，课题组起草了《船舶节能减排管理规定》，对船舶能效的准入、营运以及市场退出进行了规定，明确了监督检查职责和法律责任，目前《规定》征求意见稿已由海事主管机关开展意见征求。

（3）国际海运温室气体减排市场机制及其影响分析。课题组分别解读了基于能耗以及基于能效两种市场机制的方案，通过对企业的调研搜集大量最新贸易数据，完成了市场机制方案对我国航运业、造船业、主要进出口产品和我国及小岛国和不发达国家经济、贸易的总体影响评估。

根据研究结果，由于我国在国际贸易谈判中的弱势地位，市场机制带来的航运成本的增加更可能转移到我国相关企业上，从而对我国航运业、进出口贸易等行业产生冲击，对于利润率低、附加值较小的商品影响尤其明显。同样，对于不发达国家和小岛国而言，也会受到类似的冲击。这一结论为我国在谈判中实现联合不发达国家和小岛国形成统一战线提供了理论基础。

5. 农业减排问题

主要结论：通过对节水灌溉技术、奶牛应用全混合日粮技术、猪养殖粪污沼液还田技术、秸秆机械化还田技术的影响分析，对增加粮食产量、提高奶产量等，降低生产成本，减少碳排放具有重要的促进作用。减排方案短期内，会抑制中国农产品出口；长期来看，对农产品出口贸易具有促进作用。

（1）本研究进行了动物秸秆饲料处理减排潜力与可行性分析、保护性耕作碳汇潜力与可行性分析、可持续草地管理碳汇潜力估算与可行性分析、测土配方施肥减排潜力与可行性分析、我国畜禽粪便堆肥处理减排技术可行性分析，进行了畜禽养殖业领域主要减排技术的文献调研分析，对农业生产系统进行了不同类型的碳足迹评价方法的比较分析，综合确定选择生产周期评价法进行减排案例研究，并初步建立了适合我国养殖特点的生命周期评价估算模型，项目边界和参数确定等初步条件，分别评价了不同畜禽产品的碳足迹、不同温室气体对畜禽产品碳足迹的贡献率，不同生产环节对畜禽产品碳足迹的贡献率等。选择了通过改变奶牛饲料结构方式对反刍动物温室气体排放的影响研究，初步研究结果表明，奶牛通过添加矿物舔砖，可以降低 22% 的甲烷排放量，同时可使泌乳期的经济效益增加 16%。

（2）针对行业减排影响方面进行了研究方案的进一步细化，确定了先从评价农业减排方案对主要农产品产量变动的影响入手，在此基础上进一步分析了农业减排方案对农产品贸易的影响和对劳动就业的影响。从农业减排关键支撑技术对农产品产量、成本及效益的影响来看，通过对节水灌溉技术、奶牛应用 TMR 技术、猪养殖粪污沼液还田技术、秸秆机械化还田技术的影响分析，对增加粮食产量、提高奶产量等，降低生产成本、减少碳排放具有重要的促进作用。节水灌溉技术方面，按照到 2015 年全国新增高效节水灌溉面积达 1 亿亩的目标，则本项技术推广实施后，可增加粮食产量 194 万 t，约占 2012 年全国粮食产量（58 957.96 万 t）的 0.33%，每亩新增收益 65.11 元，产生总效益 6511 万元。奶牛应用 TMR 技术方面，按照全国 TMR 技术饲喂的奶牛占 70% 计算，则我国推广 TMR 技术使奶产量提高了 332.6 万 t，在奶牛中产生的总效益为 193.43 亿元。生猪养殖粪污沼液还田对蔬菜生产和效益的影响，结果显示，每亩可新增纯收益 3000 元。秸秆机械化还田技术方面，按照国家"十二五"农作物秸秆综合利用实施方案，提出 2015 年秸秆机械化还田面积达到 6 亿亩，则秸秆机械化还田技术增加粮食产量 120 万 t，农民每亩纯收益增加 1.65 元，产生总效益 9900 万元。与此同时，我国农业节能减排与粮食安全形成同发展、共促进的关系。"十二五"期间，农业节能减排工作有序开展，农业节能减排关键技术均不同程度促进粮食增产，同时我国粮食产量保持稳定增长。

（3）从减排方案对国际贸易的影响来看，短期内，会抑制中国农产品出口；长期来看，对农产品出口贸易具有促进作用；多哈回合农业谈判对中国农产品贸易的影响利弊各有，一方面将有助于促进农产品的国际流通，与此同时，进一步的市场开放，由此形成发达国家的高额农业补贴、技术水平优势下质优价廉的农产品将对中国农产品贸易形成一定的冲击。从农业减排关键支撑技术对劳动就业的影响来看，创造了有机肥、绿肥、农药、废旧地膜回收加工、节水管材生产等行业就业机会；增加了农业生产相关技术用工需求；进一步提升了农业生产者生产技能；高能耗、高排放的化肥、农药、农机等生产行业的就业机会将有所缩减。相关政策建议如下，加大农业低碳技术支持力度，逐步发展低碳循环型农业；出台农业减排方案的配套政策措施；积极推动"农牧结合"，强化农田对畜禽粪污消纳能力和培肥农田的力度；加强对 TMR 机械等重要与减排有关的机械的补贴力度，不断推动相关减排方案推广实施力度；积极应对贸易保护主义，主动参与国际环境谈判。

6. HFC-23 行业减排问题

研究结论：由于大部分 HFC-23 减排 CDM 项目停止运行，HFC-23 的排放量会从 2013 年开始有大幅跃升。因此，本研究提出：①制定 HFC-23 排放标准。②对 2013 年后新建的 HCFC-22 生产线，要求企业必须配套 HFC-23 焚烧处理设施，做到达标排放。③对已有的 HCFC-22 生产线，要求企业必须焚烧处置 HFC-23，使其达标排放。④建立补贴制度。⑤建立核查制度。⑥制订国内 HFC-23 减排项目监测方法学。

（1）本研究根据《中国 HCFCs 生产行业淘汰计划》（草稿），提出 2015 年，HCFC-22 作为 ODS 用途的控制目标为 27.5 万 t，2020 年的控制目标为 19.9 万 t。我国 HCFC-22 的产量将以一定比例逐年增长，预计到 2020 年 HCFC-22 年产量为 70 万 t。研究设定 HFC-23 未来排放的基线情景为：我国 11 个 CDM 项目运行到第一个计入期结束。采用生产企业实测的排放因子和 HCFC-22 的生产量，计算 HFC-23 的产生量，减去 CDM 项目产生的实际减排量，即可得到 HFC-23 的排放量。结论表明：由于大部分 HFC-23 减排 CDM 项目停止运行，HFC-23 的排放量会从 2013 年开始有大幅跃升。

（2）同时，本研究对 HFC-23 减排的三种高温分解技术，即燃气热分解技术、过热蒸汽分解技术和等离子体高温分解技术进行了分析，并通过对我国 HFC-23 的 11 个注册的 CDM 项目所在企业进行调查，对 CDM 项目的前期设备投入等固定成本以及项目运行成本进行了估算，进而对我国减排 HFC-23 的三种主要对策——末端控制即高温分解、优化生产工艺降低 HFC-23/HCFC-22 产生率、从源头减少 HCFC-22 产量进行了政策建议的说明。

另外，研究发现我国利用市场机制减排 HFC-23 存在以下障碍因素：①成交量有限，特别是我国处于初期试点阶段，全国统一碳市场尚未形成；②受政策影响大，未来的发展前景受"后京都时代"不确定性的影响较大；③市场机制不利于 HCFC-22 生产企业技术革新，降低 HFC-23 产生率；④我国目前减排目标只包括二氧化碳，不包括 HFC-23。研究认为，在国内目前的政策环境下，暂时不具备利用市场机制解决 HFC-23 排放问题的可行性。

7. 应对国际行业减排的国内综合对策

主要结论：CBDR 原则尽管在行业减排中呈现弱化的倾向，但 CBDR 是一种原则，行业减排机制是一种手段；提出我国要启动两航温室气体减排的中长期战略研究，做好航空、航海温室气体减排的顶层设计，重点抓好"3 个渠道部署、2 个大局统筹和 1 项能力建设"的工作。预计到 2020 年中国将初步实现工业化、钢铁产量的饱和点很有可能会在这一时间前后出现，粗钢产量峰值在 8.3 亿～9.8 亿 t。最后本专题整合了我国应对国际行业减排机制的国内国外对策考虑，提出了国际谈判与国内应对统筹，见表 6-3。

表 6-3　国际谈判与国内应对

	国际谈判	国内应对
气候壁垒	在气候谈判中反对单边贸易措施，主张平等对话以寻找合理方案；面对潜在的"碳关税"，应力求将其纳入多边框架，并研究反制措施；充分利用 TBT 协议，要求发展中国家的特殊和差别待遇 新能源补贴： 对 WTO 关于新能源补贴的规定密切跟踪研判，尽量避免违背 WTO 的规定。在新能源产业的补贴上，都有比较明确的规范性文件加以说明，从而避免新能源补贴具有"专向性" 谈判协同： 不管是在 UNFCCC 还是 WTO 中，都要坚决反对单边贸易措施。团结广大发展中国家，坚持在 UNFCCC 德班平台下新设的应对措施论坛讨论贸易措施问题。借鉴 APEC 环境产品清单谈判模式，推动 WTO 中环境产品与服务贸易自由化谈判	加强我国碳标识的研究和认证工作，以我国产品碳标识为基础，争取相互承认；参与国际标准制定，争取有利于我国的方案 新能源补贴： 加强新能源补贴的广度与深度，保持新能源补贴政策的连贯性；注重消费端补贴，建立新能源补贴评估机制；加强中央和地方两级协作

续表

	国际谈判	国内应对
航空航海	统筹谈判渠道进程：继续利用《公约》平台影响和牵制国际民航海事组织的谈判和欧盟单边行动的进程，争取在适当阶段将行业议题整体列入德班平台。积极参与两组织下的谈判，继续团结立场相近发展中国家，在原则问题和技术问题上积极参与，努力引导国际民航海事组织谈判以适当方式间接体现"共区责任"原则	启动两航减排的中长期战略研究，做好两航减排的顶层设计，统筹国家利益与行业利益；完善民航海运温室气体排放相关统计指标体系，建立健全民航海运温室气体排放统计核算机制
农业	强调保证粮食安全是农业的优先领域，农业谈判应强调在坚持公约原则基础上，应促进农业行业技术合作和资金支持、减缓和适应并重；确保农业工作原则确定优先原则，再考虑农业工作计划等方式	研究确立农业减排的技术模式，展开关键减排技术的示范工作
HFC-22	蒙特利尔公约与气候公约的协同	制定 HFC-23 排放标准。对新建 HCFC-22 生产线及既有，差异化处理，做到达标排放。建立补贴制度。建立核查制度。制订国内 HFC-23 减排项目监测方法学
主要工业	积极参加国际行业协会的温室气体减排研讨，加强《公约》的指导作用；研究提出分阶段的减排承诺方式	加强国内行业减排的 MRV 机制建设，研究主要技术方案

6.3　中国应对气候变化的国内政策设计

6.3.1　中国绿色低碳发展的市场机制建设

1. 绿色低碳发展的资源与能源价格机制

通过对资源和能源价格进行市场化改革，形成有效的价格机制，建立起成熟的资源、能源市场，政府在其中发挥引领和保障作用，综合利用多种工具促进资源、能源市场的健康发展，从而推动绿色低碳发展目标的实现。

1）资源价格要体现市场稀缺程度、供求关系、环境和生态成本、运输成本等

第一，形成合理的资源价格，实现资源价格由市场决定，必须让资源产品回归商品属性，反映出市场的供求关系，并理顺资源性产品的价格调整机制。

第二，构建科学、合理的资源价格结构。资源性产品的价格结构中除了必须考虑资源本身的使用价值之外，还应科学决策，充分考虑到资源勘探、开发、运输，对资源开发利

用中所造成的环境污染进行治理，生态破坏进行保护和恢复等，以及对当地社区的生态补偿等成本。

第三，资源价格的改革既需要依靠稳定的市场，还需要配套的政策，才能将价格改革落到实处。目前，我国的资源市场尚未完全成熟，政府应积极引导，加快建设和形成有效的资源市场，为发挥市场的决定性作用提供基础条件和搭建平台，并维护良好的资源市场秩序。同时，在资源价格市场化推进过程中，政府还应充分利用好财政、税收、金融等政策工具，支持资源的价格调控，促进资源价格市场化改革的完成。

2）通过市场调节，反映出能源价格的成本，政府对不同的能源通过税收和补贴来调节

第一，在保证国家安全的前提下，推动能源价格改革，回归能源的商品属性，构建有效的能源市场，形成主要由市场决定能源价格的机制，对于节能减排，促进绿色低碳发展而言具有重要意义。

第二，要构建科学的能源价格结构。在能源价格的市场化改革过程中，在考虑到能源本身使用价值的同时，还应充分考虑能源的稀缺性、供求关系和环境成本等，构建科学、合理的能源价格体系，以提高清洁能源的替代率和利用率，促进绿色低碳发展。

第三，对于能源价格的市场化改革，应充分利用好财政、税收、金融等工具，在科学控制传统化石能源的使用总量的同时，加大对清洁能源等绿色低碳产业的政策倾斜，使能源价格的改革落到实处。

3）对能源使用端进行调整

在现有阶梯电价的基础上，加快基础设施建设，积极探索实行峰谷分时电价、分季节电价、分行业电价和分地区电价；要实施能源总量配额制，统筹考虑各行业、各地区的能源利用实际情况，按照不同行业、不同地区规定清洁能源的比重，促进资源能源的节约、高效利用。

2. 行业节能减排的市场机制

做好我国绿色低碳发展之路的"加减乘除"。行业要提高能源使用效率，减少对传统能源的使用，目的就是减少"黑色"的，增加"绿色"的。"加"是指清洁能源，"减"是指传统能源，包括通过能源服务来提高资源和能源利用率。"乘"是指科技创新。"除"是指碳金融、碳交易、财政税收、补贴等。"纯减法"是指将高污染的行业直接替代。"相对减法"是指技术改造等方式、能源服务业等。

1）农业绿色低碳发展的市场机制

农业绿色低碳发展的重点领域有：化肥、农药的减量、替代，生物质能源利用，农业机械节能减排，等等。特点和难点在于：农业污染的不确定性和不易监测性，增加了监管成本；农业的基础性和弱质性，使绿色低碳农业必须兼顾粮食安全、农民增收和生态安全等多重目标；小农户的分散性，以及农业空心化、兼业化、老龄化趋势，要求绿色低碳农业技术具有省时省力、操作简单的特点。

我国农业绿色低碳发展的路径选择：鼓励农地流转，实现农业经营主体由分散向集中

的转变；开展农业环保专业化、社会化服务；吸收中国传统农业的精髓，走种养结合的循环农业道路。

2）工业部门节能减排的市场机制

（1）严重排放工业部门。从以下几种市场机制着手解决过度排放问题：加强市场准入机制，严控存量增长；推行市场退出机制，实现存量缩减；推行排放物交易机制，实现排放物总体最小化；实施排放税机制，将企业排放外部成本内部化；制定排放技术标准，促进减排技术进步；制定行业减排标准，强制安装减排设备。

（2）重点能耗工业部门。采取以下市场机制：要加强市场准入机制，严控存量增长；要推行市场退出机制，实现存量缩减；要推行能源总量控制，实现逐年稳步降低；要加强能源税机制，提高节能动力；要制定节能技术标准，促进节能技术进步；要制定行业节能标准，强制安装节能设备。

（3）规模以上工业企业。针对规模以上企业设计出相应的节能减排市场机制：加强能源税和排放税机制，提高节能减排动力；推行排放权交易机制，实现污染减排损失最小化；完善政府绿色采购机制，促使节能减排必须化；推行合同能源（排放）管理机制，增强节能减排的效率。

（4）规模以下工业企业。按照转方式调结构的总体要求，对不同地区、不同行业、不同类型的小微企业实行区别对待、分类指导。可以重点采用以下市场机制：要实行市场准入和市场退出机制的结合，严禁土小企业抬头；要加强能源税和排放税机制，提高节能减排动力；要大力发展绿色市场融资机制，倒逼企业节能减排；要推行合同能源（排放）管理机制，增强节能减排的效率；要推行小微企业适度集中机制，实现节能减排的良性外部性。

3）服务业绿色低碳发展的市场机制

我国在促进服务业绿色低碳发展的市场机制上应从以下几个方面入手：

（1）交通运输业。推行兼顾地区差异性的"限新驱旧"策略，鼓励发展绿色新能源车辆；优先发展公共交通体系建设，全面启动公交优先计划。其中，公交车运力结构要减小汽柴油车比例，增加混合动力电动汽车与压缩天然气汽车比例。出租车运力结构要提高天然气、汽油两用燃料和新能源出租车比例；试用集各类公共交通费、停车费及车辆过路费于一体的智能交通卡，依托远程能耗与排放在线统计监测，减少不合理运输和交通拥堵而引起的能源浪费；推广车载信息服务系统、出租车预订系统、智能停车诱导系统等交通信息管理系统，提升运输车辆的有效利用。

（2）酒店餐饮行业。促进实施差别电价、阶梯电价、峰谷电价等；餐饮、酒店等可以使用传统能源替代的方法；探索互联网+家庭旅馆；制定空调、取暖等标准；加装过滤和处理设备，减少排放量。

（3）楼宇。采用正向激励政策鼓励"绿色建筑"、"智能楼宇"的供给规模。对超过节能设计标准或采用可再生能源的建筑和绿色建筑，采取减免税收、费用、贴息贷款、财政补贴进行鼓励；采取负向激励政策限制"高耗能、高污染"楼宇建筑的供给规模。对达不到节能设计标准的建筑，采取征收相关赋税、减少相关补贴等方式予以限制；采取强制性政策提高楼宇建筑节能减排的"准入门槛"。

(4) 居民生活。加强家庭生活节能减排的常识性普及，倡导低碳消费。

3. 清洁能源发展和应用的市场机制

清洁能源的发展关键靠技术进步，我国应加快将先进技术应用于增强能效转化率的实践中。其中，智能电网是发展清洁能源解决的重要问题。

新平台。电力体制革命需要颠覆旧的电力体制管理模式来构建新的平台，实现 13 亿电力消费者与电力生产者两端对称的直接互动的平台，在这个新的平台上，推动占全国 70% 电力消费的 200 万大用户进入电力市场直接购电，推动 3000 万以上电力用户开展智能微网、节能管理的运营创新等，该平台能够激发需方生产力，政府需要为这些新平台的发展提供激励政策和发放有关牌照。电力体制改革的中心角色也应该从电网为主转换为电力消费者和生产者的互动，这种新的平台也为分布式能源和智能网络提供了发展的机会。

新概念：大分布式智能能源网络。第一，打破垄断，从更宏观的大分布式角度来规划，而无需纠结于集中式和分布式中的优缺点和争论；第二，发展大分布式智能能源网络既能有集中的规模效应，又能有分布的灵活性及效率；第三，发展大分布式智能能源网络的提出能够推动多系统间的融合、集成、联控技术达到成熟，实现能源的阶梯式利用；第四，对《中华人民共和国电力法》第二十五条进行修订，加快智能电网的建设，有利于分布式能源发电上网。

主要措施：

清洁能源替代传统化石能源是必然的。需继续完善法律法规，进一步加强清洁能源资源勘测与规则，结合我国国情，协调推进分布式能源和集中式能源，大力发展智能电网和能源互联网的建设和融合，总体设计更具竞争力的清洁能源政策系统。

4. 节能服务产业发展的市场机制

1) 健全法律法规

完善我国的能源法律和法规。积极推动我国"节能法"的二次修订，需要对节能总量进行控制，建立能源管理师制度等。目前，包括能源审计制度、能源管理师制度和控制能源消费总量等，很多节能工作都没有法律依据。如果现阶段的节能工作没有法律支撑，节能工作很难开展。

2) 完善能源管理体制机制

坚持顶层设计与底层创造相结合。能源行业涉及国家经济、环境、外交等诸多领域，需要站在国家高度对能源管理体制机制进行系统谋划。同时，要尊重地方政府、能源企业和普通民众的主创精神，倾听群众呼声，集思广益，认真总结吸收已有的成功经验。注重发挥中央和地方、国有和非国有的积极性。能源领域改革应该有利于发挥中央在国家战略、国家重大政策制定上的权威性；又要有利于调动地方政府的积极性，因地制宜推动地方能源可持续发展。

3）使用间接的能源补贴政策

国外对节能服务公司的财政补贴是间接的，而国内的财政补贴是直接补给节能服务公司的。从国外的经验看：第一，营造了相对公平的市场环境；第二，减轻了政府审核工作。而国内较单一的直接补贴制度，则问题较多，政府审核量大，且会影响市场的公平。

4）完善第三方效能审核评估体系

鼓励完善第三方服务机构，构建节能服务公司共享的合同能源管理专家平台，在节能服务公司与用能单位之间起到独立、公正、权威的第三方作用。

5）在我国公共机构领域率先全面实施节能减排

建立公共机构能耗计量和公开制度，提高公共机构用能的透明度；进一步完善公共机构节能考核制度，分阶段制定节能减排目标；扩大公共机构节能领域，促进全方位、全过程节约管理；加大节能减排投入力度，提高技术支撑能力；引入第三方节能审核和节能技术服务，带动市场化节能服务业的发展；加大节能宣传和培训力度，培育全社会的节约文化。

5. 碳税与碳市场机制的政策设计

1）碳税与碳交易的比较分析

碳税与碳交易的国际经验。北欧是实施碳税的先行者。其特点一是北欧国家征收的碳税是从原有的环境税过渡而来，在税率、税基等方面进行相应调整；二是将碳税用于削减劳动者个人所得税和企业的社会保障税，实现"税收中性"；三是对不同行业实施差别优惠和补贴政策，特别是能源密集型行业和对外贸易行业等易受碳税政策影响的行业，以保护各国产业的核心竞争力。

碳税和碳交易的特点和利弊分析。研究结果显示，碳交易的减排效率高于碳税，单一碳税政策下 2020 年碳排放强度相对 2005 年下降 35.33%，不能达到减排 40% 的目标。

中国应实施碳税、碳交易的复合政策。其中排放源集中的行业实施碳交易机制，排放源分散的行业征收碳税。基于碳交易制度发展形成的碳金融市场，使碳可以具有货币的职能，适合排放集中的行业作为硬通货。

2）碳交易市场的关键要素分析

（1）根据试点成果，中国将建立区域性碳市场，从而建立全国统一性碳市场。全国不宜一刀切，先以区域性碳市场为基础，进而建立全国碳市场，形成区域性碳市场和全国统一碳市场协调发展体系。

（2）碳排放权的核算。根据 2030 年总目标，各地区根据实际情况，倒推出每个阶段的排放总量。地区根据所分配的碳配额，设计出大企业的排放总量，并公布。建立公平、公正、公开的机制。

（3）分行业、分企业建立年度配额，建立规范严格的企业排放额的评估、核算，建立独立的第三方企业排放核算、评估机构，使用大数据等。

（4）充分发挥碳交易的金融工具。

3）分地区、分行业的减排目标分解和考核机制

中国城市群中存在至少 5 条发展曲线，各类曲线发展模式差异较大。高碳分组中的城

市应纳入碳交易体系内，提升各类经济参与者减排意识。中碳分组城市多数可以在2030年完成碳排放总量控制目标，目前需要保持稳定的经济发展，可以采用复合型的碳减排政策。低碳分组由于其碳排放绝对量较小，达到碳排放顶峰时间较长，可以采用碳税方式促进碳减排。

6. 绿色低碳金融发展的市场机制

1）传统金融市场和工具

（1）绿色信贷方面，我国商业银行应当充分发展和利用以下绿色贷款产品：国际发展性金融机构的优惠贷款、国际发展性金融机构支持的绿色信贷、节能减排固定资产贷款、节能减排流动资金贷款、合同能源管理融资业务、碳资产质押授信业务、国际碳（CDM）保理业务，以及排污权抵押授信业务。

（2）绿色证券领域，我国应充分发挥股票、债券及基金市场的作用：为低碳企业上市与发行证券提供金融服务、参与国际碳市场交易、投资低碳企业股权等；大力发展中国的绿色债券市场，促进债券市场标准化和第三方认证体系的完善，并发挥公共资金的增信功能；不断完善绿色投资绩效评价体系、建立绿色投资基金指数、增加绿色投资基金产品，积极鼓励养老基金、大型机构投资者进行绿色投资。

（3）绿色保险方面，大力发展多种绿色保险工具、碳交易信用保险和CCER项目保险，转移易受环境和气候变化影响行业的风险，发挥经济补偿功能和减灾防损的作用。

2）碳金融市场和工具

目前，我国7个碳试点的配额现货以及全国的自愿减排项目（CCER）是仅有的现货产品，衍生品产品仍处在设计研究阶段。因此，我国未来碳金融的创新可以配额和CCER的现货为基础，创新出碳远期、期货、期权、互换等衍生品，进一步提高企业参与碳交易的积极性和交易市场的流动性，促进全国碳交易市场的尽早建立。

3）互联网金融模式

2015年，互联网金融正式升级为国家战略。代表着金融业发展新趋势的互联网金融，在挑战传统金融模式的同时，充分发挥其特有优势和发展潜力，对推进绿色金融发展进而推动绿色低碳经济发展至关重要。建议利用互联网金融公司受众面广的渠道优势，充分发挥P2P金融、互联网众筹等创新模式，将绿色融资推广到市场和大众。

4）PPP模式

鼓励PPP模式的领域包括环境保护、农业、水利、市政基础设施、交通、能源、电网、电信和公共服务等，这些都是发展低碳经济的重要组成领域。应当充分认识到目前面临的诸多市场障碍，结合PPP模式的自身特点，发挥政府和私人资本各自的优势；通过完善构建投资回报机制，建立规范统一、公平公正的市场环境，健全社会资本投入的风险防范机制，充分撬动私人资本投资；对低碳环保PPP项目提高授信额度和信用等级，鼓励环境金融服务创新；建立绩效评价机制和对社会资本的补贴机制，加强监管和责任落实，真正把PPP模式做好、做大、做强。

7. 政府主导的社会化公共服务和保障机制

1）绿色低碳技术创新的市场机制

（1）发达国家在推动绿色低碳技术创新中的主要做法和经验。

建立以政府投入为引导、企业投入为主体、社会投入为补充的多渠道、多层次低碳技术创新投入体系，并不断深化国际合作，提高技术吸收能力，加强自主创新，重视内部有机联动，强化市场开拓。

（2）促进绿色低碳技术创新的主要政策。

第一，围绕国家绿色低碳发展目标组织实施重大低碳技术专项计划。

第二，大力推进低碳领域的大众创业、万众创新。

第三，加大对发达国家先进技术的引进、消化、吸收和再创新。

第四，加强绿色低碳发展的技术标准制定。

第五，进一步做好建立基于我国能源资源特点、统筹规划、协调一致的促进节能认证政策，坚持和实施节能认证优先的方针，把节能认证作为能源发展战略和实施可持续发展战略的重要组成部分，推动全社会节能。

2）积极培育促进低碳发展的社会组织

（1）社会公益组织在绿色低碳发展中的地位和作用。

第一，低碳服务产业是中国社会低碳管理机制的开拓者和推进者，也是低碳经济的先导产业。在推进低碳绿色经济过程中，需要大批发挥关键作用的咨询服务类社会组织。

第二，在低碳服务中走在前列、诚信守法、具有一定实力和威望的龙头企业牵头成立的行业协会，不仅能充当企业与政府之间的桥梁和纽带，协助政府做好低碳行业统计分析、制定产业发展规划、开展业务交流和平台宣传推广等工作，还能在搭建创业创新平台、扶持中小微企业扩大业务，以及推动行业自律等方面发挥重要作用。

第三，社会组织是保障和维护低碳技术、低碳管理的专业化服务队伍，是低碳发展的重要中坚力量之一。市场需要更多的低碳服务型社会组织，为生产企业提供高效的能源、技术管理和服务，为各类生产企业提供低碳新能源、新技术、新管理、新方法的支撑，调动生产型企业低碳发展的积极性，促进生产企业实现绿色、长效、可持续发展。

第四，社会组织是引导低碳生活的关键要素。在生活消费和服务业领域，对于促进国人低碳消费观念的提升、促进全民低碳消费生活习惯的普及，低碳服务组织具有不可替代的作用。

第五，低碳环保公益组织是营造低碳发展社会环境的主力。在新的形势下，需要更多的社会组织参与其中。应进一步整合这类资源，扩大社会组织数量，提高服务质量，促进其健康发展。

（2）绿色低碳发展社会组织的主要类型。

从组织类型来看，低碳服务业的社会组织，包括行业型的专业协会、专业型科技学术创新组织、消费者协会、绿色低碳技术推广组织、促进会，面向社区的绿色低碳发展组织、社会公益志愿者组织、群团组织，以及互联网+的低碳环保绿色服务平台组织。

（3）大力培育低碳社会组织的措施。

第一，优化政策法规，为各类低碳社会组织营造更好的服务和发展环境。为更多社会组织纳入规范的公共行政管理体系提供机制保证。

第二，促进政府制定和完善购买社区低碳环保等公共服务，尽快制定项目招标制度、合同管理制度、信息公开制度、评估考核制度等四项基本制度。

第三，为社会组织提供优质的低碳服务创造空间。将属于社会组织承担的低碳服务业务交给社会组织，扶持专注于低碳发展和能源管理的研究咨询机构、评估机构、交易所等组织通过优质高效的服务来帮助客户提高能效，实现减排。

第四，完善促进低碳社会组织发展的管理机制。使相关政策支持和资金支持及管理更加科学合理有序。完善能源消费管理机制，建立节能目标与用能信息反馈制度。以政府机构为核心，组织民间力量参与，政府机构负责制度设计和政策、规范等的制定与发布，非政府组织在政府政策指导下开展政策实施及效果的跟踪、评估、舆论宣传、公众参与、相关统计数据采集等工作，形成有层次、覆盖广、有管理、有跟踪、有评估的管理体系。

第五，完善相关社会组织的社会信用和执业资格管理。让低碳服务产业一起步就奠定良好的信誉，实现高效、有秩的科学发展。

3）低碳文化建设

第一，加强低碳文化传播，营造低碳文化氛围，促进全社会低碳观念的形成，共同促进中国进入低碳发展的新时代。

第二，加强对 GB24000 环境管理标准、ISO22000 食品安全认证标准、GB19001 质量管理标准等一系列相关低碳环保标准的推广，规范相关咨询认证组织的执业资格管理和相关认证责任追究机制，维护低碳环境标准认证的信誉和严肃性。

第三，大力倡导低碳生活，引导低碳消费。培养"段舍离"（拒绝不需要的东西，舍弃没用的东西，远离物质诱惑）式的简约生活观念，合理引导居民的消费原则与标准，使低碳消费的健康标准、能耗标准、环境标准、社会标准等深入人心。

第四，促进企业低碳文化建设。在技术创新中实现低碳生产、清洁生产，健全完善的低碳产品市场监管体系。

4）绿色低碳发展的法制保障

建立健全具有中国特色的促进绿色低碳发展的法律制度，将为发展低碳经济提供权威规范和明确导向。无论是技术层面的微观内容，还是政策环境的宏观战略，都需要在法律制度的强大作用力下实现低碳经济的科学发展和国家利益最大化，并维护其权威性与独立性，引导其科学性与可持续性，保障其合法性与稳定性。

发展低碳经济，不仅需要科技创新，更需要法制的保障、促进和引导。经济发展过程中出现的各种资源浪费、效率低下、环境污染等负外部性问题已经无法完全依靠市场来调节，必须依靠法律制度安排来实现最有力的保障。

（1）借鉴发达国家低碳法律体系的经验。经济发达国家的低碳经济立法主要特征：一是立法先行。以立法确立低碳经济发展道路，规范与调整经济结构、产业结构，引导经济发展模式、消费模式乃至生活模式的变革；二是配套法律体系完善。

（2）完善立法。应针对现行低碳法律架构中的核心体系、支撑体系、外围体系，通过制定新法、修改旧法、整合渗透及立法协同四种途径分层次实现法律体系的完善。具有中国特色的低碳发展法律保障体系主要由八部分内容构成：一是《中华人民共和国宪法》关于低碳经济的条文，体现国家发展低碳经济的总政策与国家意志；二是基本法——《中华人民共和国低碳经济促进法》；三是单行法；四是行政法规；五是部门规章；六是地方性法规及规章；七是低碳经济指标体系；八是国际公约，指我国缔结和参加的低碳经济国际公约、条约及议定书等。我国低碳法律体系的完善应当着重两个方面：填补空白、适时修订，二者互相配合。在立法时机成熟时，制定《中华人民共和国低碳经济促进法》，同时配套出台技术标准体系，低碳经济指标体系的法律化需要较强的立法艺术与立法能力。同时，建立健全与发展低碳经济相关的主要法律制度。通过完善"碳排放总量管制与交易"等制度，充分发挥市场调节作用。

（3）严格执法。加强监管机构建设，完善监管组织体系。切实做到有法可依、违法必究和高效执法和严格执法。从当前状况来看，执法方面是法制建设中最薄弱的环节，迫切需要加大执法力度。在基本管理制度、监管机制、处罚方式等方面借鉴发达国际相关经验。一方面，健全执法公开机制，提高执法透明度，确保执法行为公开、公平、公正；另一方面，完善问责环节，逐步强化执法刚性约束，并与奖惩措施相配合，提升执法水平。同时，制定并严格执行执法人员培训、考核和持证上岗等管理制度，建立有效的优胜劣退机制。

6.3.2　应对气候变化科技发展的关键技术

我国应对气候变化科技发展的关键技术研究紧扣国家"十二五"科技发展规划和国际合作专项规划需求方向，重点开展科技应对气候变化国际动态监测分析、我国气候变化科技国际合作实施机制研究和典型省市应对气候变化科技发展战略研究工作。

应对气候变化科技发展态势监测研究全面系统地跟踪监测了主要发达国家、重要新兴经济体、国际组织的应对气候变化领域的最新科技计划、政策、行动，及时掌握了全球气候变化重点领域的最新技术进展、发展态势与重要舆论。通过专利计量的方式对主要发达国家生物质和海上风电科技发展情况进行了全面分析。首次构建了气候变化技术专利分类体系和"应对气候变化技术专利信息平台"，集成了各类应对气候变化技术专利和政策法规信息，将对外提供查询和分析信息服务。

气候变化国际科技合作的战略研究通过文献和专利计量分析等方式，全面、翔实地对美国、欧盟、日本和澳大利亚气候变化政策、相关科研产出及国际合作进了深入分析研究，对我国应对气候变化科技政策的制定及相关科技战略部署具有重要参考和借鉴价值。较为全面的征集筛选了我国农业、可再生能源、水资源和环境领域适合在其他发展中国家推广的技术。从发展中国家需求角度提出了农业、可再生能源、水资源和环境领域与非洲国家开展科技合作的方案建议。

典型省市应对气候变化科技发展战略研究首次对 6 个典型省市科技应对气候变化基础

资料进行了全面收集和分析，帮助目标地区了解自身基础、需求，编制应对气候变化科技发展战略。向地方主管部门提出了大量应对气候变化科技发展政策建议，加强了省市科学技术应对气候变化能力建设。为全国其他省份开展科技应对气候变化工作积累了经验，为日后在全国推动发展科技战略打下了基础。

1. 应对气候变化的科技发展态势监测与分析

1）实时跟踪国际气候变化科技发展动态

实时跟踪美、欧、日等主要发达国家，巴西、南非、印度等重要新兴经济体的重要科技计划、政策、行动与项目，动态监测应对气候变化领域重要科技进展以及智库和权威专家的重要研究结论与舆论，分析形成了应对气候变化科技发展动态 50 期（每期约 5000字）、国际气候变化舆情监测报告 3 期。

通过对主要国家清洁煤、核能、风能、太阳能、页岩气及天然气水合物等领域的最新政策、典型做法和技术进展的监测分析，完成领域监测分析报告 12 份。

2）对应对气候变化科技发展的主要领域进行了评估分析

通过文献计量、专利分析、技术综述等方法，对主要国家生物质能、海上风电等领域技术发展情况进行分析，形成上述领域分析报告 2 篇。同时选取美国、日本分析了能源管理、CO_2 排放情况以及两国科技应对气候变化策略，形成领域分析报告 2 篇。

3）初步搭建了"应对气候变化关键技术的专利平台"

通过对全球应对气候变化相关专利的分析研究，初步构建了气候变化技术专利分类体系，形成"气候变化减缓技术 IPC 代码分类对应表"。完成了专利平台系统开发需求、专利平台调研等工作，并着手搭建应对气候变化关键技术的专利平台。该平台的主要功能是帮助用户更加有效地利用包括专利、政策法规等各类信息源。该平台汇集了各类专利、政策、法规信息，通过先进的加工手段和完善的加工流程处理成完善的数据集，配以直观、便利的查询、分析软件，形成了一整套既包含专利、政策法规等各类型信息。

2. 中国开展气候变化国际科技合作的战略研究

1）开展中国与发达国家气候变化国际科技合作的战略研究

（1）分析主要发达国家和地区应对气候变化科技发展及其政策战略布局。采用文献综述、数理统计、层次分析法和专家研讨等方法，对美国、日本、澳大利亚和欧盟等 4 个主要国家和地区的气候变化相关政策进行调研，重点总结和分析了上述主要国家和地区2012～2015年的 50 多份最新重要文件、报告，总结了重点国家和地区应对气候变化国际科技合作政策及其实施机制，完成了上述 4 个国家和地区科技应对气候变化国别分析报告。

（2）对气候变化研究科技文献和专利开展计量分析。运用计量方法就应对气候变化科技的影响作用及气候变化领域的国际合作进行分析。采用汤森路透集团数据分析软件 TDA分析 ISI 研究科学论文数据库分析 2001～2014 年气候变化国际论文 59 549 篇。采用汤森路透集团专利分析平台 TI、德温特创新索引专利数据库（DII）和中国科学院专利在线分析系统对 1963～2015 年 16 133 件国际专利、1985～2015 年 9078 件中国专利进行了分析。完成了基于计量分析的主要国家应对气候变化科技影响力分析，并就我国加强科技应对气候变化作用提出了政策建议。

（3）对气候变化关键技术筛选与计量分析。根据国际气候变化行动框架发展计划，以及国内应对气候变化行动科技现状与合作需求，从我国未来需要加强的气候变化减缓技术中，重点筛选出碳捕获与封存（CCS）、整体煤气化联合循环（IGCC）、太阳能、风能、质子交换膜燃料电池、热能存储技术、生物质能技术和页岩气技术等应对气候变化重点合作技术并进行专利定量分析。分析结果显示，中国上述应对气候变化关键技术的相关专利数量占全球比例逐年上升，说明中国近 15 年非常重视气候变化技术研发和相关专利申请，同时也表明中国在全球气候变化领域扮演越来越重要的角色。但同时也暴露出一些不足：一是开拓相关国际市场方面还有待提高。与以美国为代表的传统发达国家积极开拓海外市场不同，中国的专利族分布范围相对较窄。二是中国发明专利的比例和授权专利的比例并不高，专利的质量有待不断提高。三是在碳捕获与封存、整体煤气化联合循环、太阳能、风能、质子交换膜燃料电池、热能存储技术、生物质能和页岩气等关键技术方面，还存在不少薄弱环节，需进一步加强与发达国家的合作。

（4）提出我国与重点发达国家地区开展应对气候变化科技合作的政策建议。基于上述工作分析了我国与重点国家和地区的应对气候变化科技合作现状，并就应对气候变化科技合作相关问题提出对策建议。例如，对中美气候变化科技合作未来走向进行了研判并提出了相关对策。结合《中美气候变化联合声明》、美国政府清洁电力计划等，提出了中美应加强务实合作共同应对气候变化挑战的建议。另外还提出了在基础研究和应用开发领域我国与重点发展中国家开展合作的重点领域。

2）开展中国与发展中国家气候变化国际科技合作的战略研究

（1）分析了南南技术转移机制和发展中国家需求。通过文献综述、研讨会、专家咨询、问卷调查等方式，分析了应对气候变化南南技术转移机制、障碍等，提出了南南应对气候变化技术转移中知识产权问题的策略、技术转移机制等；分析了非洲、亚洲和太平洋等发展中国家应对气候变化技术现状、技术需求和合作案例等。

（2）提出了相关领域我国与发展中国家开展科技合作的方案和建议。通过文献综述、专家咨询、实地考察、研讨会和论坛等方式，针对东非、西非等发展中国家应对气候变化技术需求，形成农业、可再生能源和环境三个领域我国与非洲相关国家开展科技合作的行动方案，并向科技部、国家发改委报送。期间为了解发展中国家的需求，共召开国际研讨会 3 次（外方代表约 100 人），领域涉及水资源和环境、可再生能源等，并与联合国环境署、开发计划署、教科文组织官员座谈 5 次。

西非农业科技园建设行动方案建议（适应领域）：针对非洲粮食危机和气候变化等问题，开展农作物种植-农产品加工-农业废弃物利用等方面的合作。在利比里亚、尼日利亚建立 500hm^2 西非农业科技园，以此为现代农业科技研发和推广平台，面向西非地区示范推广杂交水稻、节水农业、蔬菜种植、菌草、农业机械、雨水集蓄利用、荒漠化治理等技术、设备。将农业科技园打造成非洲现代农业发展展示窗口、现代农业国际合作交流平台、农业高新技术示范推广基地。

点亮非洲行动方案建议（减缓领域）：针对非洲国家能源短缺和木材能源消耗大等问题，开展清洁能源技术（发电）-微网、节能电网技术（输配电）-产能产品（用电）等方面的合作。在肯尼亚建立规模为 $10hm^2$ 的清洁能源示范科技园，供中国与非洲企业、科研院所入驻，开展小水电、太阳能、微电网等清洁能源技术研发与转移、节能产品捐赠、人员培训、成果宣传和对外联络等；并以此为辐射源，向非洲大陆推广清洁能源、节能技术及产品。

非洲生态守护行动方案建议（适应领域）：针对非洲城市化进程中面临的生态环境问题，开展生态监测-污水处理-水体修复-土地利用等方面的合作。在埃塞俄比亚建成一个集生态环境保护与修复技术转移、示范、培训、宣传于一体的科技园区，建成一个遥感卫星数据地面接收站，在非洲典型地区开展水质监测、水处理、水体修复、遥感应用、土地利用技术示范培训等，帮助典型地区编制生态系统与生物多样性监测规划，搭建监测网络和监测站点，开展典型地区植被资源清查等。

（3）编制技术手册。根据发展中国家应对气候变化技术需求，对农业、可再生能源和水资源领域应对气候变化适用技术进行了筛选，编制了《应对气候变化适用技术手册》可再生能源分册、农林业分册、水资源与环境分册（电子版），汇编了 300 多项适用技术，并制成光盘 1000 份。通过国际组织、驻泰国使馆、驻澳大利亚使馆向发展中国家发送《应对气候变化适用技术手册》（电子版），取得了良好反响。

（4）初步搭建平台。完成了"应对气候变化信息服务平台"功能更新、上线运行，该平台的主要功能是面向发展中国家提供应对气候变化适用技术供需信息和应对气候变化适用技术培训信息等。设立了泰国（纳苏安大学）、肯尼亚（内罗毕水处理公司）两个子平台站点。中方团队完成了 1500 余项应对气候变化适用技术供给数据录入工作，完成了雨水利用、污水处理、生态监测、太阳能利用、小水电、旱作农业、防治沙漠化、气象预报等领域适用技术培训材料的录入工作。泰国合作方已提供 200 余项泰国及周边国家适用技术供给及需求信息，肯尼亚合作方将提供 100 余项肯尼亚及周边国家适用技术供给及需求信息。

3. 中国典型省市应对气候变化科技发展战略研究

1）全面收集分析了 6 个典型省市科技应对气候变化基础数据

选取吉林、江西、内蒙古、新疆、安徽、湖北 6 个典型省（自治区），开展基础资料收集和整理工作，建立相应的数据资料库。

吉林：综合整理"十五"、"十一五"、"十二五"期间省老工业基地改造的基础数据，掌握老工业基地碳排放现状，分析了吉林省主要碳排放工业的空间布局情况和碳排放的时间变化特征；系统研究了吉林省交通运输行业 CO_2 排放量变化；基于 STIRPAT 模型构建了碳排放强度驱动因子分析模型，对吉林省碳排放量及碳排放强度进行了动态测度与分析；揭示研究区植被碳汇与主要影响因素的关系。

江西：通过资料收集、数据分析、实地调研，掌握了江西省社会经济发展水平、产业结构特点、能源结构和能源消费特点和气候变化特点等；摸清了江西应对气候变化科技现状，确定了应对气候变化的优先技术领域；筛选出适于江西的减缓气候变化和适应气候变化技术清单；调研分析了新余新能源产业发展技术需求、上饶低碳乡村、鄱阳湖区适应气候变化、江西省自然保护区适应气候变化状况、江西省节能减排技术信息等。

内蒙古：收集分析了内蒙古地区 1985～2011 年能源消耗总量、GDP 能耗、能源构成、生产总值、人口以及农牧业等大量社会经济资料及相关规划；对本地区气候变化事实和影响进行分析，包括近 50 多年来内蒙古地区气候变化事实，极端气候事件演变特征，未来 50 年内蒙古地区气候变化趋势，气候变化对我区农业、牧业、能源、生态、水资源等影响。

新疆：完成了科技支撑绿洲农业发展的经验及成效专题调研；分析了新疆气候变化的事实与影响，从典型城市、全疆及不同区域（东疆、南疆、北疆）尺度，分析了温度、降水和日照时间的变化，并阐述了气候变化对农业、冰川水资源和气象灾害的影响，探讨了气候变化影响的未来发展趋势及新疆社会经济发展面临的挑战。结合统计资料、调研数据、研究报告等进行数据分析和挖掘，从全疆层面和地州层面印证分析水资源、农业、工业、生态环境和民生发展 5 个方面应对气候变化应当关注的重点科技问题和区域。

安徽：制定了面向开展应对气候变化科学研究的企业、科研院所的《安徽省应对气候变化科技发展基础现状调查问卷》和面向社会公民的《安徽省应对气候变化公民行动调查问卷》。

湖北：启动了湖北省应对气候变化科技需求与能力建设调研。已完成网络调研、专家咨询和市民调查，正在进行实地走访调研。

2）初步编制了典型省市应对气候变化科技发展战略

6 个典型省（自治区、直辖市）结合自身科技及各行业发展规划情况，从本省区应对气候变化现状及科技需求，提出气候变化科技发展的指导思想、基本原则、发展目标及重点任务，完成应对气候变化科技发展战略框架方案。

6.4 应对气候变化战略

6.4.1 中国应对气候变化的科技研发战略和重大项目部署建议

国家科技支撑项目"气候变化国际谈判与国内减排关键支撑技术研究与应用"第五课题"IPCC 第五次评估对我国应对气候变化战略的影响"，主要立足于国家应对气候变化的总体战略目标，针对 IPCC《第五次评估报告》第一、二、三工作组（WGI、WGII、WGIII）及综合报告和湿地指南，分析 IPCC《第五次评估报告中》包含的气候变化科学研究与技术开发前沿、创新点及发展方向，分析 IPCC《第五次评估报告》关键结论的科学基础和依据，对比提出我国气候变化科学、适应及减缓研究的薄弱环节，提出推进我国应对气候变化的科技研发战略和重大项目部署建议，为我国应对气候变化战略提供重要参考。

在课题执行期间，密切跟进 IPCC《第五次评估报告》的编写进程，并适时开展分析研究。在 AR5 报告编写期间，课题组经过分析研究，就三个工作组报告和综合报告提出了近百条评审意见，并针对其他各国政府近 6000 条意见进行了细致梳理和分析，深入解读了各方关注点及报告涉及的关键问题，为我国形成政府评审意见和中国代表团参加 IPCC《第五次评估报告》政府评审提供了重要技术支撑。在报告解读分析基础上，课题组共形成决策建议报告 17 份，其中，5 份决策报告获得国家领导人的重要批示；1 份获得部级领导批示；11 份决策报告提交给项目办。在国内外学术期刊上发表论文 44 篇，出版专著 3 部；编制第五次评估报告解读宣传册 4 册。

1. 气候变化自然科学基础领域

1）IPCC《第五次评估报告》第一工作组报告文献计量分析

IPCC《第五次评估报告》第一工作组报告由来自 39 个国家的 259 位主要作者协调人、主要作者和编审共同编写，共有 18 名中国科学家参与。报告共 14 章，引文总计达 9200 多篇。依据引文中作者姓名线索，初步统计得到中国作者贡献的引文达 324 篇，其中大陆作者作为第一作者的引文达到 257 篇，约占总引文数的 2.8%。这一数字较第四次评估报告（AR4）的中国引文 88 篇，占总引文数的 1.4% 提高一倍。中国大陆第一作者的 257 篇引文，可以视为我国在气候变化领域最重要的具有国际影响成果的代表。

根据第一工作组报告各章的引文以及中国作者引文的数量分布（图 6-5），可以得出"中国声音"主要集中的领域，优势领域为大气观测（2 章）、古气候（5 章）、云和气溶胶（7 章）、气候模式（9 章）和区域气候研究（14 章）等领域，而在海平面变化（13 章）和海洋观测（3 章）以及检测和归因（10 章）等短板领域，声音甚微。

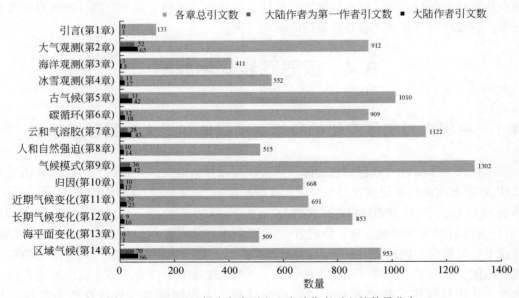

图 6-5　AR5 WGI 报告各章引文和大陆作者引文的数量分布

2）中国在气候变化自然科学领域的研究现状

围绕 IPCC《第五次评估报告》第一工作组报告的核心问题，并结合对近十年国际重要影响力文献的调研情况，分析了我国在气候变化自然科学领域的研究现状。

（1）气候系统变化的观测。IPCC《第五次评估报告》第一工作组报告评估了气候系统五大圈层气候变量的变化情况，确认全球气候的变暖是毋庸置疑的。中国是全球气候观测系统的重要成员，在大气观测领域的研究也较多，但是对于全球尺度而言，第五次评估报告第一工作组报告给出的全球地表气温数据集采用的均是国外机构的全球数据集，分别为英国东英吉利大学气候研究所（CRUTEM3）、美国国家气候数据中心（NCDC）和美国航空航天局戈达德空间研究所（GISS），我国尚没有全球数据集。有关海洋热含量变化是此次报告的一个亮点，但是我国在海洋领域（包括海平面）的研究很少。在古气候方面，中国石笋古气候记录研究处于世界前列，但在气候动力学机理研究方面尚处空白。另外，中国有关极地冰芯的研究也相对较少。

（2）云和气溶胶。碳循环和其他生物地球化学循环一直是科学界关注的重大科学问题，近年来更系统地探讨和分析了全球碳源碳汇的分布及其时间变化，并在土地利用变化导致的全球碳平衡变化方面有了更加深入的科学认识。由于气溶胶的观测能力的明显增强，对气溶胶辐射强迫的认识也在逐渐加深，对各类气溶胶物理过程的理解和模拟能力有所提高。但云–气溶胶–气候的相互作用，仍是气候变化研究中最大的不确定性来源之一。中国科学家在气溶胶对亚洲季风的影响，尤其是对东亚夏季风与降水的影响，城市化下的周日效应，气溶胶的长距离输送，霾日的形成（尤其是中国地区）和沙尘气溶胶源地等问题上进行了不少研究，具有创新性。

（3）气候变化检测归因。从 20 世纪 90 年代以来，检测归因研究不断发展和深化。研究对象从全球平均气温发展到降水、极端事件以及一些中小尺度现象。研究的空间尺度从全球平均发展到大陆和洋盆尺度，乃至区域尺度。研究方法从最初的单步归因发展到多步归因。相比国外在该领域研究的快速发展，国内在检测归因领域的起步较晚，在该领域的研究相对较少。虽然已有一些工作揭示了温室气体或气溶胶在东亚地区温度、降水和极端事件变化中的作用，但是这些工作所应用的方法基本都是一致性检验的方法（即使用不同强迫因子驱动气候模式所得到的结果和观测进行对比），而应用数理统计方法对这些结果进行统计分析和推断的研究尚不多。

（4）气候模式。气候模式是研究气候系统对各种强迫响应、开展季节到年代尺度气候预测以及未来气候变化预估的基本工具。近十余年，气候模式已从起初的大气环流模式发展到如今耦合了大气、海洋、陆面、海冰、气溶胶、碳循环等多个模块的复杂气候系统模式。动态植被和大气化学过程也陆续被耦合到气候系统模式中。气候模式的分辨率也在逐步提高，使得气候系统模式的综合模拟能力得到了明显增强。在 IPCC 第五次评估报告第一工作组报告中，就采用了这些新一代的气候系统模式。在 IPCC 第五次评估报告第一工作组报告中，我国有六个模式参与。整体来看，我国的模式水平位于 CMIP5 模式序列中的中等或中等偏下水平。

3）建议

IPCC《第五次评估报告》第一工作组报告针对国际社会普遍关注的重要科学问题给出了核心评估结论，体现了科学界在气候变化自然科学领域的最新研究进展。近些年来由于国家对科技的大量投入、创新人才工程实施以及国际合作的开展，大大推动了我国气候变化自然科学基础研究的发展，中国专家参加 IPCC 报告编写人数以及 IPCC 报告中中国论文引用数量都有明显进步。比较有优势的领域在地表大气观测和区域气候现象，在古气候、云和气溶胶、气候模式的某些方面有一些特色，而在海洋、海平面、检测归因相关领域与国际上仍有较大差距。同时，可以看到我国在气候变化的基础能力方面也有较大差距，如全球基本气候要素数据集，这些工作既涉及数据质量控制、整编等基础性业务工作，也涉及数据均一化处理等研究方法，其他还包括气候变化机理研究、理论方法研究等也是我国的研究弱势。

建议未来应进一步加强在海洋气候变量和环流、海洋生物地球化学、气候变化检测归因方法学及相关气候变量和极端气候事件检测归因方面的研究项目组织，高度重视气候变化基础性工作，如长序列、标准化的全球或区域基础气候变量数据集建立，进一步提高我国气候模式精度，改进相应的物理和化学过程，加强模式评估和气候变化预估技术及方法的掌握，特别是对一些关键科学问题，如气候敏感性、反馈过程等一系列与模式发展有关的重要科学问题开展深入研究。在古气候方面，亟待解决将资料重建和数值模拟研究有效结合以科学解译东亚过去气候变化方面的科学问题。特别加强统计推断方法在检测归因分析研究的研究，以整体提高我国在气候变化检测归因的研究能力。

2. 气候变化影响和适应领域

1）IPCC《第五次评估报告》第二工作组报告文献计量分析

IPCC《第五次评估报告》第二工作组报告由来自 70 个国家的 309 位主要作者协调人、主要作者和编审共同编写，共有 12 名中国科学家参与。报告共 30 章，总引文量达 18 265 篇次，共有 265 篇中国引文（大陆 234 篇，港澳台 31 篇）被引用 304 篇次（大陆 268 篇次，港澳台 36 篇次），占引文总量的 1.7%，其中有 31 篇中国引文被引用至少 2 次。

中国在气候变化影响、适应和脆弱性各领域研究现状（图 6-6）明显分 3 个梯队：第一梯队，亚洲（24 章），中国引文的数量和占章节总引文量比例均为最高，为 82 篇次，占 13.8%；第二梯队，淡水资源（3 章）、粮食系统和粮食安全（7 章）、人类健康（11 章）和公海（30 章），在这几个领域，中国引文占章节总引文量的比例在 4%～5%；第三梯队，除上述几个领域外的其他领域，中国引文占章节总引文量的比例大多低于 2%。具体包括陆地和内陆水生态（4 章），海岸带和低洼地区（5 章），人类居住区（8～10 章），适应的机遇、局限和限制（16 章），多部门的影响、风险、脆弱性和机遇（18～20 章）等。尤其是在背景（1～2 章），海洋系统（6 章），人类安全、生计和贫困（12～13 章），适应的需求和选择、规划和执行、经济学（14～15、17 章）以及区域研究中除亚洲和公海外的其他区（22～23、25～29 章），中国引文占章节总引文量的比例均小于 1%，有的甚至为 0，是研究的薄弱环节。

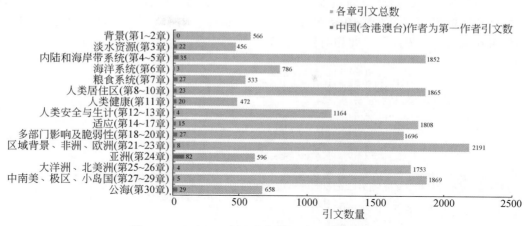

图 6-6 AR5 WGII 报告各领域（章）引文数量分布

2）分析与建议

IPCC《第五次评估报告》第二工作组报告中国引文共 304 篇次，占引文总量的 1.7%。中国大陆共被引文献 234 篇，约占总引文的 1.3%，与第一工作组报告中国大陆引文 257 篇，占总引文的 2.8% 相比，比例相差一半多，说明中国在气候变化"影响、适应和脆弱性"领域比"自然科学基础"领域的研究薄弱。中国在亚洲、淡水资源、粮食系统和粮食安全、人类健康和公海等领域的引文数量均达到了相应领域总引文量的 4% 以上，是中国研究相对具有优势的领域。在海洋系统、人类安全生计和贫困、适应的需求和选择、规划和执行、经济学以及除亚洲和公海外的其他区域研究等领域是中国的短板，中国引文占比不足 1%，甚至为 0，亟待开展和加强。

3. 气候变化减缓领域

1）IPCC《第五次评估报告》第三工作组报告文献计量分析

IPCC《第五次评估报告》第三工作组报告有 279 位主要作者协调人、主要作者和编审，其中有 14 名中国专家入选编写组成员。报告主要评估气候变化减缓问题，共 16 章，分为 4 大部分：引言（第 1 章）、框架性问题（第 2 ~ 4 章）、减缓气候变化的路径（第 5 ~ 12 章）和政策体制与资金评估（第 13 ~ 16 章）。据统计，第三工作组报告各章引用文献总数为 9320 篇次。以报告中所给出的引文作者信息为依据，通过二次文献检索，得到中国第一作者（即引文中该作者的第一责任机构为中国机构，含港澳台）引文的基本信息。中国第一作者（含港澳台）引文篇数总计 169 篇次（其中 7 篇引用 2 次），大陆第一作者引文 149 篇次，约占总引文篇数的 1.60%。而在第一工作组报告中大陆第一作者引文占总引文数 2.8%，在第二工作组报告中这一比例是 1.4%。中国在气候变化的自然科学基础研究中的能力不断增强，而在气候变化适应和减缓等实践性领域的研究实力相对薄弱。

在 149 篇大陆第一作者引文中，在引言中贡献 4 篇次；在框架性问题方面贡献 9 篇次；在减缓气候变化的路径方面贡献 117 篇次，占大陆第一作者引文总数 78.5%；在政策、制度和融资评估方面贡献 19 篇次（图 6-7）。可见，对减缓气候变化的研究中，中国大陆作者在减缓途径方面的研究相对具有优势。

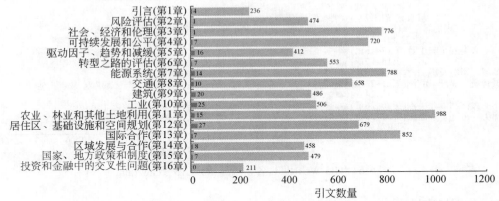

图 6-7　《第五次评估报告》WGIII 报告各领域（章）引文数量分布

2）分析与建议

IPCC《第五次评估报告》第三工作组报告涉及减缓气候变化的社会、经济、技术和制度安排等方面内容，在报告引用的 9320 篇引文中，中国大陆第一作者引文共 149 篇次，占总引文量的 1.60%。这一比例低于第一工作组报告中大陆第一作者比例，与第二工作组报告中所占比例相当，表明中国在气候变化适应和减缓等领域的研究实力相对于气候变化自然科学基础研究还比较薄弱，中国今后应加强在气候变化减缓等实践性领域的研究。

在气候变化减缓领域的研究中，中国在减缓气候变化的路径方面研究相对具有优势，该研究领域的引文数占中国第一作者引文总数的 78.5%，其中在建筑、工业、驱动因子和人类居住等领域，中国学者研究较为深入。

针对 IPCC《第五次评估报告》各工作组报告，课题组密切跟踪评估报告编写进程，并对报告进行了深入解读分析，同时还分析了我国科研工作在不同研究领域的实力。就科研的整体布局来看，未来我国需要加强不同学科之间的交叉领域的研究，同时要注重基础学科研究成果的转化。在增强纵向研究投入的同时，加大横向项目的资助。就不同领域来看，在自然科学方面，我国未来布局应进一步加强在海洋气候变量和环流、海洋生物地球化学、气候变化检测归因方法学及相关气候变量和极端气候事件检测归因方面的研究；进一步发展气候系统模式，进一步加强模式评估和气候变化预估研究；还应高度重视气候变化基础性工作。在适应气候变化方面，应增强海洋系统、人类安全生计和贫困、适应的需求和选择、规划和执行、经济学以及除亚洲和公海外的其他区域研究等领域的研究，推进综合影响评估模型的开发与应用。在气候变化减缓方面，则需要增强与减缓的相关实践方面的研究。另外，IPCC 现正在发展共享社会经济路径（SSP），供 IPCC 第六次评估报告各工作组一致使用，从而更加综合地评估气候变化减缓、适应和影响。由于我国在社会经济有关气候变化情景设计和应用等方面缺乏系统性的研究，需要密切关注国际社会气候变化有关工作的新动向，在有关气候变化研究和项目设计等方面给予支持。在 IPCC 未来工作计划中，还将突出专题报告的研究。我国也应积极关注相关进展，加强特定专题的研究。

6.4.2 气候变化与国家安全战略

2014 年 4 月 15 日，习近平主持召开中央国家安全委员会第一次会议并发表讲话，首次提出总体国家安全观。2014 年 11 月 28 日，在中央外事工作会议上，习近平强调指出，当前和今后一个时期，我国对外工作要贯彻落实总体国家安全观。

总体国家安全观的提出对研究中国的气候安全风险有重要的指导意义。对中国的气候安全风险研究而言，以总体国家安全观为分析框架的价值主要体现在：首先，总体国家安全观的综合性和整体性比以往的分析框架更强，视野更开阔。总体国家安全观强调外部安全与内部安全的统一，国土安全和国民安全的统一，传统安全和非传统安全的统一，安全问题和发展问题的统一。这种宏大视野有利于更全面和更准确地认识中国面临的气候安全风险。其次，总体国家安全观有很强的针对性。针对中国当前面临的国内和国际复杂的安全形势，总体国家安全观清晰界定了中国国家安全体系的基本内容，提出构建集政治安全、国土安全、军事安全、经济安全、文化安全、社会安全、科技安全、信息安全、生态安全、资源安全、核安全等 11 种安全于一体的国家安全体系。这就使我们在研究中国的气候安全风险时有了明确的参照系和着力点。本书的重点就是根据这一安全类型的划分系统考查气候变化对中国国家安全的影响。最后，总体国家安全观的权威性使中国的气候安全风险研究更易于凝聚各方共识，形成主流观点，为国家决策提供智力支撑。总体国家安全观是当前及今后相当长时期中国国家安全战略的指导思想，其主导地位和权威性毋庸置疑。以此作为分析框架分析中国的气候安全风险，更易于形成全国共识，提升全民的环境和气候安全意识，助推中国的低碳绿色发展战略和生态文明建设。

目前，国内尚未出现以总体国家安全观为指导分析气候变化对中国国家安全影响的研究成果，本节尝试从总体国家安全观视角，充分吸收近年来特别是 2011 年《第二次气候变化国家评估报告》发布以来国内外学术界相关研究的新成果，对气候变化影响中国国家安全的路径和程度进行重新分析和评估。

1. 气候变化对中国国家安全的影响

以总体国家安全观所列的 11 类安全为评估依据，气候变化正在对其中的 8 类安全产生程度不同的影响。

1) 气候变化威胁中国的国土安全

气候变化对中国国土安全的负面影响正在逐渐显露出来，主要表现在气候变化导致海平面上升，中国的部分陆地面临被淹没的现实和潜在威胁。其影响方式为：①海平面上升使中国的部分陆地面临被淹没的现实和潜在威胁；②未来随着海平面上升幅度的加大，海岸侵蚀将进一步加剧沿海潮滩和湿地的损失。

2）气候变化威胁中国的军事安全

其影响突出表现在：①对中国军队人员、装备和设施安全构成威胁；②危及中国的一些重大国防工程的安全运行；③影响中国军队武器装备和军事设施效能的发挥；④对部队的训练造成影响，对其任务和能力提出了新的要求；⑤对中国海外军事行动的能力和资源产生了更大压力；⑥可能引发中国与邻国的紧张局势，甚至局部冲突。

3）气候变化危及中国的社会安全

气候变化背景下，中国极端气候事件频发，对中国的社会安全构成严重威胁，具体表现在四个方面：①严重危及中国民众的生命安全、生活质量和人体健康；②加剧中国的环境问题，严重影响人们的生活与健康，导致环境群体性事件的增加影响中国社会的稳定；③气候移民增加，加剧中国社会内部的压力；④对交通出行影响增大，易引发社会冲突。

4）气候变化影响中国的经济安全

气候变化对中国的经济安全影响重大，主要表现在：①在气候变化背景下，中国气候灾害影响范围呈现不断扩大的趋势，影响趋于严重，直接经济损失不断增加；②重大工程面临的气候风险日益凸显；③"一带一路"战略的实施面临气候安全风险；④对中国海洋经济产生消极影响。

5）气候变化威胁中国的生态安全

气候变化对中国生态安全的负面影响是全国性的。

6）气候变化危及中国的资源安全

气候变化对中国资源安全的影响主要体现在三个方面：①威胁中国的水资源安全；②威胁中国的粮食安全；③对中国的能源安全影响日增。

7）气候变化危及中国的核安全

中国运行和在建的核电机组基本分布在沿海地区，易受极端气候事件的影响。根据《气候变化对我国重大工程的影响与对策研究报告》，在气候变化背景下，强台风显著增多增强，会损坏更多的核电站通信、报警及电力等设备，严重威胁核电工程运行的稳定性和安全性。

8）气候变化危及中国的政治安全

气候变化对中国政治安全的影响集中表现在，气候变化通过威胁中国国土安全、军事安全、经济安全、社会安全、生态安全、资源安全和核安全等，对中国政府的国家治理能力构成日益增大的压力，导致民众和社会对中国国家政治体系的不满上升，民心受到侵蚀，进而危及中国政治体系的稳定性与合法性。

当前，中国已经形成了一套比较完善的应对气候变化的政策体系，但与有效应对气候变化的巨大需求相比，仍然有进一步改善的必要和空间。简而言之，中国不仅应该把应对气候变化纳入国民经济和社会发展规划中，还应该将其置于总体国家安全观的框架下统筹规划。为此，提出以下四点政策建议。

第一，牢固树立气候变化事关中国国家安全的观念，从维护国家安全的高度看待应对气候变化。气候变化问题是环境问题，但归根结底是发展问题。这是中国目前对气候变化问题性质的主流官方认知。这种思维的高度对一般国家来说已经很高，但对一个正在快速成长的、日益具有全球影响的新兴大国来说，还不够高。现在需要从国家安全和全球安全的高度来审视气候变化问题。

第二，进一步加强中国军民协作，形成军民一体的应对气候变化格局。应对气候变化，人人有责，军队也不例外。事实上，中国在国防建设中不可避免地要消耗能源资源，排放一部分温室气体。从目前中国应对气候变化的体制安排来看，军民是相对独立和分割的，这不利于中国应对气候变化工作的深入展开。今后，应加强军地应对气候变化的协同，充分发挥各自优势，形成合力。中共十八届三中全会明确提出，要大力推动军民融合深度发展，在国家层面建立推动军民融合发展的统一领导、军地协调、需求对接、资源共享机制。为此，建议在国家应对气候变化领导小组中增设军队的代表。

第三，高度重视中国军队新军事变革中的绿色低碳因素，着力打造一支低碳军队。随着中国国家利益的不断扩展和延伸，对国防的需求日益上升。当前，中国军队现代化建设正致力于从机械化向信息化转变。从美军的发展来看，在气候变化背景下作战和救援向低碳化方向发展已渐成气候，低碳化将是未来军队战斗力生成的重要因素。中国军队对此动向应予以高度关注，并采取积极行动，努力打造成一支高效低碳的现代化军队。

第四，加快气候变化立法进程，尽早出台气候变化法。依法治理环境与气候变化是中国不可或缺的重大举措，也是国外的成功经验。中国前几年已开始着手气候变化立法，但目前的进度难以适应中国应对气候变化的需要。国家发改委 2014 年在回应气候变化立法问题时表示，气候变化立法已进入起草阶段，但尚无时间表。时不我待，应全力以赴，加快气候立法进程，使中国应对气候变化的努力和实践早日纳入法制化轨道。

2. 气候变化对中国周边水资源安全的影响

从气候变化与稀缺性水危机、冰川融化、水环境移民、地区认知的关系等四个方面系统阐释气候变化对中国周边地区水资源安全的影响。

1）气候变化与稀缺性水危机：推动中国周边地区水资源问题"安全化"

近些年，由水资源稀缺性危机推动的水资源安全问题，已经成为引发中国与周边国家发生纷争的非传统安全问题之一。

2010 年旱季之时，湄公河下游 4 国泰国、老挝、柬埔寨和越南发生严重旱情，湄公河水位下降到近 20 年来的最低水平，部分地区的水位仅 33cm。湄公河国家将水位下降归咎于中国在上游建设的大坝，认为是中国在上游拦河筑坝，大大减少了流往位于下游的湄公河地区的水量，才导致严重缺水。如果如未来气候模型所预测的，湄公河的水资源有效利用率发生恶化，那么中国在澜沧江段的水力开发利用行为，将成为东南亚国家更大的顾虑，引发其更大的抵制和反对。

在南亚地区，印度的水资源只占全球的 4%，但需要养活的人口却占全球的 16%。世界水资源发展报告显示，在可用水方面印度在 180 个国家排名中位列第 133 名，水质方面在 122 个国家中位列第 120 名。由于人口增长较快，印度人均占有水资源由 1990 年的

2451m³降至2025年的1389m³,步入用水紧张的国家,中南部地区会出现严重持续性缺水。到2050年,印度常年的总耗水量预计将从目前的6340亿m³增加到1.18万亿m³,可供应饮用的人均水量将不到2001年的一半,水资源稀缺性危机正在步步逼近印度。

印度非常关注上游地区中国对雅鲁藏布江的开发利用,担忧其一旦在上游修建水电站,将会减少流往下游的水流量。2010年11月,中国在雅鲁藏布江上修建的藏木水电站进入主体施工阶段,首次实现雅鲁藏布江截流,对此,印度国内抗议声不断,在国内不断炒作"中国水威胁论",宣传中国的"水武器"之威力比"中国二炮都要厉害"。尽管印度的炒作根本不符合事实,但会不可避免地削弱中印之间本来就非常脆弱的政治互信,使水资源成为影响中印关系的消极因素。另外,印度对布拉马普特拉河的水电开发很大一部分位于中印有争议的藏南地区,印度"肆无忌惮"的在与中国存在主权争议的领土上开发水资源,导致中印两个亚洲大国之间的纠纷越来越明显的转向水资源,从而将经济问题转变为政治问题。

哈萨克斯坦总统纳扎尔巴耶夫曾指出,中亚是一个潜在的冲突地区,将来包括水资源冲突可能会出现在地区内外。伦敦战略研究所的专家甚至预言,21世纪中亚水冲突是威胁地区安全的一个基本因素。在此种背景下,与中国有着多条共享河流的哈萨克斯坦,对中国水资源利用的忧虑不断增加,认为中国在新疆地区大力发展农业,并以棉花种植等耗水量大的产业为主,受气候变暖的影响,降雨量减少,将会导致额尔齐斯河的径流量减少,而中国对额尔齐斯河的取水量却正在越来越大,这会减少额尔齐斯河进入哈萨克斯坦的水流量,使哈萨克斯坦的卡尔干达市水源供应会受到严重影响。在2008年的上海合作组织峰会上,哈萨克斯坦总统纳扎尔巴耶夫公开表示了对中国加大在额尔齐斯河与伊犁河取水量的不满。可以预见,气候变化会使中亚邻国面临更紧张的用水环境,如果没有更好的水资源管理战略,水资源稀缺将不会改善,水资源纷争将会是影响中国与中亚地区关系的重要问题。

2)气候变化与冰川退缩:促变中国周边地区水资源分配格局

在气候不断变暖的情境下,中国冰川退缩和冰川融水径流增大进一步加剧,20世纪60年代为51.8断变暖情境下到了20世纪90年代增大到69.5到变暖情境下,中国冰川退缩和冰川年年平均冰川融水量为79.5冰川融水量为。但是,据粗略估计,20世纪末到2030年,中国西部的冰川面积将出现明显萎缩的趋势,随着冰川面积的不断缩小,冰川融水量增大到一定程度后会转而减小。有研究表明,喜马拉雅山冰雪消融的径流系统将在2050~2070年达到峰值,此后其年度平均流量的衰减将在1/5~1/4。如果按照这项研究推算,届时,依赖青藏高原冰川融水供给的许多条东南亚和南亚河流将遭受有效水资源减退的威胁,季节性水资源短缺的局面可能会突然降临,美国伍德罗威尔逊国际学者中心的环境与安全计划主管乔费·达贝克(Geoff Dabelko)表示,中国、印度、巴基斯坦、孟加拉国和不丹近20亿人将会因青藏高原冰川消融导致的水流减缓而面临水资源的短缺。例如,恒河的水流一旦缺少冰川的补给,每年7~9月的流量将减少2/3,将导致5亿人和印度37%的农田面临水源短缺的威胁。

冰川融化还会引发洪涝或干旱等自然灾难事件:①融雪性洪灾的发生。高原冰川的快速消融形成的融雪水会形成堰塞湖，多数堰塞湖有冰碛支撑，当水量和压力达到一定程度时很容易溃坝。20 世纪以来，在喜马拉雅地区冰川融化形成了诸多冰川湖（堰塞湖），尼泊尔的戈西盆地有 159 个冰湖，在阿伦地区有 229 个，其中 24 个具有潜在的高威胁。1935 年以来在尼泊尔发生了 16 起冰湖溃坝引发的洪灾。②由于冰川融水径流的年际和季节性变化较大，会不可避免的增加水资源分配模式的不稳定性，可能会造成雨季时雨水泛滥，引发洪涝灾害，而在干旱时节，水量不足，缺水干涸。以湄公河为例，有研究表明，与 20 世纪中期到末期相比，每月最大流量将增加 35% ~ 41%，而在此期间，每月最小流量将减少 17% ~ 24%。IPCC 指出，气候变化的发展，将增大湄公河流域雨季河流泛滥的风险，增加旱季发生水资源短缺的概率，加剧海平面上升导致的河流下游盐碱化现象，湄公河三角洲地区的农业生产受到严重威胁的风险大大提高。

3）气候变化与水环境移民：激化种族冲突与地区动荡

在全球气候变化的大背景下，水资源压力的增大会引发大规模的人口迁移，成为种族冲突和地区不稳定的诱发因素。因水环境原因而形成的气候移民从本质上说属于环境难民，目前还未得到国际社会的普遍承认，一般还得不到国际社会的援助和救援，并且相当一部分一旦从原来的家园迁出，就再也无法重返。这些因缺水或因水资源灾难而产生的移民或涌入国内其他地区，或跨越边境进入邻国，会直接加剧迁入国的人口、水资源和环境压力，引发新一轮的资源稀缺危机，并极有可能引发社会冲突、激化种族问题与宗教冲突。更为严重的是，移民问题将威胁本已非常脆弱的国家和地区间关系，影响地区和国家的政治稳定性。比较典型的例子是 20 世纪 80 年代，孟加拉国数千万难民因为严重缺水而迁移印度，引发印度居民的严重敌对情绪，并发生暴力冲突，导致数千人丧生。可以预见，如果气候变化导致的水资源安全问题日益加重，在中国周边地区，非常有可能会出现大量的水环境移民，那将不可避免的增大这一地区的水资源需求压力，而且将会破坏边界不稳，有可能引发边境地区冲突，对于整个中国周边地区的稳定与发展产生巨大的消极影响。

4）气候变化与地区认知：推波助澜"中国水威胁论"

气候变化带来的各种自然灾害已经对亚太民众的生活形成威胁，并且根据预测，这种威胁在未来将会"变本加厉"。中国和周边国家已经感受到了气候变化推动下的水资源安全问题所带来的危害与威胁，出于资源开发和环境保护的双重顾虑，周边国家一方面希望中国在治理气候问题上能发挥"负责任大国的"角色，推动地区水资源安全的实现，另一方面又担忧中国利用国际水资源上游国家的"强势"身份，为了缓解自身国内的水资源危机，而不顾下游国家的利益关切，加大开发利用境内国际水资源的力度，从而恶化下游国家的水资源安全问题。由于独特的地缘政治特征，周边国家在国际水资源问题上的选择具有潜在的脆弱性，于是，制造国际舆论，抢占地区话语权，施压中国，就成为周边国家在面对气候变化加剧水资源安全问题的时代背景下，牵制中国对国际水资源的开发利用，促使中国在地区水资源安全治理中担负责任的主要手段。

"中国威胁论"在周边地区本来就颇有市场，随着气候变化对水资源问题安全化的推动，"中国水威胁论"开始在中国周边不断炒作、升华。这些"威胁论"制造者和宣扬者将固化的历史认知与战略猜疑"附着"在自然原因之上，继而"升华"为中国水利开发会威胁他国国家安全的"高度",成为周边国家牵制中国的舆论工具。

在印度,"中国水威胁论"就很有市场,他们充分利用气候变化的议题来渲染中国如何将水变成武器来对抗印度。印度国防分析研究所(IDSA)研究院艾杰·拉勒(Ajey Lele)声称,中国为实现军事和经济目的,正打算暗中"控制"气候模式;中国早在几年前就开始进行增加人工降雨和人工防雹的实验;从表面上看,中国可能是投资用于研发抗干旱的实现,但事实上可能是暗地里进行制造气象武器的工程,这种武器可以改变气旋风暴,可以在敌人的领土上制造森林大火和洪水。在东南亚,"中国水威胁论"因 2010 年的大旱而被湄公河国家作为攻击中国的噱头。此外,对"中国水威胁论"添油加火的还有俄罗斯、美国的媒体。

3. 中国建设"一带一路"面临的气候安全风险

气候变化可能对中国的"一带一路"战略倡议的实施产生重大影响。作为"一带一路"战略实施的重点区域,如东南亚、南亚及中亚等地区,存在着一系列气候安全风险,如由气候变化所导致的贫困加剧、移民增加、社会动荡、跨界资源冲突易发、恐怖主义蔓延等。为保证该战略倡议的顺利实施,中国应采取积极的应对措施:利用现有环境与气候合作机制,协助提升沿线国家应对气候变化的能力;将应对气候变化作为批准中国企业参与"一带一路"项目的重要原则;发挥融资机制的激励和约束作用,提高各方应对气候变化的自觉性;针对沿线不同地区的自然条件和社会状况,制定灵活的战略实施方案。

1)分析框架

要识别和分析"一带一路"建设沿线面临的气候安全风险,必然涉及研究视角、研究方法和分析框架等问题。本节的研究视角是非传统安全视角,着重从人类安全和国际政治与国内政治相结合的角度分析气候变化的影响。研究方法主要是采用文献分析法,对现有文献进行综合集成研究。具体而言,主要依据联合国政府间气候变化专门委员会、世界银行和亚洲开发银行等国际机构组织发布的关于气候变化问题的最新研究报告,包括 IPCC《第五次评估报告》和世界银行与亚洲开发银行发布的最新报告的基本结论,从区域层次上对"一带一路"沿线面临的气候安全风险展开分析和评估。关于气候安全风险的分析框架,进入 21 世纪以来,美欧国家率先对气候安全即气候变化与安全之间的关联性进行了较深入的研究,形成了各具特色的气候安全风险分析框架。

2011 年,美国参议院在一份有关预防亚洲水资源战争的研究报告中提出了一个气候安全风险的分析框架。该分析框架将气候变化对安全的影响过程分为气候影响、气候效应和气候威胁三个阶段,然后从气候变化的自然生态影响、潜在的社会政治影响、安全和稳定的潜在威胁和脆弱性等层面递进分析。

这一分析框架综合吸收了此前研究的主要成果,比较全面和清晰地反映了气候变化影响安全的路径与机制,与 IPCC 第五次评估报告的相关评估方法相近。因此,本节将借鉴这一分析框架,对"一带一路"沿线的气候安全风险进行评估。

2)"一带一路"沿线气候安全风险评估

根据《愿景与行动》,"一带一路"沿线区域包括东南亚、南亚、中亚、西亚、东北非、中欧等地区。笔者将从气候变化的物理影响和气候安全威胁两个方面对以下区域进行展开分析和评估。

A. 东南亚地区

（1）土地大幅减少，粮食产量下降。

（2）失业和贫困加剧，社会不稳定因素增加。

此外，气候变化还带来了移民问题。根据世界银行的报告，洪水对给湄公河地区以的农业种植等为主的生存方式带来影响显著。带来的影响来看，由于这一地区缺乏替代的谋生方式，受灾后也难以恢复到灾难前的生产状态。因此，气候变化背景下的洪涝灾害增加正在导致这一地区的移民现象。由此可见，气候变化对东南亚地区产生的气候安全风险主要是内部的发展与稳定将受到影响，具体表现为国内贫困人口增加、产生气候移民、城市财产损失严重和国家经济发展能力削弱等。

B. 南亚地区

（1）淡水资源短缺，粮食产量大幅下降。

（2）贫困加剧，易发生边界冲突。

总之，南亚存在的气候安全风险主要包括：贫困进一步加剧，民众生存艰难导致国内政治与社会局势动荡，加剧区域内恐怖主义的蔓延；因能源危机和粮食减产等造成的经济发展波动以及因跨境资源竞争导致的地区政治冲突等。

C. 中亚地区

（1）水资源短缺，农业生产困难。

（2）气候移民和跨界冲突风险增大。

另外，水资源可用量的不稳定性有可能会激化水电与农业用水需求之间的矛盾，特别是在中亚地区的人口和经济处于持续增长态势，总体能源需求不断增长的背景下，这种矛盾会时常出现。总的来看，中亚的气候安全风险主要是由干旱引起的能源安全问题、贫困和移民等问题，并有可能进一步诱发该地区的恐怖主义活动。

D. 东北非地区

（1）粮食产量下降，疾病传播易发。与"一带一路"相关的非洲国家主要是指位于非洲东北部的国家。这一地区气候变化的物理影响主要有干旱、疾病和粮食产量下降等。

（2）暴力冲突和移民等社会问题将更加突出。由于东北非国家粮食生产难以满足自身需求，加之面临的严峻的公共健康问题，气候变化将进一步加剧当地人的生存危机。

总体而言，在东北非地区，气候安全风险主要包括：气候变化增加导致民众陷入持久的贫困的风险，群族或国家之间争夺资源的暴力冲突不断，移民和难民问题越来越严重。

E. 欧洲（中欧）地区

（1）气候干旱，极端天气频发。在中欧地区，气候变化的自然生态物理影响集中体现在健康、水资源和农业三个方面。

（2）沿海地区生存威胁增加，跨界水资源争夺存在潜在风险。欧洲国家（中欧）由于经济相对发达、人口相对少，对气候变化的应对和适应能力相比发展中国家要强。另外，欧盟已经开始针对气候安全做出预防性规划和管理，因此未来气候安全问题在这一地区总体上应该是可控的。但由于 1/3 的人口居住在沿海 50km 以内的区域，约 1 万亿美元的财产位于海边 0.5km 之内，欧洲需要特别警惕海平面上升和风暴潮所带来的安全威胁。此外，水资源的短缺和干旱问题的逐年加重，也将引发边界地区的紧张和冲突。

3）结论和政策建议

综上所述，"一带一路"沿线普遍面临气候安全风险，但不同地区面临的气候安全风险类型和程度各有不同。南亚、东南亚、中亚和东北非存在的气候安全风险比较大，中欧面临的气候安全风险相对较小。

在此背景下，如何在"一带一路"建设中趋利避害，有效防范气候安全风险？笔者拟提出以下政策建议。

第一，充分利用现有环境与气候合作机制，协助提升沿线国家的气候应对能力。

第二，针对企业的市场行为，制定应对气候变化的基本原则和要求。

第三，发挥融资机制的激励和约束作用，强化各方应对气候变化的自觉性。

第四，做好"大战略"与"小方案"的结合，注意针对性和灵活性。

6.4.3 中国中长期低碳发展战略

随着全球气候变化挑战的日益严峻，低碳发展战略已经被国际社会广泛接受，并被普遍认为是人类能够同时应对气候危机和保持经济发展的最佳路径。中国作为工业化进程中国家，无法沿袭发达国家以高资源消费和碳排放为支撑的现代化路径，必须探索碳排放权空间严重制约下城市化和工业化的路径和发展模式，这在世界大国的发展史上尚无先例，目前尚无成熟的理论研究与实践经验足以支撑这一发展方式的革命性变革。

目前本研究是国际研究的热点，发达国家在同类研究中呈领先态势，国际研究的发展趋势已呈现出多学科综合研究的特点。与国外研究迅猛进展相比，我国在这方面的研究起步较晚，目前的研究还多处于"引入"阶段，"消化与吸收"尚不足。

本研究从不同视角和维度，研发可以反映我国能源与经济系统具体特征的我国低碳发展战略综合评价方法学、关键模拟技术、模型与数据库，在中国气候变化影响、适应、减缓与发展综合研究和国内、国外影响模拟的基础上，研究提出我国中长期低碳发展总体思路、目标、模式和路径，并总结促进我国低碳发展战略实施的政策与机制，为我国研究和制定相应经济、能源与环境等方面的战略和政策提供分析理论与工具。

1. "十二五"节能减碳进展与效果综合评估

本研究采用 CCR-DEA 模型，结合 Malmquist 指数，构建我国节能减碳绩效综合评估模型，对中国各省区在 2010~2012 年的全要素能源效率、工业全要素生产率和 35 个工业分行业能源利用水平进行了测算，综合评估我国各省区节能减碳进展与效果，取得如下成果。

1）省级行政区工业能源利用效率比较分析

从地区角度分析，2010~2012 年，中国三大区域工业经济的能源利用效率、节能减排潜力存在显著的区域差异，东部沿海地区的省份能源利用水平较高，中部地区偏低，西部省份工业能源利用效率严重偏低。与广东、上海、北京、天津、福建等处在"效率前沿面"的省份相比，大多数中西部省份工业经济尚具有 50% 以上的节能潜力，节能空间较大。2010~2012 年，中国规模以上工业企业全要素生产率（TFP）年均增长 10.2%，工业能源资源配置能力逐渐得到改善，各地区工业能源投入冗余逐年下降，能源经济效率正在逐步提高。全国各省区工业能源利用效率的改善存在明显的区域差异，中西部地区省份工业经济能源效率改善幅度明显，节能减排的后发优势正逐步发挥。进一步，各省区工业经济全要素生产率（TFP）的进步主要得益于技术进步水平的提高，整体上受工业技术效率的贡献率相对较小。但就技术效率进步对全要素生产率改善的贡献率而言，这一贡献率存在一定的区域差异，按照西部、中部、东部顺序依次降低。

2）工业分行业能源利用效率比较分析

从工业分行业角度分析，"十二五"期间，制造业能源利用技术效率出现小幅下降趋势。六大高耗能行业的能源利用效率，相比于"十一五"末，整体有所下降，并且低于工业整体平均水平，说明这些主要耗能行业的资源配置和技术水平普遍不高，能源没有得到充分利用，存在浪费。其中电力、热力生产和供应业、非金属矿物制品业能源利用技术效率下降幅度最为突出。电力、热力生产和供应业能源利用效率平均仅为 0.437，是六大高耗能行业中最低的，并且它的能源利用效率出现较大幅度下降。

针对地区之间工业能源利用效率的显著差异，建议中西部工业能源效率较低的省份应该及时淘汰落后生产技术，并与东部沿海省份积极实行合作，引进先进的管理经验，推动先进生产技术由沿海向内陆逐步扩散。在发挥自身资源优势的同时，中西部省份要进一步提高本地区能源资源配置的合理性，强化节能意识，注重优化本地区的工业经济结构。在承接东部地区产业转移的过程中应该注重本地区环境保护，对于一些高排放、高耗能项目必须合理设置准入门槛。针对工业各分行业能源利用效率，要结合各行业特点，挖掘各行业的节能潜力，注重技术的创新，加强政策的导向作用，引领经济的可持续发展。

2. 中国气候变化影响、适应、减缓与发展的综合研究

本研究通过分析减缓和适应之间的差异性和协同效应，在分析气候变化对我国农业、林业、水资源、生态系统、海岸带、人体健康、能源等重点领域影响的基础上，建立了我国重点领域减缓与适应技术研究与应用数据库，对当前我国重点领域面临的主要问题和应对方向，重点领域减缓与适应技术研究现状，以及未来适应和减缓的研究方向进行了深入分析，主要成果如下。

1）减缓与适应的差异与协同

减缓与适应是应对气候变化的两种途径。减缓是指实施有关减少温室气体排放并增强汇的各项政策。适应是指降低自然系统和人类系统对实际的或预计的气候变化影响的脆弱性而提出的倡议和采取的措施。减缓与适应在空间和时间尺度上的有效性不同，涉及的部门/领域不同，其成本效益可比性也不同。

减缓与适应存在一定的协同效应：二者的终极目标一致，均是为了应对气候变化的不利影响；二者之间存在一定的重叠空间。但二者之间也存在一定的权衡取舍。因而，基于

减缓和适应在应对气候变化的优势各有不同，且通过现有的模型方法难以确定在某一时期某一区域/领域，实现减缓和适应综合利益最大化的最优点，故在实践中，应贯彻减缓与适应并重的原则，在可持续发展的框架下，不断提高减缓和适应气候变化的能力，双管齐下，全面应对气候变化问题。

2）气候变化对我国重点领域的影响

气候变化对农业的直接作用体现在农业气候资源和生产潜力的变化，以及农业气象灾害的变化上，对种植制度、农作物产量、农作物品质及农业病虫害等方面产生影响。气候变化对林业领域产生的影响主要体现在对森林物候期、空间分布、生产力及森林灾害的发生频率与强度上。气候变化对水资源的影响主要体现在两个方面：一是由于气温升高或降水增减而引起的河流径流量、冰川面积、湖泊蓄水量的变化；二是洪涝干旱灾害的变化。气候变化对森林、草原、湿地等陆地生态系统的影响主要有部分树种分布界限北移、林线上升、物候提前、林火和病虫害加剧等。气候变化对海岸带及近海生态系统的影响主要有海平面持续上升，以及沿海地区海洋灾害和自然生态环境的进一步恶化。气候变化对人体健康造成的影响主要包括极端高温和极端低温引起的人群发病和死亡率增加，以及包括热浪等区域天气变化造成的心脑血管及呼吸系统疾病的发病率和死亡率的增加在内的间接影响。气候变化对能源领域产生的影响，主要体现在能源需求增加，以及国际气候变化谈判面临的压力方面。

3）重点领域减缓与适应技术的研究与应用

目前各领域面对的主要问题和应对方向总结见表6-4。重点领域减缓与适应技术研究分布见表6-5，即当前我国重点领域减缓与适应的技术研究现状。

未来我国在各领域仍需加强的研究和实践方向如下：农业领域需要继续加强对极端天气气候事件的监测预警和作物病虫害防治技术研究，继续积极调整种植制度与作物品种布局，加强农业基础设施建设及水利建设；林业领域继续深入研究林业种植及植被恢复技术，森林火灾及病虫害监测预警技术，加强有效技术手段在森林防火和病虫害防控方面的推广应用；水资源领域继续加强水资源开发与利用技术的研究，加强旱涝灾害预警；生态系统领域继续加强在防风治沙技术，植被保护与恢复技术，资源回收利用与环境保护技术，生态系统监测技术，地质灾害监测与预警技术方面的研究；海岸带及近海生态系统领域大力推动在海平面监测、海洋灾害预警和海洋环境监测方面的研究和实践，推进沿海生态保护区建设和生态系统修复；人体健康领域应加大健康领域研究投入，继续深入研究相关疾病的预防、治疗和监测技术，建立完善各类疾病及突发公共卫生事件的监测预警和紧急响应系统；能源领域加强新能源和可再生能源技术，商业和民用节能减排技术，以及工业、交通、建筑等部门节能减排技术的研究，继续推进产业结构调整，能源消费结构的优化，加强已有节能减排技术方法在各部门的应用，提升能源效率。

以上研究成果解释了减缓与适应的异同，总结我国当前气候变化对各领域的影响、需要面临的主要问题和采取的应对方式，结合我国当前减缓与适应技术的研究与实践情况，能够帮助我们总结出未来对我国重点领域减缓和适应仍需加强的研究和实践方向，从而提高我国应对气候变化的能力。

表 6-4　各领域面对的主要问题和应对方向

领域	气候变化产生的影响	面临的主要问题	需要采取的应对技术方向
农业	影响中国的种植模式和种植区域	区域的种植模式和种植品种选择面临挑战	作物品种选育、改良技术，栽培技术；机械耕作设备技术；节水旱作农业技术；施肥技术；农产品储存加工技术
	农作物因极端气候事件的影响受灾灭灾范围扩大	生产能力下降，威胁粮食安全	极端事件监测和预警技术
	农作物病虫害范围和强度增加大	农药投入增加，食品安全问题	作物病虫害防治技术
林业	影响森林植被和树种分布	林业种植结构面临改变，生物多样性受到威胁，固碳潜力受到影响	林业种植及植被恢复技术；林业灌溉技术；森林可持续管理方法
	森林受极端气候事件的影响风险加剧	森林旱灾、火灾风险加大	森林火灾监测和预警；旱涝灾害监测和预警技术
	森林病虫害危害加大	森林生产受到影响	森林病虫害防治和预警技术
水资源	河流径流量，冰川面积，湖泊蓄水量的变化	水资源供求矛盾加剧，影响水资源安全	雨洪资源化利用技术；海水淡化技术；安全饮用水技术；污水处理与回用技术；水环境监测技术
	旱涝灾害的发生频率和强度增加大	旱涝灾害损失增大，南防北旱的局面进一步加剧	水利工程；水位监测与旱涝灾害预警技术
生态系统	影响植被分布	部分森林、草地、湿地等生态系统出现退化，生态脆弱性进一步加剧	防风治沙技术；植被保护与恢复技术；资源回收利用与环境保护技术；生态系统监测技术，地质灾害监测与预警技术
海岸带	海平面上升	沿海地区社会经济发展受到威胁	海平面监测技术
	海洋灾害发生频率和严重程度增大	风暴潮、威潮入侵，海平侵蚀等海洋灾害频发，损失程度加重	海洋灾害预警技术
	沿海生态环境恶化	沿海滩涂湿地退化，土地资源退化减少，植物群落继续退化	海洋环境监测技术
人体健康	极端气候影响人群死亡率和发病率	极端高温和极端气候升温引起人群死亡率和发病率增加；旱涝灾害频发可能引起霍乱、疟疾等疾病暴发流行	热带病的防治和监测技术；过敏、哮喘和呼吸道疾病治疗技术；疟疾预防技术
	影响媒介传染疾病的强度和范围	气候变暖使血吸虫病、疟疾等传染性疾病的传播强度和范围再进一步扩大	相关疾病治疗技术
能源	影响能源需求	极端高温和极端气候低温引起生活能源消费需求的增大，城市化和人口增长使能源供需矛盾进一步增大	可再生能源技术；民用节能减排技术
	引发全球碳排放空间争夺	气候变化谈判中遭受到的国际压力进一步增大	各部门节能减排技术

表 6-5　重点领域减缓与适应技术研究分布

领域	技术类型	主要解决问题	专利数量/项	数量合计/项
农业	作物品种选育、改良、栽培技术；农产品储存加工技术；	优化种植结构和布局	1339	4008
	农业废弃物利用技术；施肥技术	减少温室气体排放	1945	
	机械耕作设备技术	提高耕作效率	352	
	节水旱作农业技术	提高土地利用率	253	
	土壤墒情动态监测技术；农业防灾减灾、病虫害防治技术	减轻旱涝、病虫害损失	119	
林业	林业种植、管理及植被恢复技术	促进森林资源的恢复与增长，增加森林碳汇	939	1080
	森林火灾、病虫害监测和预警技术	提升森林火灾、病虫害防控能力，减轻损失	141	
水资源	雨洪资源化利用技术；海水淡化技术；安全饮用水技术；污水处理与回用技术	提升水资源利用率，促进水资源可持续利用	3886	4116
	水利工程；水位监测与旱涝灾害预警技术	提升水资源管理调控能力	133	
	水环境监测技术	加强对水资源质量的监管能力	97	
生态系统	防风治沙技术	抑制荒漠化，改善生态环境	121	2634
	植被保护与恢复技术、资源回收利用与环境保护技术	促进退化生态系统的恢复与重建，保护生物多样性	2094	
	生态系统监测技术、地质灾害监测与预警技术	提升防灾减灾能力	419	
海岸带	海平面监测技术	提升应对海平面上升的能力	5	65
	海洋灾害预警技术	提升应对海洋灾害的能力	34	
	海洋环境监测技术	提升对沿海生态系统环境的监管能力	26	
人体健康	热带病的防治和监测技术；疟疾预防技术；其他疾病防治技术	完善疾病预防控制体系	233	233
能源	可再生能源技术	提高可再生能源的利用水平，改善能源结构	2683	10 626
	工业、建筑部门节能减排技术	提高能效，降低能耗，发展低碳生产方式	5429	
	商业和民用节能减排技术	降低生活能耗，发展低碳生活方式	2514	

3. 中国分区能源经济模型（C-REM）开发与应用

1）中国分区能源经济模型（C-REM）

本研究采用了课题组自主开发的中国分区能源经济模型（C-REM）。模型整合了一套包括能源市场详细物理量数据和不同地区、省份各部门经济活动及双边贸易经济流量的能源经济数据库。经济数据方面，对于中国各省级行政区（以下简称各省，西藏自治区由于缺少数据未被包括），模型采用 2007 年分省投入产出表数据（国家统计局国民经济核算司，2011），对于中国以外其他区域，模型采用 GTAP 8 数据（Center for Global Trade Analysis，Purdue University，2012）；能源数据方面，模型采用 2007 年地区能源平衡表数据（国家统计局能源统计司 等，2008）和中国电力年鉴数据（《中国电力年鉴》编辑委员会，2008），对于中国以外其他区域，模型采用 GTAP 8 数据。GTAP 8 数据包含了 2007 年全球 129 个国家 57 个部门的生产、消费、税收和双边贸易数据以及能源流动物理量、能源价格和二氧化碳排放数据。中国地区投入产出表包含了 2007 年中国各省 42 个部门的生产、消费、税收和国内外贸易数据。中国能源统计年鉴中的地区能源平衡表包含了各省能源生产、进出口、转换和消费数据。中国电力年鉴包含了各省如火电、水电、核电、风电等各类技术的发电量数据。

模型详细刻画了我国各省的能源经济流动情况（有时需要将各省聚合成东部、中部、西部三个区域以方便显示模型的主要结论），并将全球其他地区分为美国、欧洲、其他发达国家和地区、其他国家和地区等四个部分。

模型聚合了农林牧渔业（AGR）、煤炭开采、洗选与炼焦业（COL）、原油开采业（CRU）、天然气开采业（GAS）、矿采选业（OMN）、高耗能工业（EIS）、其他制造业（MAN）、石油加工业（OIL）、电力、热力的生产和供应业（ELE）、水的生产和供应业（WTR）、建筑业（CON）、交通运输、仓储及邮政业（TRN）以及服务业（SER）等 13 个行业。

利用该模型，课题组进行"全国碳市场下初始碳排放权分配的公平性"和"省际人口迁移对于节能减排政策目标设置的影响"的研究，主要研究成果如下。

2）全国碳市场下初始碳排放权分配的公平性

模型研究结果显示，不同情景下各个地区的减排量接近，东、中、西部均减排了约 3.3 亿 t，分别相对于基准排放的 12%、20% 和 27%。这一减排量的分布情况与"污染者付费"、"按减排潜力"、"消费者付费"和"按能力付费"情景中碳排放权在不同地区的分配情况（西部地区获得的排放权最多，而东部地区获得的排放权与基准排放相比最多要减少 35%）存在显著差异，因此西部地区将大量出售碳排放权。

在居民福利方面，差异较为显著。"按减排努力"、"同等排放权利"和"平均主义"情景下东部地区居民福利损失较小，而中、西部（特别是中部，因为山西、内蒙古等煤炭生产大省位于这一地区），"按人均 GDP"、"污染者付费"、"按减排潜力"、"消费者付费"和"按能力付费"情景下西部地区居民福利损失较小甚至有所收益，而东部地区损失则有所增大。按照定义，"影响一致"情景下各地区损失相同。

此外，本节研究通过问卷调研，展示相关领域研究人员对上述情景结果（或者更广义的说，对于减排责任如何在各地区之间分配）的看法。

通过问卷调研结果发现，大多数受访者认为东部地区应该承担较多的减排责任。同时注意到，如何说明表述情景和其对应的公平准则十分重要，这反映在揭示了福利变化情况与情景的对应关系后，有一定数量的受访者改变了他们的偏好。

另外，调研结果并不支持"与受访者的态度可能与其籍贯或现居住地相关"这一直观判断。籍贯或是现居住地为东部的受访者选择将减排责任分配给东部最多的"污染者付费"／"消费者付费"／"按能力付费"／"按减排潜力"情景作为他们最为偏好的情景。这与中国的能源环境政策制定多由中央政府制定、能够综合考虑全局相关，也在一定程度上说明了在我国参与能源环境政策讨论的研究人员立场较为中立。

以上研究成果，为在未来建立全国性碳排放权交易市场的过程中分配初始排放权提供了研究框架。但需要说明的是，本节引用的各类公平性原则最初是为气候变化国际谈判中涉及的减排义务在各主权国家间的分配而设计，而对于排放权在中国各省之间的分配，由于中央政府能够以"全国一盘棋"的高度出发，着重考虑政策在全国层面的效率和可操作性，"祖父原则"还将是分配的重要基准。在这一基础上，中央政府可以通过在分配时适当向经济欠发达地区倾斜或是以其他转移支付渠道进行补偿，保证政策设计的公平性。

3）省际人口迁移对于节能减排政策目标设置的影响

模型研究显示，在 GDP 和能源消费方面，三个情景[①]在全国层面上基本没有变化。在 ENM 情景下，"十二五"和"十三五"期间全国的五年能源强度下降分别为 15.12% 和 15.21%，略小于"十二五"规划设定的全国能源强度下降 16% 的目标，这反映了分省能源强度下降的加总可能与全国能源强度下降的目标略有出入。根据 ECM 情景的定义，2015 年和 2020 年 ECM 情景下的能源消费总量与 ENM 情景相同。而根据 EIM 情景的定义，由于 ENM 情景和 EIM 情景的各自动态模型基准的 GDP 和能源消费均不同，即使两个情景下各省的能源强度目标一致，在全国层面的能源强度下降可能也有所不同。

在居民福利方面，相对于 ECM 情景，EIM 情景下的各省居民福利变化分布与 ENM 情景相比偏离较少。在 EIM 情景下，各省居民福利变化相对于 ENM 情景下的居民福利变化的差异平均为 0.29 个百分点，小于 ECM 情景下平均 0.42 个百分点差异。特别是对于北京、天津、上海等人口迁入大省，EIM 情景下的居民福利变化相对于 ENM 情景下变化的差异明显小于 ECM 情景。因此，在存在省际人口迁移这一不确定性的情况下，强度目标的各省居民福利变化分布与总量目标相比，相对于预期的各省居民福利变化分布偏离较小，具有较好的政策稳健性。

强度目标具有更好稳健性的主要原因在于在考虑省际人口迁移的情况下，部分省份的人口会有较大变化，相应的动态模型的基准 GDP 和能源消费也会有较大变化。

---

① 三个情景分别为：ENM 情景（不考虑省际人口迁移情况下的等价的强度目标和总量目标情景）、ECM 情景（考虑省际人口迁移情况下的总量目标情景）、EIM 情景（考虑省际人口迁移情况下的强度目标情景）。

　　以北京、天津、上海等人口迁入的大省为例，考虑省际人口迁移时，其动态模型的基准 GDP 和能源消费均有较大的增加，而相对于刚性约束能源消费的总量目标，强度目标能够根据这一变化，在实现强度下降的前提下，允许这些省份的能源消费总量有所增加，因此这些省份的居民福利变化相对于 ENM 情景差异较小。

　　从以上研究成果可以看出，在制定我国的节能减排目标，特别是分省层面的目标时，一定要考虑到各省的近中期经济发展速度以及相应的能源使用和二氧化碳排放均有较大的不确定性，并充分认识到这些不确定性可能会对政策目标的预期效果带来一定的偏离。在"十三五"期间，由于强度目标在稳健性上仍然具有较大优势，因此，在考虑将能源消费总量控制目标在分省层面上设定为约束性目标时，需要十分谨慎。

4. 中国−全球能源经济模型（C−GEM）开发与应用

1）中国−全球能源经济模型（C−GEM）

　　本研究采用了课题组自主开发的中国−全球能源经济模型（C−GEM）。该模型是全球多区域递归动态可计算一般均衡（CGE）模型，涵盖全球 19 个区域与 20 个经济部门（表6-6），在开发过程中注重对中国及其他发展中国家的经济特性表述，尤其是对发展中国家能耗较高的工业部门细节与对能源系统低碳化转型至关重要的 9 类传统能源技术以及 11 类先进能源生产技术做出详细刻画。模型以 2007 年为基年，随后从 2010 年起以 5 年为一个周期运行到 2050 年。

表 6-6　C−GEM 模型的部门划分

种类	部门	描述
农业部门	农业（CROP）	农业
	林业（FORS）	林业
	畜牧业（LIVE）	畜牧业
能源部门	煤炭（COAL）	煤炭开采与洗选业
	原油（OIL）	石油开采业
	天然气（GAS）	天然气开采业
	成品油（ROIL）	石油加工业
	电力（ELEC）	电力、热力生产与供应
高耗能部门	非金属（NMM）	非金属矿物制品业
	钢铁（I&S）	黑色金属冶炼及压延业
	有色金属（NFM）	有色金属冶炼及压延业
	化工（CRP）	化学工业
	金属制品（FMP）	金属制品业

续表

种类	部门	描述
其他工业部门	食品加工业（FOOD）	食品制造加工业
	采矿业（Mining）	矿物采选业
	装备制造业（EQUT）	电子与装备制造业
	建筑业	建筑业
	其他工业（OTHR）	其他工业
服务业部门	交通运输业（TRAN）	交通运输业
	其他服务业（SERV）	其他服务业
消费部门	政府消费（GOV）	政府消费
	家庭消费（HH）	居民消费

2）中国低碳发展转型路径与政策仿真

本研究开发出三种情景：一种对照情景——无政策情景（no policy scenario，NP），两种政策情景——"当前努力"情景（continued effort scenario，CE）和"加速努力"情景（accelerate effort scenario，AE）来对比研究"十二五"期间及三中全会后各项改革措施对我国中长期低碳发展的影响。

从模型结果来看，"当前努力"情景下，我国碳排放峰值出现在2040年前后，峰值水平在121亿t左右。达峰后，我国碳排放水平在2050年之前基本保持稳定，没有明显下降。该情景下我国不同时期GDP年均增速分别为"十三五"期间6.8%，2020～2025年为5.3%，2025～2030年为4.5%，2030～2040年为3.6%，2040～2050年为3.1%。2020年我国经济总量达到2010年的2倍，实现全面建成小康社会的发展目标；2050年我国人均GDP超过2万美元，达到中等发达国家水平。

"加速努力"情景下，通过落实十八届三中全会提出的一系列有关经济和生态文明建设重要改革措施和机制创新的新政策驱动，我国碳排放峰值将提前到2030年左右实现，峰值水平在101亿t左右。2030年达峰后，我国碳排放水平仍保持较快下降趋势，2050年排放达到85亿t左右。在该情景下我国经济增长与"当前努力"情景相比并未受到显著影响。

以上研究成果得出了中国温室气体排放达到峰值的合理时期与峰值水平，为我国参与气候变化国际谈判提供技术支撑，提高我国应对气候变化国际谈判的能力。

6.5 小　结

1. 积极主导和参与相关国际组织及国际研究计划

以"十二五"期间启动的"全球变化研究国家重大科学研究计划"为基础，新建2～3个由我国主导的国际研究计划，扩大我国科学家及科研成果在国际上的影响力；积极参与由 IGBP、IHDP、WCRP、DIVERSIAS 四大计划整合而成的未来地球（Future Earth）计划，围绕国际上应对气候变化的重点和热点问题，紧密结合国内需求和任务，有针对性地参与国际合作研究；鼓励发展与主要国家和重点机构的科技合作，鼓励在华创建有关应对气候变化的国际性科技组织或设立分支机构；鼓励国内科研人员和科研管理者在国际组织和国际研究计划中任职，牵头或承担研究和管理工作。

2. 建立具有中国特色的区域性应对气候变化合作机制

探索低碳发展区域合作机制，加强同"一带一路"沿线国家的合作研究，注重绿色、低碳发展，在沿线国家开发绿色能源，建立与其科研机构的合作机制；结合第三次青藏高原大气科学试验，加强与高原周边国家的气象科技合作，提升我国气候变化基础研究能力和国际影响力；建立以我国为主的气候变化国际研究中心或区域研究中心。

3. 加强基础研究及数据共享领域的国际合作

围绕气候变化过程与机理、地球系统模式与模拟、区域和全球气候预估、气候变化影响评价和风险预估等重点问题，开展有针对性的国际基础研究合作；强化地球系统模式的协作开发与研究，向实现全球可持续发展的"未来地球"研究拓展；提高数据共享水平，建设对国际开放的具有自主知识产权的全球与区域数据产品。

4. 加强减缓和适应技术领域的国际合作

重点关注战略性新兴产业发展、主要行业节能减排技术、环境脆弱地区和易受影响行业的适应技术；充分利用《联合国气候变化框架公约》及《京都议定书》中的技术转让及资金配置机制，按照"互利共赢、合作创新"的原则，建立地区技术转移中心或网络，促进应对气候变化适用技术向发展中国家转移，提高我国减缓和适应技术的引进、消化、吸收、再创新能力；结合中美清洁能源联合研究中心、中欧气候变化联合宣言、中日气候变化研究交流计划、可再生能源与新能源国际科技合作计划、国际能源署（IEA）、碳收集领导人论坛（CSLF）、氢经济国际伙伴计划（IPHE）等机制和平台，开展技术合作；深化和拓展与欧盟、美国、澳大利亚等国及相关国际组织在 CCUS 技术研发、示范、能力建设以及安全政策等方面的合作。

5. 促进科技援助及南南科技合作

将应对气候变化作为优先领域纳入相关双边或多边政府间科技合作协议框架，并作为科技援外的重点领域；继续争取国际组织及发达国家对华的资金和技术援助；以中非合作论坛（包括中非应对气候变化伙伴关系及中非科技伙伴关系计划）、东盟国家合作机制（10+1、10+3、东亚峰会）、基础四国合作机制（包括中印应对气候变化伙伴关系）等国际组织的合作为基础，深化和拓展气候变化领域南南科技合作；加强与非洲国家、周边邻国、小岛国、不发达国家在观测、减缓和适应技术转移和示范、人才培训等能力建设领域的合作；推动建立基础四国气候变化技术研发联盟，加强在国际气候制度设计等方面的协调和磋商；积极考虑境外布点观测，开展气候观测技术合作。

6. 可持续转型路径、可行性与影响评估

开展可持续转型理论、指标体系和政策体系研究；分析我国实现 2020 年 40% ~45% 碳强度降低目标、2030 年达峰目标及 60% ~65% 碳强度降低承诺的行业分布、潜力及经济和技术可行性；开发企业与家庭的能源需求与碳排放预测技术；识别我国能源消费与碳排放的关键驱动因子；开展我国中长期可持续转型及碳排放情景研究；分析先进能源技术发展路线图及成本潜力；评估我国能源与气候变化政策对碳排放减排的有效性；评估我国经济转型、产业结构调整与基础设施投入政策变化对碳排放的影响；评估我国技术研发政策和鼓励措施对低碳产业的激励与影响；评估金融政策、绿色信贷和其他资金机制对低碳转型的影响；研究基于市场的环境能源气候变化政策对可持续转型的作用；综合评估我国气候政策的共生效益和可持续转型效果，包括对经济、贸易、产业竞争力、环境、资源、福利等方面的影响及其不确定性，尤其是对空气污染、水资源、水污染和人群健康的影响；开展影响的时空分布、地区分布、行业分布、人群分布研究；研究气候政策与环境政策的协同；设计支撑我国实现可持续转型的政策体系。

参 考 文 献

国家统计局国民经济核算司. 2011. 中国地区投入产出表 2007. 北京：中国统计出版社.

国家统计局能源统计司，国家能源局综合司. 2008. 中国能源统计年鉴 2008. 北京：中国统计出版社.

国务院. 2006. 国家中长期科学和技术发展规划纲要（2006—2020 年）.

国务院. 2008. 中国应对气候变化国家方案.

科学技术部. 2011. 国家"十二五"科学和技术发展规划.

科学技术部，国家发展和改革委员会等. 2007. 中国应对气候变化科技专项行动.

科学技术部，外交部，等. 2012."十二五"国家应对气候变化科技发展专项规划.

王绍武，罗勇，赵宗慈，等. 2012. 新一代温室气体排放情景. 气候变化研究进展，04：305-307.

薛振山，张仲胜，吕宪国，等. 2015. 基于生境分布模型的气候因素对三江平原沼泽湿地影响分析. 湿地科学，13（3）：315-321.

袁玉娟，尹云鹤，戴尔阜，等. 2016. 基于阈值分割的黑龙江省森林类型遥感识别. 地理科学进展，35（6）：1-12.

张仲胜，薛振山，吕宪国. 2015. 气候变化对沼泽面积影响的定量分析. 湿地科学，13（2）：161-165.

周天军，满文敏，张洁. 2009. 过去千年气候变化的数值模拟研究进展. 地球科学进展，05：469-476.

《中国电力年鉴》编辑委员会. 2008. 2008 中国电力年鉴. 北京：中国电力出版社.

Bao Q, Lin P P, Zhou T J, et al. 2013. The flexible global ocean-atmosphere-land system model, spectral version 2：FGOALS-s2. Adv Atmos Sci., 30（3）：561-576.

Fang O Y, Wang Y, Shao X M. 2016. The effect of climate on the net primary productivity（NPP）of Pinus koraiensis in the Changbai Mountains over the past 50 years. Trees, 30（1）：281-294.

Li L, Lin P F, Yu Y G, et al. 2013. The flexible global ocean-at-morpheme-land system model；Grid-point version 2：FGOALS-g2. Adv Atmos Sci, 30（3）：543-560.

Narayanan G Badri, Angel Aguiar, Robert McDougall. 2012. Global Trade, Assistance, and Production：The GTAP 8 Data Base, Center for Global Trade Analysis, Purdue University.

Qiao F L, Song Z Y, Bao Y, et al. 2013. Development and evaluation of an Earth System Model with surface gravity waves. Geophys Res Oceans, 118, doi：10. 1002/jgrc. 20327.

Taylor K E, Stouffer R J, Meehl G A. 2009. A summary of the CMIP5 experiment design. PCDMI Rep.

Taylor K E, Stouffer R J, Meeh G A. 2012. An overview of CMIP5 and the experiment design. Bull Amer Meteor Soc, 93（4）：485-498.

Tian X R, Shu L F, Wang M Y, et al. 2013. The fire danger and fire regime for Daxing'anling Region within 1987-2010. Procedia Engineering, 62：1023-1031.

Wu T W, Li W P, Ji J J, et al. 2013. Global carbon budgets simulated by the Beijing Climate Center Climate System Model for the last century. J Geophys Res Atmos, 118：4326-347.

Wu T W, Song L C, Li W P, et al. 2014. An overview of BCC climate system model development and application for climate change studies. 1 Meteor Res, 28（1）：34-56.

Wu Jianguo. 2015a. The response of the distributions of Asian buffalo breeds in China to climate change over the past 50 years. Livestock Science, 180：65-77.

Wu Jianguo. 2015b. Can changes in the distribution of lizard species over the past 50 years be attributed to climate change? Theoretical and Applied Climatology, doi：10. 1007/s00704-015-1553.

Wu Jianguo. 2015c. Detecting and attributing the effect of climate change on the changes in the distribution of

Qinghai-Tibet plateau large mammal species over the past 50 years. Mammal Research, 60 (4): 353-364.

Wu Jianguo. 2015d. The distributions of Chinese yak breeds in response to climate change over the past 50 years. Animal science journal, doi: 10. 1111/asj. 12526.

Wu Jianguo. 2016a. Detecting and attributing the effects of climate change on the distributions of snake species Over the Past 50 Years. Environmental Management, 57 (1): 207-219.

Wu Jianguob. 2016b. Detection and attribution of the effects of climate change on bat distributions over the last 50 years. Climatic Change, 134 (4): 681-696.

Wu Jianguo, Shi Yingjie. 2016. Attribution index for changes in migratory bird distributions: The role of climate change over the past 50 years in China, Ecological Informatics, 31: 147-155.

Wu Jianguo, Zhang Guobin. 2015. Can changes in the distributions of resident birds in China over the past 50 years be attributed to climate change? Ecology and Evolution, 5 (11): 2215-2233.